北京大学优秀教材

心理学研究方法
——基于MATLAB和PSYCHTOOLBOX

Research Methods in Psychology

陈立翰 编著

北京大学出版社
PEKING UNIVERSITY PRESS

图书在版编目(CIP)数据

心理学研究方法：基于 MATLAB 和 PSYCHTOOLBOX / 陈立翰编著. -- 北京：北京大学出版社，2017.1
北京大学心理学教材
ISBN 978-7-301-27914-4

Ⅰ.①心⋯ Ⅱ.①陈⋯ Ⅲ.①心理学研究方法—高等学校—教材 Ⅳ.①B841

中国版本图书馆 CIP 数据核字(2017)第 004489 号

书　　名	心理学研究方法——基于 MATLAB 和 PSYCHTOOLBOX XINLIXUE YANJIU FANGFA
著作责任者	陈立翰　编著
责任编辑	刘　啸　赵晴雪
标准书号	ISBN 978-7-301-27914-4
出版发行	北京大学出版社
地　　址	北京市海淀区成府路 205 号　100871
网　　址	http://www.pup.cn
电子信箱	zpup@pup.cn
新浪微博	@北京大学出版社
电　　话	邮购部 62752015　发行部 62750672　编辑部 62752021
印 刷 者	北京市科星印刷有限责任公司
经 销 者	新华书店
	787 毫米 × 980 毫米　16 开本　20.75 印张　插页 4　416 千字 2017 年 1 月第 1 版　2024 年 7 月第 5 次印刷
定　　价	45.00 元

未经许可，不得以任何方式复制或抄袭本书之部分或全部内容。
版权所有，侵权必究
举报电话：010-62752024　电子信箱：fd@pup.pku.edu.cn
图书如有印装质量问题，请与出版部联系，电话：010-62756370

序　一

　　2005 年，*Science* 创刊 125 周年之际，提出了 125 个未来最重要的科学问题，其中 25 个重中之重的问题包括：意识的生物基础，记忆是如何存储与提取。2013 至 2014 年，美国、欧洲和日本相继启动了脑计划。2014 年诺贝尔生理学或医学奖颁发给了在海马中发现"位置细胞"和"网格细胞"的科学家。可见，一方面，在探索外部世界的过程中，人类对自身内心世界的研究兴趣越来越高涨；另一方面，随着研究技术的发展与成熟，人类对自身的了解也越来越多。心理学正逐步从"隐学"过渡到"显学"，正是大量严谨优美的实验支撑着这一转变过程。

　　工欲善其事，必先利其器。欲做出严谨优美的实验，必先充分掌握实验技能。实验程序的编写与数据处理，是现代心理学研究技能的重要组成部分。研究者通过实验程序控制计算机，生成一个与被试交互的特定界面。在这个界面中，需要呈现特定的视听等感觉通道刺激、控制变量、平衡实验条件、记录和处理数据等。一个完整、严谨的实验程序是实验成功的必要条件。

　　MATLAB 软件提供了一个这样的程序编写平台。该软件的计算功能强大，平台扩展性好，程序编写简单。基于 MATLAB 的很多软件包都是免费开源的，用户可以直接调用其原函数，使用起来简单灵活。在心理学领域，基于 MATLAB 的 PSYCHTOOLBOX 软件包由于其良好的操作性和拓展性，已逐渐成为主流的实验程序编写软件，基本能满足所有实验的需求，而市面上却少有相关教材。本书从心理学研究者的角度出发，注重实验逻辑，既讲解函数的用法，又介绍其背后的心理学原理。使读者知其然，亦知其所以然。本书一改传统编程教材的"自下而上"和"从枝叶到主干"的编写模式，采用"自上而下"的撰写思路，由研究问题出发，引出编程的需求，再介绍每个实验模块如何用程序实现。在问题中学习，这样的写法更符合人的学习和思维过程，引领读者进入心理学研究的大门，令读者学习 MATLAB 和 PSYCHTOOLBOX 编程事半功倍。

　　本书作者陈立翰博士有丰富的教学与编程的经验，教材中的多数内容来自于他在北京大学的教学实践经历。他编写的这本教材，能从一个崭新的视角提供一种更适合心理学等相关专业的学生学习 MATLAB 与 PSYCHTOOLBOX 的途径，令人欣喜。也祝愿读者通过这本教材的学习，掌握这些有力的科研工具，开始严谨优美的研究之旅。

方　方

北京大学心理与认知科学学院教授

2015 年 12 月 28 日

序 二

　　心理学是一门实验性的科学。在大学阶段,一名合格的心理学毕业生应当接受足够的心理学实验设计、数据处理和科学推断的训练。为达到这一目的,除了学好心理学研究方法、统计学和认知心理学这三门最重要课程之外,实际的科研训练和动手能力的培养必不可少。在众多的科研训练环节中,学习编写心理学实验程序是重要的一环。

　　选择一个合适的编程平台是编写心理学实验程序的前提。就我自己实验室多年的研究经验来看,编程平台能否灵活地实现实验设计中的变量操纵和数据记录是实验成功与否的关键之一。首先,本科生的实验设计往往不乏有精巧之作,但是当他们开始着手准备实验、编写实验程序时,学生们却往往皱起眉头,泛起畏难情绪。有些实验软件虽然提供了便于使用的封装程序,但在开发新的实验设计方面往往捉襟见肘。其次,良好的编程平台和开发程序必须能够有效地控制实验中可能的混淆变量。例如,在"注意"实验中,实验者必须对刺激材料的视角、明度、空间分辨率等无关或混淆变量加以控制,这要求编程平台具有相应的图像处理功能和硬件参数的设置功能。同时,刺激呈现的延迟或者实验数据记录的偏差都会给实验带来不可挽回的影响,用于编写实验程序的工具包必须具有良好的时间精度,能精确地记录实验数据。虽然目前多种编程平台都具有数据处理和结果报告的功能,但这些平台所使用的编程语言存在一定的差异,在不同研究环节使用不同的平台不仅会增加语言学习成本,也容易造成混淆。因此,选择一个能够满足各个研究环节需求的编程平台和工具,对于心理学研究者特别是编程基础较为薄弱的本科生来说至关重要。在众多编程平台中,MATLAB+PSYCHTOOLBOX 的组合无疑是满足以上需求最为合适的选择。一方面,MATLAB 编程语言具有高度的灵活性、强大的制图能力、数据记录的准确性和能满足多种数据处理环节的优越性;另一方面,PSYCHTOOLBOX 工具包能对视觉刺激和语音信号提供精确的修饰、良好兼容各种硬件设备的接口并能进行精密控制。对于国内外申请认知心理学、认知神经科学研究方向的研究生而言,掌握 MATLAB+PSYCHTOOLBOX 更是一项必需的技能。

　　现在市面上已有几本比较优秀的介绍 MATLAB 和 PSYCHTOOLBOX 的中文或英文著作,如《PSYCHTOOLBOX 工具箱及 MATLAB 编程实例》《MATLAB for Neuroscientists》等,与这些已经出版的书籍相比,这本由陈立翰博士等人编纂的《心理学研究方法——基于 MATLAB 和 PSYCHTOOLBOX》具有众多特色。第一,与其他教材相比,本书更加注重 MATLAB 在具体心理学实验中的应用。在进行正式研究之前许多学生会提前学习一下 MATLAB 和 PSYCHTOOLBOX 的使用,但是很多学生反映在现有书籍中学习到的知识往往很难完全应用到实验研究中。这主要是因为现有教材大多是从语言和软件本身出发进行讲解,没有涉及实际心理学研究中可能会遇到的具体问题。本书作者拥有多年使用 MATLAB 进行心理学研究和本科教学经验,从大批本科生和相关研究生的实际需要出发编写了本书,更加贴近读者需求。第二,本书从初学者角度出发,以图文并茂的方式,提供主题贴切、内容丰富的例子,深入浅出地讲解了在不同心理学主题的实验程序编写过程中如何实现各种功能,可能会出现什么问题,把枯燥的语句变得生动有趣,帮助学生克服对编程的畏惧心理。同时,为了更好地引导学生学习,本书在每章的结尾都设置了作业与思考题,帮助学生在实际操作中巩固已有知识,发现自身问题。第三,本书强调编程逻辑。很多同学在编程之前没有受过编程逻辑和方法学的训练,导致编程过程中逻辑混乱,编程设计与实验思路不能完全贴合,进而影响了实验结果。本书则从研究问题和方法出发,帮助读者建立编程逻辑,提升编程质量。第四,不同于其他书籍只关注实验程序编写环节,本书增加了使用 MATLAB 进行数据分析、数理统计和研究结果可视化的常用内容,使读者可以全方位的学习并掌握 MATLAB 在心理学研究中的应用。本书涵盖了 MATLAB 和 PSYCHTOOLBOX 使用中大多数的软件和硬件问题,并在部分章节提供了拓展资源和有用的网络链接信息。因此,无论是 MATLAB 初学者还是高阶使用者都能在这本书中获得有用的信息。

在中国心理学界,我可能是最早倡导给本科生开设 MATLAB 课程的教授之一了。十多年的呼吁源自自己的切肤之痛,因为我几乎没有任何编程能力,在实际研究中时常感到力不从心。但我的呼吁基本上落于"deaf ears"。倒是中山大学的心理学系因为是新创之系,又因系主任高定国教授对我这"师兄"比较尊重,在课程设置等方面接受了我不少的建议,MATLAB 成为中大心理学系本科生的必修课,这些学生在研究生招考时也受到了额外的青睐。陈立翰博士来北京大学心理学系工作后,我一直鼓励他开设 MATLAB 课程。现在,立翰开设的"心理学研究方法(MATLAB)"已经成为北大心理学系的本科专业基础课,这本教材的出版不仅是立翰工作的一个总结,也意味着我一个目标的达成。借此机会,我进一步呼吁,中国心理学的本科教学不要太迷信此心理学、彼心理学,而应比以往更注重思维方式和一般技能的培养与训练,功夫在诗外;只有这样,我们才能更有成效地适合社会需求、培养具有更广泛能力的合格毕业生。

周晓林
北京大学心理与认知科学学院教授
教育部高等学校心理学教学指导委员会主任委员
2016 年 6 月 5 日

前　言

　　光阴荏苒，岁月如梭。接触 MATLAB 和 PSYCHTOOLBOX，是在 2007 年的 9 月，当时我在慕尼黑大学的合作导师施壮华博士给我上了将近一个小时的 Tutorial，以便使我能够快速上手编写实验程序。编程的学习过程，经历了乐趣和苦趣，仍记忆犹新，在慕尼黑大学的"小猪楼"（粉红色的楼，为普通心理学和实验心理学所在的地方），好几个夜晚因为调试程序的缘故，我都是最后一个离开。可以说，对于用 MATLAB 和 PSYCHTOOLBOX 来编制实验程序的畏难的"心理关"，我已经克服了。而这个心理关，恰恰是众多学生的瓶颈。

　　2011 年 9 月我开始承担北京大学"心理学研究方法（MATLAB）"本科课程的教学。事实上，从林林总总的心理科学研究程序编制软件看，以及从心理学研究本身作为一门强调方法和统计等技术的学科特点看，当前关于用一款合适的软件平台来促进心理科学的研究的教材相当匮乏。本教材的编写，遇到了北京大学本科生教材建设的契机，并从大批本科生和相关的研究生的实际需要出发，以期能从研究实际问题的角度出发，详细讲解 MATLAB 和 PSYCHTOOLBOX 的特性和功能，以及可以操作的范例。一个良好的实验程序，必须能够很好地体现并优化实验心理学中的变量操作和实验流程设计，实验参数的时间精度以及刺激序列的编排。编程设计与实验思路都需要严密的逻辑对应。本教材的编写，尽量从问题和方法的角度出发，比如，关于实验随机化的方法和程序实现，常见心理物理法的背景、方法和编程实现等。

　　MATLAB 和 PSYCHTOOLBOX 的结合，能为常见的心理学研究提供"一条龙"式的解决方案。我曾经在就读博士期间，利用 MATLAB 和 PSYCHTOOLBOX 进行心理实验程序的编制和数据收集、数据分析以及直接用于 SCI 论文发表的规范制图。PSYCHTOOLBOX 作为一个开源的工具包，提供了呈现视觉刺激的完美的解决方案，特别是对于语音信号的精确修饰、呈现，具有其他软件无可比拟的优势。当前，在认知神经科学和心理学的研究领域，基于 MATLAB 平台编制的各种数据分析和拟合（模拟）的工具包，能高效地为科研提供便利。一些常用的设备（比如眼动仪、脑电仪、Data-Pixx 以及虚拟现实设备等），提供了与 MATLAB 和 PSYCHTOOLBOX 良好的接口。

　　本书的写作过程中，北大心理与认知科学学院的几位编程基础和综合素质较好的博士生，包括陈铖、余亲林、何康以及高年级本科生汪星宇和玉尔麦提江·伊里提孜（现于纽约大学攻读博士学位）参与了部分章节的编写。具体章节和编写人员如下：

第 1 章　陈立翰

第 2 章　陈铖，陈立翰

第 3 章　陈铖

第 4 章　余亲林，陈立翰

第 5 章　陈立翰

第 6 章　陈立翰，何康，温凯

第 7 章　汪星宇，陈立翰

第 8 章　玉尔麦提江·伊里提孜

第 9 章　玉尔麦提江·伊里提孜，陈立翰

第 10 章　陈立翰

另外，陈立翰、鲁君实、陈铖和余亲林参与了作业题目和部分参考答案(提示)的编写，参考答案部分也采用了部分同学(温凯、陈语嫣)的解法。在第 9 章和第 10 章，采用了本人在慕尼黑大学实验心理学系读博士学期期间，与施壮华博士一起编写的实验与分析程序。第 10 章也采用了北京大学心理学系毕泰勇(现西南大学任教)的 QUEST 程序样例，在此一并致谢。

本书的使用对象为心理学、生物学、教育学和部分工科院系相关专业的本科生与研究生。建议读者在阅读本书前，已经掌握心理学与教育学等领域实验设计的基础知识。本书的每个章节都有"预备知识"与"本章要点"的介绍，后面章节的预备知识，大部分可以从前一章节的知识点得到。第 1～3 章简介 MATLAB 的基础知识，内容相对独立，读者也可以参考同类教材。本书提供样例程序，读者可从北京大学多感觉通道实验室网站(www.multisensorylab.com/MATLAB)或北京大学出版社网站中的"下载中心-理工"页面(www.pup.cn/localDown)上下载代码和相关资料。书中部分章节设置了练习题，并提供了解题思路，读者也可以在上述网址找到部分习题的参考答案。

当然，由于 MATLAB 和 PSYCHTOOLBOX 的应用广泛，同时我个人学识有限，书中定有遗误之处，欢迎读者不吝指正，以期重印或再版时修订。

陈立翰

2016 年 4 月 2 日

目 录

1 心理学研究方法概论 ……………………………………………………（ 1 ）
   1.1 科学与"决定论" ……………………………………………………（ 2 ）
   1.2 心理学研究中的"练习"和"欺骗" …………………………………（ 3 ）
   1.3 心理学研究的分类 ……………………………………………………（ 5 ）
   1.4 变量和控制原则 ………………………………………………………（ 8 ）
   1.5 有趣研究的指导原则 …………………………………………………（ 9 ）
   1.6 为什么要学习 MATLAB? ……………………………………………（ 12 ）

2 MATLAB 概述和编程基础 ………………………………………………（ 15 ）
   2.1 MATLAB 的编程环境和编程语言 …………………………………（ 16 ）
   2.2 矩阵基础和运算 ………………………………………………………（ 27 ）
   2.3 MATLAB 程序设计基础 ……………………………………………（ 37 ）
   2.4 实验设计常用 MATLAB 函数 ………………………………………（ 50 ）

3 MATLAB 程序结构和流程控制 …………………………………………（ 69 ）
   3.1 条件语句 ………………………………………………………………（ 70 ）
   3.2 循环语句 ………………………………………………………………（ 78 ）
   3.3 错误控制语句 …………………………………………………………（ 90 ）

4 利用 PSYCHTOOLBOX 生成视觉刺激 ………………………………（ 94 ）
   4.1 图像基础知识和 MATLAB 描述 ……………………………………（ 94 ）
   4.2 图像的窗口变换和常见滤波处理 ……………………………………（106）
   4.3 PSYCHTOOLBOX 工作原理与 Screen 函数应用 …………………（121）

5 利用 MATLAB 生成听觉刺激 …………………………………………（131）
   5.1 声音的特性 ……………………………………………………………（131）
   5.2 用 MATLAB 产生纯音、噪声、乐音与和声 ………………………（133）

5.3 声音的归一化 (135)
5.4 立体声、ITD 和 ILD (136)
5.5 构造声音移动的四种方法 (138)
5.6 声音的修饰 (141)

6 PSYCHTOOLBOX 中的反应录入与 MATLAB 接口 (144)
6.1 反应时技术及反应收集 (144)
6.2 串口通信 (157)
6.3 并口的使用 (163)
6.4 语音录入 (166)
6.5 简单反应时与选择反应时 (172)
6.6 MATLAB 与虚拟现实 (174)

7 利用 PSYCHTOOLBOX 编写视听刺激 (188)
7.1 视听交互实验程序框架 (189)
7.2 声音刺激的构造和修饰 (195)
7.3 视觉刺激 (198)
7.4 试次的随机化 (204)
7.5 实现一个完整的实验程序 (208)

8 研究结果的可视化：MATLAB 图形绘制 (210)
8.1 MATLAB 绘图环境介绍 (210)
8.2 图像窗口简介：二维图形的绘制 (215)
8.3 深入了解图像窗口及其子对象 (224)
8.4 探索性数据分析可视化 (227)
8.5 结果展示的可视化 (237)
8.6 特殊绘图方法 (245)
8.7 图像的读取和存储 (252)

9 利用 MATLAB 进行数据分析和简单数理统计 (259)
9.1 数据的获取和导入 (259)
9.2 数据的预处理 (262)
9.3 描述统计与分类统计 (268)
9.4 参数估计与假设检验 (272)
9.5 曲线拟合 (280)

10 常见的心理物理学方法与 MATLAB 编程实现 ………………………（295）
10.1 心理物理曲线的绘制 ………………………………………………（297）
10.2 阶梯法 …………………………………………………………………（300）
10.3 序列测试的参数估计 ………………………………………………（306）
10.4 使用 QUEST ……………………………………………………………（314）
10.5 信号检测论 ……………………………………………………………（315）

1

心理学研究方法概论

预备知识
- 普通心理学和实验心理学相关知识
- 科学的研究方法

本章要点
- 心理学的取样原则
- 心理学研究的分类
- 有趣的研究的指导原则
- 研究方法与 MATLAB

　　心理学是一门以翔实的数据以及严谨的数据分析为驱动的自然科学。为了说明基于数据统计推理的必要性，我们以央视羊年春晚的一则新闻报道为例说起（引自《新闻晨报》，2015 年 2 月 22 日）。

　　2015 年央视羊年春晚近日公布收视率。数据显示，除夕当晚，央视春晚电视直播收视率为 28.37%，创下历年新低。春晚好不好看，或许每个人心中都有自己的答案，但从电视收视率上来看，春晚每况愈下或是不争的事实。据悉，从 2008 年鼠年春晚有公开数据可查开始，春晚收视最高的一届为 2010 年虎年春晚的 38.26%。去年马年春晚，全国有 202 家电视台对春晚进行了同步转播，综合计算出的全国并机直播收视率为 30.98%，电视观众规模为 7.04 亿人。该收视数据公布后，冯小刚的跨界执导就被指为"央视十年最低"。

　　羊年春晚，全国有 189 个电视频道同步转播，电视直播收视率为 28.37%，电视观众规模为 6.9 亿人，两个数据均较去年下跌。根据 2008 年以来可以获得的官方收视率来看，羊年春晚是八年来收视最低的一届，其中收视率第一次跌破 30%，观众规模也是第一次跌破 7 亿人。不过，即便央视春晚收视率逐年降低，但其仍然是年度关注度最高、收看人数最多的晚会节目。

　　此外，还有一个值得关注的现象，今年央视春晚的人均收视时长为 155.5 分钟，比起去年的人均 66 分钟大幅增长。这从一定程度上也说明，尽管观众的总量减少了，但羊年春晚依然凭借着过硬的节目质量，吸引观众目光的停留时间更长。

电视收视数据的下跌,并不意味着春晚的观众人数下降。央视今年第一次向商业视频网站提供了春晚直播版权,因此观众得以在多个屏幕收看羊年春晚。据悉,2015年央视春晚的多屏收视率(综合计算电视直播与网络直播)达到了29.6%。

以上关于2015春晚收视率的报道,由于没有推论统计检验的支持,得出"电视收视数据的下跌,并不意味着春晚的观众人数下降"的结论是缺乏说服力的。

1.1 科学与"决定论"

心理学的基本研究目标,可以概括为八个字:描述、预测、解释和应用。科学的观点认为,事件是可以被预测的,但只有超过50%的概率水平才有统计学意义。心理学家的研究,也采取这个姿态和立场。心理学的研究,和任何其他社会科学一样,遵循科学的研究程序,合理的取样原则以及数量化的统计推理,并据此做出科学的推论。以上关于春晚的数据比较,以及由此衍生的推论,是有待考证的。如果您开动统计思维,就会发现它缺乏"推论统计",即基于所给的数据进行统计比较,而非仅限于对数据的描述统计。

1.1.1 数据处理中的"抽屉"原则

在日常的科研工作中,人们往往不自觉地使用了取样中的"抽屉"原则,这个"抽屉"原则,造成了潜在的取样偏差。这种取样偏差的来源有两方面,一是取样群体的偏差。比如,只从一个群体内部取样,只从一个渠道(比如电视而非纸质媒体)收集数据。事实上,对于一个科学问题的探查,有时需要设计一个合理的"实验"程序,包括取样以及(模拟的)科学实验。比如,对于春晚的节目喜好的调查,可以结合数量化的研究取向,采用不同来源(网络、电视以及平面纸质媒体)的数据进行分析,可以进行实验室的数据采样评价,甚至进行质性研究(比如深度访谈)。在实验室的研究中,人们通过科学设计的实验,可以探查参与者的态度取向(态度形成)以及情绪体验等。另一个取样偏差的来源为取样的数目。在考察具体的样本数量时,尽量避免偶然性的结果。因此,往往科学实验的一个重要特征即为"可重复性"。为了达到可靠的结果,一般的行为实验,至少需要20名的有效被试参与(知觉学习等实验类型除外)。

实验的取样,需要避免以上的"抽屉"原则。

1.1.2 研究报告的规范

有了原始的、第一手数据后,接下来的问题是如何呈现所得的"结果",即产生研究报告。心理学的研究报告,遵循一定的科学规范。目前,心理学研究报告需要严格按照美国心理学会(APA)制定的格式规范来书写。举个简单的例子,在写报告时,我们一般用表格来呈现。按照 APA 的"三线图"的规则,数据表格的制作不用垂直线,只能用横线。

很多情况下,科学实验以人类或动物作为研究对象,为此,在开展实验之前,需要通过实验伦理的审查。一般较大的科研院所,都有独立的伦理委员会进行审查。而且,对于人类被试,在进行实验前,必须与被试签署"知情同意书"。在发表论文时,必须明文提及涉及人类被试/动物实验的伦理调查和批准书。

1.2 心理学研究中的"练习"和"欺骗"

心理科学实验的研究,一般允许人们犯错误。在心理物理学领域,如果没有犯错,就不可能得到心理物理学曲线。在正式的实验之前,一般都需要给被试适应性练习,使他们熟悉实验的规范和过程,了解如何去操作。然而,如果过度练习,就会产生疲劳以及有暴露实验目标的风险。

心理学的研究中,有一些比较有趣的错觉现象,比如"橡胶手错觉"(rubber hand illusion),即考察身体如何欺骗大脑。

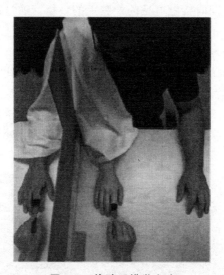

图 1.1 橡胶手错觉实验

橡胶手错觉是一种感知错觉现象,能反映人们对自己躯体的存在感和占有感,以及如何区分躯体(肢体)与环境中其他客体的空间关系的感知过程。橡胶手错觉由博维尼克和科恩(1998)首次提出,瑞典神经科学家埃尔逊所在的研究小组系统性地对其进行了研究,认为它是一种跨感觉通道(视觉、触觉和本体感觉)整合得到的知觉错觉现象。

博维尼克和科恩(1998)在诱发橡胶手错觉的实验中,把被试本人的右手藏起来,取而代之的是一只看得见的、假的橡胶手。主试轻刷被试看到的橡胶手,同步轻刷隐藏在视野外被试自己的手,引发橡胶手是被试本人的真实的手的错觉现象。博维尼克和科恩的研究中,通过视觉模拟量表(7点里克特量表),从不同的主观感受问题(比如,我感觉到橡胶手就是我的手;我的手的被"刷"的感觉,是由橡胶手上的毛刷动作引起的,等等)来记录错觉量的大小。其他常见的记录橡胶手错觉的指标还包括本体感觉的(位置)漂移,皮肤电阻和皮肤温度,被试的情绪反应与变化,等等。2004年以来,相关的神经影像学的证据表明,顶叶皮层以及腹侧前运动区皮层的大脑激活水平,反映了橡胶手错觉效应量的大小。

橡胶手错觉现象在人群中发生的概率为70%,并且存在个体差异。良好的橡胶手错觉现象的产生,受各种因素的限制。视觉和触觉刺激的时间差必须不超过300 ms,橡胶手离开真实的手,水平距离不超过30 cm,而且橡胶手必须接近人"手"的形状。材质较软的刺激(比如用软的毛刷刺激),可以引起较强的橡胶手错觉。橡胶手效应中触觉(毛刷)的动作方向,必须以手部的中心为空间参考位置,当手放置的方向与毛刷在橡胶手上的运动方向不一致时,会削弱橡胶手错觉效应。

橡胶手错觉还被用于截肢患者的研究。埃尔逊和同事在截肢者看不见的上臂残肢相应部位给予触觉刺激,同时接触可见的橡胶手的食指。通过这种方法,他们成功地让截肢者产生了"橡胶手就是自己身体一部分"的感觉。

出于研究的需要,心理学也合理地利用了"欺骗"的手段。米尔格伦实验(Milgram experiment),又称权力服从研究(obedience to authority study),是一个非常知名的社会心理学实验。参加实验的学生被分为两组,其中一组被告知扮演"老师"的角色,被告知这是一项关于"体罚对于学习行为的效用"的实验,并被赋予权力来教导另一组学生。事实上,另一组"学生"由实验人员假扮。"老师"和"学生"分处不同房间,他们不能看到对方,但能隔着墙壁以声音互相沟通。在实验过程中,"老师"和"学生"分别手执"答案

图1.2 米尔格伦实验

卷"和"题目卷"。"老师"逐一朗读答案卷上的单词,要求"学生"进行单字匹配,然后进行考试。如果学生答对了,继续后面的测试。如果答错了,老师会对学生施加电击,电击强度也随着错误率的增加而提升,学生发出"尖叫声"。

这个实验里,有几处"欺骗"的地方:实验人员冒充"学生"(参加实验的"学生"是知道实验目的的实验人员),实验材料("问题卷"和"答案卷"一样);电击的仪器并没有产生电击,学生的"尖叫声"是配合实验设备的动作而播放的、预先录制的配音。现在许多科学家认为这类实验违反实验伦理。然而,这个实验却深刻地揭示了实验室里所制造的使人服从权力的环境,与社会现实有某种相通之处,特别是在当时被人们所痛责的纳粹时代,这种权力服从行为的表现尤为明显。

1.3 心理学研究的分类

一般认为,心理学的特性包括:系统性,逻辑性,实验性,简洁性,概括性。与任何一项自然科学实验一样,心理学实验也强调结果的可重复性。按不同的分类标准,有定量研究和定性研究,以及基础研究与应用研究的划分。按照科学家的意图出发,又可以划分为兴趣驱动的研究和实用导向的研究。比如,由兴趣驱动的关于"石头剪刀布"的获胜策略的研究。

心理学的研究,特别是发展和临床心理学的研究,强调个案和观察的手段。比如,《心理学报》曾经报道儿童如何使用筷子的研究。心理学的研究,有时是先由现象驱动的:比如视觉以及其他感觉通道的错觉现象的研究。我们把这类现象的研究,归类为"经验性问题"(empirical question)。

另外,还有相关性研究(correlational research),图 1.4 就显示了一个考察相关性研究的例子。Parise 等人(2012)利用声音和视觉刺激的空间定位任务范式,考察声音和视觉刺激序列时间结构的相关性对听觉目标空间定位成绩的影响。实验发现,当声音刺激序列和视觉刺激序列相关时,被试能够利用相关关系推导出事件的因果关系,并在视觉刺激影响下提高对听觉目标的定位成绩。

专栏 1-1

"石头剪刀布"获胜法获大奖

在"葛大爷"的忽悠下,儿时"石头剪刀布"游戏摇身变成身价 200 万欧元的"分歧终端机",这是电影《非诚勿扰》里的经典片段。在现实生活中,它却真成了一项正儿八经的科学研究,还一举赢得了"麻省理工学院科技评论 2014 年度最优",成为我国首次入选这一评论的社科领域研究成果。

科研人员发现了一个有趣的现象:看似随机的游戏竟有规律可循。简单来说,如果你的剪刀输给了对手的石头,那么下一轮你更有可能出能战胜石头的布;而如果你是获胜者,那么下一轮你更有可能沿用相同的出手。这就是论文中总结的制胜策略——"胜留输变"。如果你是输家,下一轮换用能打败对手的出手;如果你是赢家,下一轮不要再使用原来的出手。也就是说,你用石头打败了对手的剪刀,那么下一轮你不能再出石头,而应该出剪刀,因为对方很有可能会出布。

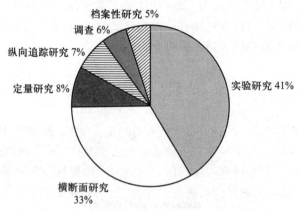

图 1.3 从 200 篇 PsycINFO 里看不同研究的分类

(转引自 Howitt & Cramer,2011)

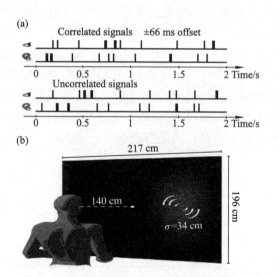

图 1.4 Parise 等人(2012)的研究刺激和实验示意图

(a)听觉信号与视觉信号相关,听觉信号提前视觉信号 66 ms,或者不相关,即听觉信号和视觉信号之间的时间先后关系随机。(b)听觉与视觉目标空间定位实验示意图。

如果我们已经有了先入为主的现象,进一步的探查就需要有操作定义(operational definitions),我们接下来讨论一下有关"变量"的问题。

专栏 1-2

美国总统是如何被遗忘的?

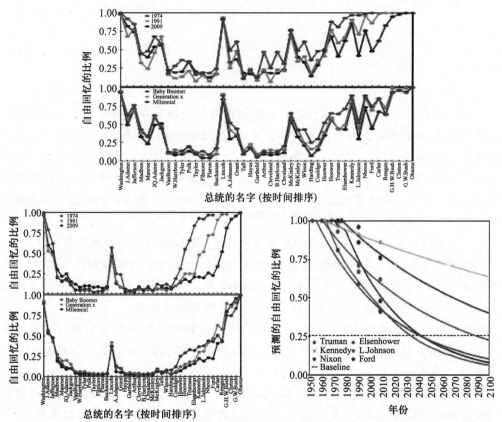

还能记得某位美国总统吗?自从 20 世纪 70 年代以来,美国的不同年龄层级的民众,都不约而同地以相同的方式把总统给遗忘了:只对历史上最早的和最近的总统们有印象(除了对林肯总统记忆犹新)。两项研究证实了美国总统是如何被人遗忘的。以 1974 年,1991 年以及 2009 年入学的 415 名本科生为调查对象,要求他们尽量自由回忆总统的名字并按照年代排列。数据表明,在当时执政的总统前面的 8 或 9 位总统,呈现大致的、线性趋势的遗忘;对于不按照年代顺序排列的数据分析,也呈现了相同的遗忘趋势。针对 2014 年的 497 位成人被试(年龄在 18~69 岁)的数据,也重复了上述结果。作者 Roediger 和 DeSoto 对数据进行了遗忘函数的拟合,来预测 6 位最近的总统与在

年代表中靠中间的总统相比,何时将同等程度地被遗忘,比如到 2040 年,对 Truman(1945—1953 年)的遗忘程度,与 Mckinley(1897—1901 年)的相当。研究表明,我们可以对集体遗忘进行实证研究,就像对其他类型的遗忘一样(见上页图,其中,上图:对时间序列中不同总统的自由回忆的比例;下图左:对依年代序列出现的总统名字,回忆出其正确的年代位置的比例;下图右:依据特定的拟合函数,预测相关总统被遗忘的时间曲线以及不同人的、等价的时间点)。

(来源:Roediger & Desoto,2014)

1.4 变量和控制原则

在心理学实验中,一般的实验逻辑为揭示自变量对因变量的影响。自变量是由实验者设置、操纵的变量。因变量是被测定或被记录的变量。中介变量(mediator,也称中间变量)是自变量对因变量发生影响的中介,是自变量对因变量产生影响的实质性的、内在的原因。控制变量(又称为额外变量或无关变量)是指在实验中应该保持恒定的潜在的自变量。当研究者选定的自变量与一些未控制好的因素共同造成了因变量的变化,就会产生自变量的混淆。

在具体的研究程序中,一般需要根据概率理论,把被试随机地分派到各处理组中。并用匹配的方法,使得实验组和控制组中的被试的特点相等。在实验条件、次数和次序的安排中,需要做到平衡。抵消平衡法(counterbalancing method)是通过采用某些综合平衡的方式,使得额外变量的效果互相抵消,以控制额外变量。

在大多数的行为实验中,采用双盲设计,即主试和被试都不知道实验进程中的条件,只有等实验结束后,才知道结果。这在心理物理学的实验(比如恒定刺激法)中,经常遇到。

关于实证研究中各种变量的关系,以下用一个例子来说明。假设有一项研究使用问卷调查的研究方法,考察人际关系的亲密程度与态度的相似性之间的关系,即两者是否存在因果关系:朋友间态度相同,陌生人之间态度不同。这里的自变量为人际关系的定义(朋友或陌生人),因变量为态度的测量(相同或不同)。干扰或控制变量有多种:比如被试本身的吸引力,或者说"吸引力"本身作为一种中介变量(中间变量),调节人际关系与态度之间的关系。当然,也存在其他混淆变量,比如生活事件(是否同时上一所大学),以及态度的测量是否保证在同一个时间点进行。比较理想的一种抵消平衡(或交叉平衡)的设计方法是,在控制无关因素(比如地域、相同的生活经历等)基础上,按时间维度(时间点的前后测量)分别对人际关系以及态度进行测量。

1.5 有趣研究的指导原则

研究者把进行一项研究的步骤归纳为两步：选择研究问题和回答研究问题。大多数研究往往未能很好兼顾"兴趣"和"实用"两者。一项有趣的研究，应至少满足以下六个特征。

1.5.1 "现象学"驱动的研究——现象的优先地位

陀思妥耶夫斯基(1863/2009)曾说："尽管你尽量不去想象一只北极熊，你会看到，每一分钟你的脑海里都会浮现这个看似被诅咒的东西。"这句话可以理解为，人类拥有一个强大的心理现象：总是无法抑制自己的想法，似乎面面俱到地考虑问题。当然，科学家这种"多虑"的特质，能产生多样化的研究(Wegner, Schneider, Carter, & White, 1987)。追溯历史上绝大多数的心理学研究，总是从最简单的现象出发。研究和理论的构建，需要根植于令人信服的、具备被人类清晰地感知或觉察的经验。

Wegner 和 Gilbert (2000)提出，对于人类经验的研究，即对研究想法的获取，更好的方式是源自生活，而非从学术期刊中获得。Milgram、Asch 和 Zimbardo 等人的研究所体现的生命力，不在具体理论的建构，而在于服从、从众和残忍等所体现的在心理学意义上的权重。当然，可能没有比一个好的理论更具有实用性。但是，研究的实用程度是与现象的重要性和生动程度成正比的。研究和理论在某种程度上可能都会"作茧自缚"，但是，如果一项研究的内核有"鲜活"的现象，就可以窥见该研究的精妙之处。

1.5.2 出人意料

人类的经验多种多样，但只有一部分能成为"有趣的"心理学研究的主题。有趣的现象常常是与人类直觉相反的。这种"相反"的例子包括：单一和多元；好的与坏的；相似的与不同的。事实上，任何一对反义词的组合，都能吸引人们的注意，比如 Orwell (1949)的"悖论"——战争即和平，自由即奴役，无知即力量。

评价想法的一个有用的测试是想象尽可能最出人意料的结果。假如研究结果正是我们所预测的，那么它们有趣吗？答案如果是否定的，那么就需要重新提出假设或者认真思考原有假设的对立面，即一方是直觉的，那么其对立面往往是出人意料的。然而，为了被更好地理解，反直觉的想法也必须在一定程度上具有"直觉"的特性，这也解释了为什么"不朽"的传说或宗教都很少是反直觉的(Norenzayan, Atran, Faulkner, & Schaller, 2006)。

1.5.3 研究的受众：奶奶，而非科学家

以上对反直觉的说明，事实上预示着一个很显然的问题：到底是谁的直觉？心理学

的研究可能是反科学家的或反普通人的直觉（Davis，1971）。反科学家的直觉会带来看似强劲的，但短暂的影响（或文章引用率），因为它被限制在科学文献的范围之内。然而，反普通人的直觉，因为研究本身不容易与已有的科学规范契合，可能带来较少的影响（和引用率）。但反普通人直觉的研究，可能有深远的、长期的影响，因为普通人的直觉相对稳定，而科学家的直觉取决于变化不定的"科学研究"的范式（Kuhn，2012/1962）。比如，在行为主义盛行的年代，对认知的重要性的认识看起来具有革命性意义，现在看来，对认知研究的重视是理所应当的事情。另一方面，普通人也许会因为无法承受由权力造成的压力，而向他人施加电击（Milgram，1963）。最理想的情况是，研究的结果与科学家和普通人的直觉都是相反的。但是，一个好的研究，应该更加强调后者，即与普通人的直觉相反。这样做，不仅是为了普遍而持久的影响力，也是为了减少在科学家圈子中智力活动的"拥挤"效应和强调抢先报道的压力。因此，一项好的科学研究，就像讲故事，讲给奶奶听，她也能听得饶有兴致。

科学研究通常会集聚成不同的子领域，许多研究者只研究少数的、特定的题目。子领域的好处在于研究者可以非常清晰地定义问题，也比较容易量化子领域的研究进展。然而，子领域的研究有时是短视的、小步前进的。一旦你发现自己被其他（看似不太重要的）研究包围，你就需要考虑是否应冒风险去探索这些未知的领域。通常，这种风险是有回报的，即能建立一个新的子领域。然而，就像建筑师一样，设计并建造新的建筑物，但他们却一般不尝试住在里面。

1.5.4 引发被试参与实验的动机

设想有两种方式来测试社会心理学中的"从众"现象（conformity）。第一种是要求被试看到屏幕上呈现的目标词后按键。第二种是要求被试明目张胆地采用欺骗策略，即在简单任务上故意表现得很差，以和别人的回答一致（Asch，1963）。尽管以上两种方法都是科学有效的，但是第二种方法已经在教科书中确立了不可撼动的地位。使用具有强大的被试体验的实验范式的研究，往往受到具有高影响因子的期刊的青睐，因为它能为读者娓娓道来一个有趣的故事。我们再提一下 Milgram 的实验，该实验的被试可能会一边默念着"哦，我的上帝啊，快让这个实验停下吧"，一边又会继续对主试的每一句话言听计从，直到实验结束（Milgram，1963）。研究者可以大胆想象如何引发被试参与实验的动机，而不必害怕使实验范式本身变得稀奇古怪。就像研究背后的逻辑一样，研究者一般都希望使实验过程变得有趣。虽然实验范式有时可能无法达到预期的效果，但是在被试成功参与实验等方面却能够达到目的。开展一项令人信服的研究一般都比较难，但是，让被试积极参与实验，包括令被试亲自体验实验过程，这一点是很有价值的，至少研究者可以通过这一过程获得有效的（预备）结果。

1.5.5 简单的统计

在过去的几十年中,统计方法和计算机技术的发展日新月异。以往方差分析往往要算几个月,如今结构方程的建模只要几秒的运算时间。但不幸的是,复杂的统计方法使现象变得模糊,并使心理学失去了趣味——较为简洁的统计往往能取得良好的效果。在 Milgram(1963)的"服从"实验里,最好的统计表达只是一个百分比数字(如 65% 的被试"服从"),然而,描述统计却被认为是不严谨的推论。

在选择统计方法时,除了运用简单的平均数以外,我们建议首先考虑使用 t 检验,然后是单因素方差分析、二因素方差分析等。与其使用复杂的统计方法,不如重新思考实验设计。当然,可以设计四因素交互的实验并解释结果,但是又有多少人在意结果的解释呢?在一些极其精细的心理学研究中,部分结果难以维持生命力,其原因在于统计方法过于复杂而不容易被理解。然而,即使是再复杂的数据,也总应能绘制出恰当的图表用以解释说明。举例来说,通过观察点和线段的构型,能将复杂的格式塔原理表达得通俗易懂。另外,在图表的应用上,一张表达研究概要的图,胜过一千个词汇的描述。但是,图表的使用,也需要惜墨如金,尽量使每一条线段和每一个点反映出作者明智的选择。

1.5.6 宏伟的开头

我们最后谈一谈科研文章的写作问题。第一印象总是非常重要的,在文章的开头,需要强有力的句子。当你开始写自己的研究报告时,第一自然段是非常重要的,它需要用平实的语言总结全文观点,并力促读者从自身的角度,思考人与人以及人与周围环境之间的关系。与前文提到的观点类似,第一段应当强调现象和经验、反直觉以及对普通人的重要性,并概述你的精妙的研究设计。一般而言,文章开头几乎不含任何参考文献(现在有很多期刊也要求在摘要部分减少或不用引文),但并不是说撤回对现有相关研究的尊重,而是说书写真理是让人如此信服的一件事情,因此无须额外的证明或引文。第一段的写法,可以引用布莱士·帕斯卡(法国数学家、物理学家、哲学家、散文家)的名言,"将科学与心智的探索联系在一起"。这里看似苛刻和离谱的要求,却值得你花上相当的功夫,让最开始的几句话字字珠玑,成为绝唱。

与第一段对应,最后一段需要将所有的东西缝接到人类经验的织锦上。总结的话不应该是对结果的复述,而是一个宏大的主题的再现:很好地将读者带回第一段落或开篇的名言,或者将研究的发现与一些著名的观点联系起来。需要注意的是,永远不要强调你自己的研究有多么的聪明,更不要骄傲自大地勾画出关于研究的兴趣点的纲目来促使读者就范。

毋庸置疑,科学的最高目标是发现真理;但是,某些真理比别的要深刻。对于可靠的心理学的研究,真理是必要的,但不是充分的。许多所谓的科学真理是平庸的、易被遗忘的。研究的可重复性很重要,很多研究者非常在意结果是否能够被重复。以上六点提醒我们,心理学研究只有同时关注心灵——科学成为艺术,艺术溶于科学——才有鲜活的生命力。

1.6　为什么要学习MATLAB?

亲力亲为开展一项自己的研究,是理解和掌握研究方法最快速的通路。磨砺自己的思维习惯,找出一个特定研究领域里已经发生了什么、正在进行什么,是一项重要的研究技能。对于心理学实验设计而言,MATLAB+PSYCHTOOLBOX(PTB)的组合足以击败任何其他一款实验开发工具。MATLAB具有强大的数值运算和良好的硬件底层控制接口,比如一些简便实用的函数,当用户自定义并封装好函数后,就可以用于相关的实验设计和数据分析的场合。MATLAB平台欢迎读者上传自行封装的、经过测试的、有实用价值的函数。根据笔者的经验和目前的认知科学等科研方向趋势的分析,对于大多数申请认知科学研究方向的研究生而言,掌握MATLAB以及PTB的使用,是一项必需的基本技能和考核标准。

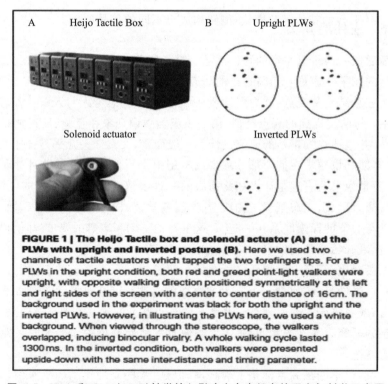

图1.5　Yiltiz和Chen(2015)触觉输入影响光点步行者的研究与刺激示意图

心理学的实验设计、心理物理学方法,可以用 MATLAB+PTB 轻松实现。笔者以一篇本科生的科研训练文章为例,说明如何实现从实验编程设计到后期作图、数据分析全程便捷服务。

Yiltiz 和 Chen(2015)的研究关注触觉信息和视觉似动(生物运动)的跨感觉通道信息交互作用(图 1.5),以及考察高级认知过程(共情能力)如何调节跨感觉通道信息的加工。通过将触觉刺激作用于人体的手指和脚踝处,模拟人在行走时产生的触动觉反馈,以及利用双眼竞争产生的模糊方向(朝向受试者和离开受试者)信息,我们发现对与视觉任务无关的触觉反馈事件的时间知觉组织,能够解决生物运动方向的模糊性,并系统地影响视觉运动中的主导的方向知觉;共情能力高的个体,在触觉-视觉信息加工中,更容易受触觉反馈刺激的影响。在以上的研究中,产生光点步行者双眼竞争的视觉程序,利用了 MATLAB+PTB 的综合知识(生成视觉点刺激,以及收集反应数据)。我们利用定制的触觉刺激仪(Heijo Electronics,UK)来产生触觉刺激,这里需要掌握 MATLAB 硬件接口(与并口通讯)的技术。实验完成后,后期的数据处理以及结果呈现,都利用到 MATLAB 强大的图形绘制和处理功能。因此,可以说 MATLAB+PTB 在心理学的研究中,起到了从程序设计,实施研究,数据分析处理以及可视化的一条龙服务。

MATLAB 配合 PTB 工具包,几乎能够实现所有复杂的实验心理学程序设计。当前,MATLAB 平台的其他函数模块,能够构造出不同的信号(刺激)。在早期的研究听觉负后效(negative afterimage)的实验中,往往需要搭建一台电子设备产生符合实验所需的刺激材料(声音),需要工程师进行复杂的电路设计(参考 Lummis & Guttman,1972;Zwicker,1964);然而,利用 MATLAB 程序,可以方便地产生模拟信号,用于实验。

参 考 文 献

Botvinick, M., & Cohen, J. (1998). Rubber hands 'feel' touch that eyes see. Nature, 391(6669), 756—756.

Gray, K., & Wegner, D. M. (2013). Six guidelines for interesting research.Perspectives on Psychological Science A Journal of the Association for Psychological Science, 8(5), 549—553.

Howitt, D., & Cramer, D. (2011).Introduction to Research Methods in Psychology. Upper Saddle River, NJ: Prentice Hall.

Lummis, R. C., &Guttman, N. (1972). Exploratory studies of Zwicker's "negative afterimage" in hearing. Journal of the Acoustical Society of America, 51(6), 1930—1944.

Parra, L. C., &Pearlmutter, B. A. (2007). Illusory percepts from auditory adaptation. Journal of the Acoustical Society of America, 121(3), 1632—1641.

Parise, C., Spence, C., & Ernst, M. O. (2012). When correlation implies causation in multisensory integration. Current Biology, 22(1), 46—49.

Roediger, H. L., & Desoto, K. A. (2014). Forgetting the presidents. Science, 346(6213), 1106—

1109.

Yiltiz, H., & Chen, L. (2015). Tactile input and empathy modulate the perception of ambiguous biological motion. Frontiers in Psychology, 6, 1384.

Zwicker, E. (1964). "Negative afterimage" in hearing. Acoustical Society of America Journal, 36(12), 2413.

2

MATLAB 概述和编程基础

预备知识
- 线性代数基础
- 常用编程语言(如 C,C++)的编程基础
- 心理物理学实验中的组间、组内设计及随机化知识

本章要点
- 了解 MATLAB 及其特性
- 熟悉 MATLAB 基本操作
- 通过 MATLAB 进行基本的数值运算
- 掌握心理物理学实验设计中常用的 MATLAB 函数
- 编写简单的 MATLAB 程序并进行调试

心理学作为一门建立在实验基础上的科学,研究的任何结论都离不开实验证据的支持。随着心理学研究的深入,各种实验方法层出不穷,对实验精度的要求越来越高,与之相对应的数据处理手段也愈发丰富。单纯依赖传统的编程软件(如 C 语言,C++)和数据处理工具(如 SPSS,SAS)已经无法满足心理学研究者对于实验的需求,比如 C 语言的编程可能过于复杂,而 MATLAB 作为有完整标准库的编程语言,可以用图形界面(GUI)或 OpenGL 接口实现心理学实验的编程以及进行科学的数据分析。为了更好地开展心理学实验研究,研究者们需要更加全面、精确、便利的编程工具,用于辅助他们展开实验研究。在本书中,我们将为大家介绍一门在诸多领域内都有着广泛应用的编程软件 MATLAB,并着重介绍它在心理学研究(尤其是实验心理学研究)中的应用。

MATLAB 是 MATrix LABoratory 的缩写,它最初是美国新墨西哥大学 Cleve Moler 教授编写的 LINPACK 和 EISPACK 接口程序。随后 Cleve Moler 教授又同工程师 Jack Little 一起重新编写了 MATLAB,并且于 1984 年成立了 MathWorks 公司,将这款编程软件推向市场。MATLAB 拥有广泛的应用,包括数值计算、数据挖掘、数学建模、可视化等,并且与 C,C++、Java 和 Python 等多种编程语言兼容,目前已经成为数值计算软件中的佼佼者,并被广泛应用于各类科学研究。

图 2.1　MATLAB 创始人 Jack Little(左图)和 Cleve Moler(右图)

(图片来自 http://cn.mathworks.com/)

在本章中,我们将带领大家初步认识并了解 MATLAB。作为一门编程语言,MATLAB 有着区别于其他编程语言的特点,这些特点能够帮助我们使用 MATLAB 进行高效的数据处理。通过学习本章,我们将了解 MATLAB 的特性和编程规则,学习如何通过 MATLAB 进行简单的数据处理。进一步,我们还将学习如何通过 MATLAB 编写、调试简单的程序,并初步了解在心理物理学实验中一些常用的 MATLAB 函数。

2.1　MATLAB 的编程环境和编程语言

同其他编程工具一样,MATLAB 也有自己独特的编程环境和编程语言。MATLAB 的编程环境是指 MATLAB 软件可提供的所有辅助程序设计的工具和应用的总称。它包括编辑器(Editor)、命令窗口(Command Window)、工作空间(Workspace)以及解释器(Compiler)等。与之相对应的,MATLAB 的编程语言是指可以在 MATLAB 环境中执行,符合 MATLAB 环境语法要求的计算机语言。它不仅包括 MATLAB 特有的 m 文件(包括 MATLAB 特有的数据类型、运算符、程序结构等),还包括在混合编程时可以兼容的其他编程语言(如 C 语言,不做详细介绍)。为了了解 MATLAB 是如何工作的,我们将从这两个角度分别介绍 MATLAB 的特性(图 2.2),从而帮助大家对 MATLAB 形成初步印象。

2.1.1　编程环境简介

正如我们之前所描述的,MATLAB 的编程环境包含一系列可以辅助我们设计程序的工具和应用。为了形象化地了解这些工具和应用,我们可以通过打开 MATLAB 的主窗口来形成对 MATLAB 的编程环境的初步印象。以下的图形界面插图,均采用了 MATLAB2008b 的版本。MATLAB 不同版本在主窗口各个界面之间的布局相同。

2 MATLAB概述和编程基础

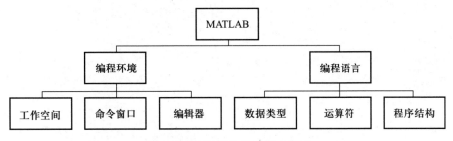

图 2.2 MATLAB 特性简介框图

点击 MATLAB 图标，打开主窗口。

从图 2.3 的 MATLAB 主窗口中我们可以清楚地看到 MATLAB 的编程环境，包括最左侧的当前路径（Current Directory），中间的命令窗口（Command Window）和最右侧的工作空间（Workspace）以及命令行历史（Command History）。我们可以通过直接拖拽这些窗口的上边缘来重新布局窗口。同时，当我们点击图 2.3 左上方方框标出的图标，就可以打开编辑器（Editor），在这里编写 MATLAB 代码，并生成 MATLAB 可运行的 m 文件，如图 2.4 所示。

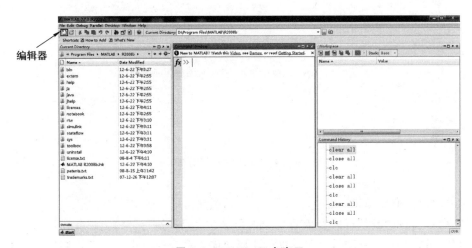

图 2.3 MATLAB 主窗口

在直观地了解了 MATLAB 的编程环境之后，我们将重点介绍三个需要经常使用的编程界面，即命令窗口、工作空间和编辑器。为了更加准确地了解这些界面，我们首先给出一段示例代码：

```
diary my_diary.txt
    a = 1;
    b = 2;
    c = 3;
save ws a b;
clear all;
load ws;
diary off;
```

这段示例代码的功能：①产生三个取值分别为 1、2、3 的变量 a、b、c，将变量 a 和 b 保存到一个文件名为 ws.mat 的文件中；②清除所有变量，并读入 ws.mat 这个文件；③最终将所有代码保存到一个文件名为 my_diary.txt 的文件中。我们将以这段代码为示例，分别描述命令窗口、工作空间和编辑器三个界面的功能。

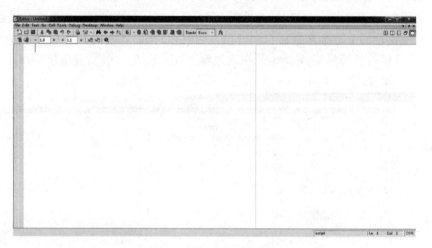

图 2.4　MATLAB 编辑器

2.1.1.1　命令窗口

在命令窗口中我们可以直接输入 MATLAB 代码并执行。将上述代码逐行输入到命令窗口中，按回车键(Enter)即可执行代码功能。命令窗口也允许用户同时执行多行代码（例如将上述代码完整拷贝到命令窗口并按回车键，则可一次性执行该代码的全部功能）。在命令行执行的代码中，"＞＞"为 MATLAB 命令窗口命令行的输入提示符。

命令窗口常用来测试简单的代码，查询 MATLAB 自带的函数，或者对正在运行的代码进行中断操作。同时，在运行某些需要输入参数的代码时，通常也需要在命令窗口内进行输入。关于命令窗口有一些常用的快捷键，如表 2.1 所示。

表 2.1　MATLAB 命令窗口常用快捷键

快捷键	说明
方向键↑	调出历史命令中的前一个命令
方向键↓	调出历史命令中的后一个命令
Tab	自动补全，输入命令的前几个字符，然后按 Tab 键，会弹出前面包含这几个字符的所有命令，方便查找所需命令
Ctrl+C	中断程序的运行，用于耗时过长程序的紧急中断

2.1.1.2　工作空间

工作空间用于保存代码执行时的所有变量。直到该变量被清除之前，它都一直保存在工作空间中。这里我们需要了解四个问题：

（1）如何查看工作空间中的内容？我们可以通过界面操作直接点击工作空间中的变量进行查看。当我们将上述代码的前四行（即截止到"c=3；"）输入命令窗口后，会发现如图 2.5 所示。

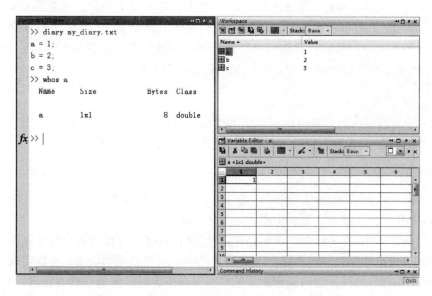

图 2.5　MATLAB 工作空间

此时右上方的工作空间窗口中出现了 a、b、c 三个变量，并且在后面直接显示了这些变量的赋值。双击任意变量（如 a），可以发现会出现一个新的窗口：变量编辑器（Variable Editor），在这个窗口内，可以更加详细地观察工作空间内的各个变量。

同时，我们也可以通过 whos 函数进行查询。在命令窗口内输入如下代码：

>> whos a

命令窗口中随即出现关于变量 a 的信息,包括名称(Name),大小(Size),字节数(Bytes)和数据类型(Class),如图 2.5 左侧所示。

（2）如何保存工作空间中的变量？保存工作空间中的变量通常使用 save 函数。在示例代码里,可以注意到第五行代码为：

>>save ws a b;

输入此行代码并执行,则会将工作空间中相应的变量 a、b 保存到一个文件名为 ws.mat 的文件中。该文件存放的位置即 MATLAB 的当前路径（参考图 2.3）。如果想一次性保存工作空间中所有的变量,则可以输入如下代码：

>>save ws;

（3）如何清除工作空间中的变量？清除工作空间中的变量通常使用 clear 函数。在示例代码里,可以注意到第六行代码为：

>>clear all;

输入此行代码并执行,则会清除工作空间中的所有变量(clear 单独用时,相当于 clear all；注意,当存在一个变量名为 all 时,则只清除该变量)。如果想要清除工作空间中特定的变量,则直接使用"clear＋变量名"的形式(一次性清除多个变量,用空格隔开)。如清除工作空间中的变量 a 和 b,则可以输入如下代码：

>>clear a b;

（4）如何将保存的变量再次读取到工作空间中？将保存的变量再次读取到工作空间中通常使用 load 函数。在示例代码里,可以注意到第七行代码为：

>>load ws;

输入此行代码并执行,则会读取之前保存了变量 a、b 的文件 ws.mat。此时观察工作空间,则会发现变量 a、b 重新出现。

在实际工作中,有时候我们需要保存已经编写的代码,方便以后查阅和修改。此时我们需要将已经编写完的代码保存到日志文件中。这可以通过 diary 函数实现。在示例代码的第一行和最后一行,我们定义了需要保存的代码的起始点和终止点,并通过第一行定义了所要保存的文件名和文件格式(即"diary＋文件名"的形式)。创建的日志文件被保存在当前路径中。

以上我们通过 whos、save、clear、load 和 diary 这五个函数了解了如何对工作空间中的变量进行常见的操作,并初步认识了工作空间。工作空间可以帮助我们在编写代码的时候时刻掌握代码的运行情况,是 MATLAB 非常重要的编程环境之一。

2.1.1.3 编辑器

编辑器是 MATLAB 最重要的编程环境之一。通过编辑器,我们可以编写和调试 MATLAB 代码,并将它保存成扩展名为".m"的文件,即 m 文件。m 文件通常在编辑器中编写,也可在记事本中编写,只需保存成 m 文件即可。例如我们可以将这一节开头给出的代码拷贝到编辑器里,并且保存到文件名为"TestEditor.m"的 m 文件里,如图 2.6 所示。

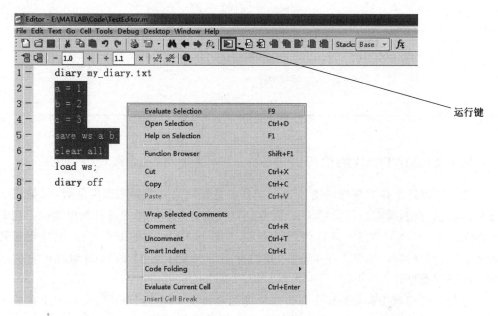

图 2.6 通过 MATLAB 编辑器编写程序

通过点击图 2.6 标出的运行键,或者直接键入 F5,可以运行该 m 文件中的全部代码。如果想运行部分代码,则首先选中需要运行的代码片段,再从右键弹出的快捷菜单中点击 Evaluate Selection,或者直接键入 F9 执行。

编辑器除了能够编写、运行代码以外,还能够方便地对代码进行逐行调试,我们将在后续章节中对这一功能进行详细介绍。这里我们先简单介绍一些编辑器中常见的快捷键,如表 2.2 所示。

以上,我们分别从命令窗口、工作空间和编辑器这三方面介绍了 MATLAB 独特的编程环境,并且初步了解了如何使用 MATLAB。下面,我们将从编程语言的角度,进一步介绍 MATLAB 的特性。

表 2.2 MATLAB 编辑器窗口常用快捷键

快捷键	说明
Tab 或 Ctrl+L	增加缩进(对多行有效)
Ctrl+[	减少缩进(对多行有效)
Ctrl+I	自动缩进(即自动排版,对多行有效)
Ctrl+R	添加注释(对多行有效)
Ctrl+T	去掉注释(对多行有效)
F12	设置或清除断点
F5	运行程序
F9	运行选中的代码片段

2.1.2 MATLAB 的编程语言

相对于丰富多样的编程环境,MATLAB 也是编程语言及标准库的集合,包括它所支持的数据类型,能够执行的运算,以及在编写代码时能够运用的各种程序结构。在本章和第三章中,我们将逐步从这些方面展开,了解 MATLAB 的编程语言,并且逐步熟悉 MATLAB 的编程操作。在本节中,我们首先带大家了解 MATLAB 编程语言的基础——数据类型。

任何一门编程语言都是建立在数据处理的基础上。MATLAB 所支持的丰富的数据类型能够帮助我们更方便地处理数据。合理地定义并使用不同的数据类型,能够帮助我们更加有效地编写实验程序、处理实验数据。

2.1.2.1 变量的定义

在介绍 MATLAB 的数据类型之前,我们首先介绍如何通过 MATLAB 定义变量。与 C 语言不同的是,在 MATLAB 程序里定义变量无须事先申明,用户可以在任何需要变量的时刻定义变量。例如,C 语言中定义一个整型变量 X 并赋值为 3,其代码为:

    int X;
    X=3;

但在 MATLAB 中,就只需要以下一条语句:

    X=3;

相比于 C 语言,这里的定义方法更加简单。但需要注意的是,在 MATLAB 中定义变量仍然需要依据一定的规则:

- 变量名必须以字母开头,且变量名中不允许存在空格;

● 变量名对大小写敏感,换句话说,大写和小写的同名字符算作两个不同的变量;
● 不能使用 MATLAB 中预先定义的变量名、函数名(预先定义的函数名可以赋值,但不推荐这样使用)、关键字,如 pi(圆周率)、NaN(空值)、save(保存变量的函数)、else(选择语句中的关键字)等。

为了尽可能地使自己的程序可读,我们建议在编程的时候,给你所需要定义的变量取个有意义的名字,如定义姓名变量可用 name、定义性别变量可用 gender 等。MATLAB 的变量能够支持多种数据类型,下面我们针对 MATLAB 的数据类型进行介绍。

2.1.2.2 MATLAB 的数据类型

MATLAB 能够支持 15 种基本的数据类型,从类型上包括整型(int/uint)、浮点型(single/double)、字符型(char)、逻辑型(logical)、元胞数组(cell)、结构数组(struct)以及函数句柄(function_handle)等。可以将以上归纳为基本数据结构:int、double、char、double 以及高级数据结构(容器,container),即 cell 和 struct。下面我们对这几种数据类型做简单的介绍。

整型:整型分为有符号整型(int)和无符号整型(uint),根据存储时占用字节的数目又分为 8 位整型、16 位整型、32 位整型和 64 位整型。通常当我们采用 MATLAB 读取图片时,系统默认的数据存储格式即为 int8。

浮点型:浮点型又分为单精度浮点型(single)和双精度浮点型(double)。单精度的存储需要 32 位,而双精度的存储需要 64 位。因而双精度浮点型数据可以表示的数值范围要远高于单精度浮点型数据,其占用的内存空间也高于整型数据和单精度浮点型数据。默认情况下,MATLAB 将所有的数值存储为双精度浮点型。

字符型:通常用于表示代码中需要读写的字符或字符串,用字符数组的形式进行存储。通过将字符内容放置于单引号进行定义。例如我们可以分别定义两个变量 s1、s2,一个表示字符"M",另一个表示字符串"MATLAB",可以进行如下操作:

```
>> s1='M';
>> s2='MATLAB';
```

逻辑型:通常用于判断一段语句是否正确。例如我们可以定义一个赋值为 0 的变量 a,并通过变量 b 判断 a 是否大于 1。可以进行如下操作:

```
>> a=0;
>> b=(a>1)
b=
    0
>> whos b
  Name      Size      Bytes     Class      Attributes
  b         1×1       1         logical
```

可以看出,用于判断 a 是否大于 1 的变量 b 就是一个逻辑型变量。当判断的语句为假(false)的时候,b 的取值为 0;而当判断的语句为真(true)的时候,b 的取值为 1。大家可以自己尝试如下语句:

>> b=(a>-1)

结构数组:结构数组可以包含多种不同的数据类型,从而可以方便我们根据自己的需要对该数组的不同字段分别进行定义。在心理物理学实验中,我们经常需要记录被试的姓名(Name)、反应时(Time)、准确率(Accuracy)。通常情况下姓名为字符型数据,而反应时和准确率为浮点型数据,此时我们可以通过定义统一的结构数组 Response 来记录被试的反应,具体操作如下:

```
>> Response.Name='Legolas';
>> Response.Time='240.5';
>> Response.Accuray='0.98';
>> whos Response
  Name      Size      Bytes      Class      Attributes
  Response  1×1       400        struct
```

此时我们定义的 Response 即为一个结构数组,通过调用结构数组的不同字段,我们可以独立地对不同的数据类型进行处理。

元胞数组:元胞数组同样可以存储不同类型的数据,并且它可以通过数字索引(后面会对索引进行详述)的形式对所存储的内容进行访问。定义元胞数组采用大括号"{}"的形式,例如我们类似于结构数组的方式定义一个元胞数组 Response:

```
>>Response={'Legolas','240.5','0.98'};
>> whos Response
  Name      Size      Bytes      Class      Attributes
  Response  1×3       212        cell
```

这里我们定义的 Response 即为一个元胞数组。

以上,我们定义了 1×3 的元胞数组类型,每个元胞数组指向另一个数据结构,并且每一个元胞数组可以指向不同类型的数据结构。

创建元胞数组有两种方式,一是用指定陈述(assignment statement)的方式;二是用 cell 函数预先分配一个元胞数组。用指定陈述的方式,举例如下:

```
a{1,1}=[1 3 7;2 0 6;0 5 1];
a{1,2}='This is a text string'
a{2,1}=[3+4*i -5;-10*i 3-4*i];
a{2,2}=[];
```

以下定义的方法与上述等价:

```
a(1,1)={[1 3-7;2 0 6;0 5 1]};
a(1,2)={'This is a text string.'};
```

a(2,1)={[3+4*i-5;-10*i 3-4*i]};
a(2,2)={[]};

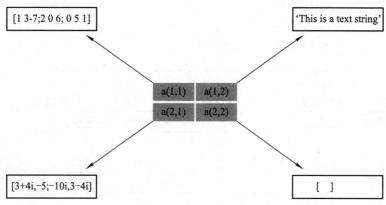

图 2.7 元胞数组示意图

用 cell 函数的方式构造：

a=cell(2,2);
b={[1 2], 17, [2;4]; 3-4*I, 'Hello', eye(3)};

查看元胞数组的内容：

>> a
a=
[3x3 double]   [1x22 char]
[2x2 double]   []
>>b
b=[1x2 double]   [17]   [2x1 double]
    [3.0000-4.0000i]   'Hello'   [3x3 double]
>>celldisp(a)
a{1,1}=
1 3 -7
2 0 6
0 5 1
a{2,1}=
3.0000+4.0000i   -5.0000
    0-10.0000i   3.0000 - 4.0000i
a{1,2}=
This is a text string
a{2,2}=
[]

函数句柄：函数句柄通常用于间接调用一个函数的取值或数据类型。通常用于作图过程中对图片的不同属性进行操作。我们将在后续章节中详细描述这一数据类型。

以上我们对 MATLAB 支持的所有数据类型进行了简单的介绍，这些数据类型的具体分类如图 2.8 所示。

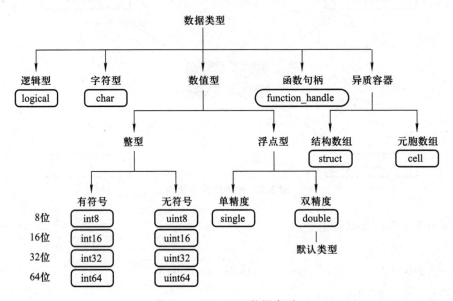

图 2.8　MATLAB 数据类型

想要了解特定变量的数据类型，除了可以利用 whos 函数，我们还可以通过 MATLAB 中自带的 class 函数或 isa 函数查看。例如我们想查看通过语句"a＝1"定义的变量 a 究竟是 double 型数据还是 int8 型数据，我们可以在命令窗口输入以下代码：

```
>> a=1;
>> isa(a,'double')
ans =
    1
>> isa(a,'int8')
ans =
    0
>> class(a)
ans =
    double
```

注意，当使用 isa 函数时，MATLAB 返回了两个值 1 和 0，这分别告诉我们变量 a 是 double 型数据，而非 int8 型数据。当我们想判定某变量是否为特定数据类型时，我们可以按照"isa(变量名,'数据类型')"的格式进行输入，MATLAB 会返回 1（是）或 0（否）来告诉我们该变量是否属于后面的数据类型。当使用 class 函数时，MATLAB 会直接返回该变量的数据类型,因此可通过"class(变量名)"查询特定变量的数据类型。

在本节中,我们分别从 MATLAB 的编程环境和编程语言这两个角度为大家简单介绍了 MATLAB 的特性,并初步了解如何使用 MATLAB。下面,我们将重点为大家讲述如何通过 MATLAB 进行简单的数值运算,并用 MATLAB 编写简单的程序。

2.2 矩阵基础和运算

本节中,我们将学习如何通过 MATLAB 进行简单的数值运算。正如 MATLAB 的全称 matrix laboratory 一样,MATLAB 是一门以矩阵为基础的编程语言,它所支持的绝大部分运算都是建立在对矩阵进行操作的基础上的。为了帮助大家更好地领会 MATLAB 的编程思想,我们将首先为大家介绍 MATLAB 的矩阵基础,再为大家介绍如何使用 MATLAB 进行简单的运算。

2.2.1 MATLAB 矩阵基础

矩阵(matrix)是 MATLAB 进行数据存储和运算的核心。在 MATLAB 中,所有的变量都是以矩阵的形式进行存储并加以运算的。要想了解如何利用 MATLAB 进行数值运算,两个关键性的问题是:① 如何定义矩阵?② 如何提取矩阵中的元素?下面我们将分别解决这两个问题。

矩阵的构造可以通过产生一个数组完成。例如,我们想要定义一个变量 a,它是一个 2×3 的矩阵,矩阵内元素的取值为 1 到 6,我们可以在命令窗口键入如下代码:

```
>> a=[1 2 3;4 5 6]
a=
    1  2  3
    4  5  6
```

从上述代码中,我们可以注意到在 MATLAB 中构造矩阵的两个关键问题:
- 矩阵是通过中括号进行定义的,一个中括号可以定义一个矩阵;
- 矩阵中同一行内的不同列通过空格或逗号进行分隔,不同行之间则用分号进行分隔(需要注意,所有的符号都为英文符号)。

此时我们就成功定义了一个矩阵,并且可以随时在 MATLAB 中通过提取矩阵中的元素进行操作。提取矩阵中的元素可以采用标量或矩阵索引(scalar)的方法进行。标量是指直接标出矩阵中所要提取的元素的行和列,例如我们想要提取上述定义的 a 矩阵中的第一行第二列的元素,则可以输入如下代码:

```
>> a(1,2)
ans=
    2
```

此时,我们就成功提取出所需要的元素。标量一般在提取单一元素的时候使用,如果需要一次性提取矩阵若干元素,则需要采用矩阵索引的方法。顾名思义,矩阵索引用于标示一系列所要提取的元素的位置。同标量类似,我们只需要将需要提取的元素所在的行和列分别用一个索引的矩阵标示即可。例如我们想要提取上述定义的 a 矩阵中的第二行第一列和第三列的元素,则可以输入如下代码:

```
>> a(2,[1 3])
ans=
    4    6
```

我们可以注意到,通过矩阵索引提取元素的方法与通过标量提取矩阵元素的方法非常类似。通过矩阵索引,我们可以同时提取矩阵中多行多列的不同元素,如:

```
>> a([1 2],[2 3])
ans=
    2    3
    5    6
```

除了通过标量和矩阵索引提取矩阵元素外,常用的提取矩阵元素的方法还包括使用冒号(":")和 end 的方法。其中冒号表示该维度上的所有元素。例如我们想要提取上述定义的 a 矩阵中的第二行的所有元素,则可以输入如下代码:

```
>> a(2,:)
ans=
    4    5    6
```

我们可以注意到,此时冒号的作用相当于之前标量或者矩阵索引的作用,用于标示提取该列的所有元素。类似的,我们还可以通过冒号提取矩阵中第三列的所有元素,如:

```
>> a(:,3)
ans=
    3
    6
```

除此之外,如果某些时候我们并不想提取某一维度上的所有元素,而只是想提取几个连续的元素,我们还可以为冒号的前后分别设置起始点和终止点,用于标示所要提取元素的起始位置和终止位置。例如我们想要分别提取上述定义的 a 矩阵中的第二行的前两个元素和后两个元素,则可以输入如下代码:

```
>> a(2, 1:2)
ans=
    4    5
>> a(2,2:3)
```

```
ans=
    5    6
```

与之类似,end 则表示该行或该列的最后一个元素所在的位置,通常结合冒号一起使用,用于标示起始位置或终止位置(其作用和矩阵索引类似)。例如我们想要分别提取上述定义的 a 矩阵中的第二行的所有元素,前两个元素和后两个元素,则可以输入如下代码:

```
>> a(2, 1:end)
ans=
    4    5    6
>> a(2, 1:end-1)
ans=
    4    5
>> a(2, 2:end)
ans=
    5    6
```

MATLAB 不仅能够处理常见的二维矩阵,也能对多维矩阵进行处理。定义多维矩阵的方法与二维矩阵类似,即在定义矩阵的时候多添加一个维度。例如,我们想要定义一个 2 行、2 列、3 页的矩阵 A(即矩阵的大小为 2×2×3),可以通过结合先前介绍的索引方法,逐页对矩阵进行定义。具体方法如下:

```
>> A(:, :, 1)=[1 2; 3 4]
A(:, :, 1)=
    1    2
    3    4
>> A(:, :, 2)=[5 6; 7 8]
A(:, :, 2)=
    5    6
    7    8
>> A(:, :, 3)=[9 10; 11 12]
A(:, :, 3)=
    9   10
   11   12
```

以下用高维数组展示了如何通过页面控制,来显示不同的色块。对图形的位置和颜色的表征,需要用到三维数组。其中,二维数组用于表示色块的位置,第三维(称为"页面")用于表示颜色的分量(红色-R,绿色-G,蓝色-B),色块的颜色由 R,G,B 数值的组合形成(取值范围是 0~255 之间的整数)。比如,R=255,G=0,B=0,那么呈现的是红色块(图 2.9d)。

```
>> test_disp=uint8(zeros(3,3,3))  % 默认值为 0,为全黑的色块
```

```
>> figure
>> subplot(2,2,1)
>> image(test_disp) % 子图 a,缺省设置,为全黑的色块
>> test_disp(2,2,:)=255 % 将所有颜色分量置为 255
>> subplot(2,2,2)
>> image(test_disp) % 子图 b,产生中间的白色块
>> subplot(2,2,3)
>> test_disp(2,2,1)=0 % 将颜色分量中的红色置为"0"
>> image(test_disp) % 子图 c
>> test_disp(2,2,:)=0 % 将颜色重置为红色
>> test_disp(2,2,1)=255
>> subplot(2,2,4)
>> image(test_disp) % 显示子图 d
```

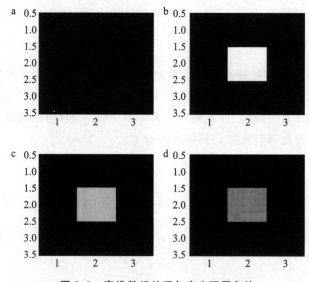

图 2.9　高维数组处理与产生不同色块

从上面的定义方法我们可以发现,定义多维矩阵的方法与定义二维矩阵的方法非常类似,即在矩阵的第三个维度上的每一页上分别定义一个二维矩阵。多维矩阵在心理学实验的设计和数据处理中应用非常广泛,我们将在后续章节具体介绍多维矩阵的应用实例。当然,可以使用 concatenate 函数,形如"cat(A,dim)",比如:

```
>> A=[1,2;3,4];
>> B=[5,6;7,8];
>> C=cat(1,A,B) %相当于 horzcat
1 2
3 4
```

```
5 6
7 8
>> C=cat(2,A,B) % 相当于 vertcat
1 2 5 6
3 4 7 8
>> C=cat(3,A,B)
C(:,:,1)=
1 2
3 4
C(:,:,2)=
5 6
7 8
```

以上篇幅中,我们分别从如何定义矩阵,以及如何提取矩阵中的元素这两个角度,初步了解了 MATLAB 运算的核心——矩阵。下面我们将重点学习,如何对矩阵进行一系列运算操作。

2.2.2 MATLAB 矩阵运算

2.2.2.1 常见矩阵运算

MATLAB 可以方便地完成我们在平时需要对矩阵进行的各种简单操作,如加、减、乘、除、乘方、转置等,下面我们对这些操作进行简单的介绍。例如现在我们在 MATLAB 中定义两个已知的矩阵 A 和 B:

```
>> A=[1 2;3 4]
A=
    1   2
    3   4
>> B=[5 6;7 8]
B=
    5   6
    7   8
```

那么我们可以分别对其进行如下操作:

加法(+):通过运算符"+"可以将两个矩阵进行相加,相加后的矩阵大小与进行加法运算的矩阵大小相同,矩阵内元素的取值为进行加法运算的两个矩阵内对应位置的元素值之和。例如将矩阵 A 和 B 相加如下:

```
>> A+B
ans=
     6    8
    10   12
```

减法(-):通过运算符"-"可以将两个矩阵进行相减,相减后的矩阵大小与进行减法运算的矩阵大小相同,矩阵内元素的取值为进行减法运算的两个矩阵内对应位置的元素值之差。例如将矩阵 A 和 B 相减如下:

```
>> A-B
ans=
    -4  -4
    -4  -4
```

乘法(*):通过运算符"*"可以将两个矩阵进行相乘,相乘的运算法则同矩阵乘法的运算法则一致。例如将矩阵 A 和 B 相乘如下:

```
>> A * B
ans=
    19  22
    43  50
```

矩阵的除法包括左除和右除,我们可以通过这两种运算来解矩阵方程。

左除(\):已知矩阵方程 xA=B 中的矩阵 A 和 B,想要求解矩阵 x。我们可以通过矩阵左除的方法计算出 x=B\A。类似的,我们也可以在 MATLAB 中运用这样的方法进行计算,例如:

```
>> x=B\A
x=
    -1  2
    -2  3
```

我们可以将上述求解的 x 通过 MATLAB 进行验证。将求解得到的 x 与矩阵 A 相乘,可以发现计算结果等于矩阵 B,具体运算如下:

```
>> x * A
ans=
    5  6
    7  8
```

右除(/):已知矩阵方程 Ax=B 中的矩阵 A 和 B,想要求解矩阵 x。我们可以通过矩阵右除的方法计算出 x=A/B。类似的,我们也可以在 MATLAB 中运用这样的方法进行计算,例如:

```
>> x=A/B
x=
    -3  -4
     4   5
```

我们可以将上述求解的 x 通过 MATLAB 进行验证。将矩阵 A 与求解得到的 x 相乘,可以发现计算结果等于矩阵 B,具体运算如下:

```
>> A * x
ans=
    5   6
    7   8
```

乘方(^)：通过运算符"^"可以将某个矩阵进行乘方运算。在运算符"^"后输入乘方的幂次即可。例如将矩阵 A 做三次乘方的具体计算如下：

```
>> A^3
ans=
    37   54
    81  118
```

转置(')：通过运算符"'"可以将某个矩阵进行转置运算，即将矩阵的行和列对应的元素进行互换。例如将矩阵 A 做转置的具体计算如下：

```
>> A'
ans=
    1   3
    2   4
```

除了矩阵运算之外，MATLAB 还可以进行常见的数组运算，即将 MATLAB 程序中定义的矩阵视为数组并进行相应的运算。这在心理学实验的数据处理中应用非常广泛。常见的数组运算包括数组的乘法和除法。

数组乘法(又称点乘)：通过运算符".*"可以将两个矩阵中对应位置的元素点点相乘(即数组乘法的原理)。例如，我们可以将矩阵 A 和矩阵 B 进行点乘运算，具体计算如下：

```
>> A.* B
ans=
    5   12
   21   32
```

数组除法(又称点除，包括点左除和点右除)：通过运算符"./"或".\"可以将两个矩阵中对应位置的元素进行左除或右除运算。点左除(.\)是指将运算符左侧矩阵中的元素除以运算符右侧矩阵中对应位置的元素。例如，我们可以将矩阵 A 和矩阵 B 进行点左除运算，具体计算如下：

```
>> A.\B
ans=
    0.2000   0.3333
    0.4286   0.5000
```

点右除(./)是指将运算符右侧矩阵中的元素除以运算符左侧矩阵中对应位置的元

素。例如,我们可以将矩阵 A 和矩阵 B 进行点右除运算,具体计算如下:

```
>> A./B
ans=
    5.0000    3.0000
    2.3333    2.0000
```

数组乘方(又称点乘方):通过运算符". ^"可以将矩阵中的元素独立地进行乘方运算。在运算符". ^"后输入乘方的幂次即可。例如将矩阵 A 做三次点乘方:

```
>> A.^3
ans=
     1     8
    27    64
```

以上所有的矩阵运算,除了可以通过运算符实现以外,均可以通过函数实现。例如我们可以通过 plus 函数完成矩阵 A 和 B 的相加,具体计算如下:

```
>> plus(A, B)
ans=
     6     8
    10    12
```

得到的结果同直接使用加法运算符计算的结果一致。表 2.3 中列出了 MATLAB 同上面介绍的运算符起到相同作用的函数,可供大家使用时查询。

表 2.3　MATLAB 常用运算函数

函数名	功能
plus	加法
minus	减法
mtimes	矩阵乘法
mldivide	矩阵左除
mrdivide	矩阵右除
mpower	矩阵乘方
times	数组乘法
ldivide	数组左除
rdivide	数组右除
power	数组乘方

除了常见的矩阵运算以外,MATLAB 中对矩阵的处理还包括矩阵的关系、逻辑运算,这涉及 MATLAB 中常用的关系运算符和逻辑运算符,下面我们再对这些运算符做简单的介绍。

2.2.2.2 关系运算符

常见的关系运算符包括大于(>)、小于(<)、大于等于(>=)、小于等于(<=)、等于(==)和不等于(~=)。通过将需要比较的矩阵或者元素置于关系运算符的两侧,我们可以比较两者的关系。例如我们定义两个矩阵 A 和 B:

```
>> A=[1 2;3 4]
A=
    1  2
    3  4
>> B=[2 1;3 3]
B=
    2  1
    3  3
```

下面我们通过分别比较这两个矩阵中的元素是否存在大于、小于等于、等于和不等于的关系,来演示如何使用关系运算符。具体计算如下:

```
>> A > B
ans=
    0  1
    0  1
>> A <= B
ans=
    1  0
    1  0
>> A == B
ans=
    0  0
    1  0
>> A ~= B
ans=
    1  1
    0  1
```

从以上结果我们可以发现,关系运算符的结果是通过 1(真)和 0(假)来呈现的。当通过关系运算符比较两个矩阵的时候,实际上比较的是矩阵中对应位置的元素的关系。关系运算符通常会被用于程序的流程控制中,我们会在后续章节中详细介绍。

2.2.2.3 逻辑运算符

常见的逻辑运算符包括与(&)、或(|)、短路逻辑与(&&)、短路逻辑或(||)和非

(~)。通过将需要比较的对象置于逻辑运算符的两侧,我们可以构造两个对象直接的逻辑关系。例如我们首先定义三个变量"a=1;b=2;c=0",并通过构造这三个对象直接的逻辑关系,对逻辑运算符做简单的介绍。

与(&):当两个对象均为真时,结果才为真。两个对象中只要有一个为假,结果即为假。例如我们分别考察变量 a 和 b 以及 a 和 c 之间的逻辑关系,具体计算如下:

```
>> a & b
ans=
    1
>> a & c
ans=
    0
```

从以上结果我们可以看出,通过 1(真)和 0(假)可以反映逻辑运算符前后对象间的逻辑关系。由于 a 和 b 变量均为真,因而这两个变量之间与运算的结果为真。反之,由于 c 变量为假,从而变量 a 和 c 之间的与运算结果为假。

或(|):两个对象中只要有一个为真,结果即为真。当两个对象都为假时,结果为假。例如我们分别考察变量 a 和 b 以及 a 和 c 之间的逻辑关系,具体计算如下:

```
>> a | b
ans=
    1
>> a | c
ans=
    1
```

从以上结果我们可以看出,通过 1(真)和 0(假)可以反映逻辑运算符前后对象间的逻辑关系。由于 a 变量为真,所以 a 和 b 以及 a 和 c 之间或运算的结果均为真。

短路逻辑与(&&):和逻辑运算符"&"不同的是,短路逻辑与"&&"会逐个判断每个对象。一旦遇到某个对象为假,则不计算其他对象,直接返回假。

短路逻辑或(||):和逻辑运算符"|"不同的是,短路逻辑或"||"会逐个判断每个对象。一旦遇到某个对象为真,则不计算其他对象,直接返回真。

非(~):用于改变对象的真假。如果对象为真,则变为假;如果对象为假,则变为真。例如我们分别通过逻辑运算符否改变 a 和 c 的真假,具体计算如下:

```
>> ~a
ans=
    0
>> ~c
ans=
    1
```

从以上结果我们可以看出，a 和 c 本身为真和假，但通过逻辑运算符否，使得他们的真值分别变成了假和真。

以上我们介绍的矩阵运算，包括逻辑运算符和关系运算符，都可以被用来进行矩阵的计算。不同类型的计算存在一定的优先级关系。下面我们对所有运算符的优先级进行总结，它们从高到低的运算优先级为：

（1）转置、乘方、数组乘方

（2）逻辑非

（3）矩阵乘除法、数组乘除法

（4）矩阵加减法、数组加减法

（5）冒号运算

（6）关系运算

（7）逻辑与

（8）逻辑或

（9）短路逻辑与

（10）短路逻辑或

在本节中我们介绍了矩阵的基础，包括如何定义矩阵，矩阵的运算以及不同类型的运算符。这些构成了 MATLAB 编程的基础。在后续章节中，我们将在上述基础上进行展开，逐步介绍如何通过 MATLAB 编写结构化程序，并将其应用于心理学实验中。

2.3 MATLAB 程序设计基础

通过以上篇幅，我们对 MATLAB 的编程基础做了一定的介绍。通过运用这些编程基础，我们可以自己编写程序，从而满足相应实验需求。MATLAB 的程序设计是建立在程序的创建和程序的调试这两个步骤上的。在本节中，我们将分别从这两个方面，带领大家初步了解如何通过 MATLAB 编写程序，从而学习 MATLAB 的程序设计基础。

2.3.1 程序的创建

在 MATLAB 中，我们编写的程序文件都以".m"为扩展名，统称为 m 文件。在 MATLAB 中编写程序，第一步就是在 MATLAB 先创建一个 m 文件。在本书的 2.1.1 节中，我们曾通过介绍 MATLAB 的编程环境之一——编辑器，初步了解了如何创建 m 文件。总结起来，创建 m 文件需要首先打开 MATLAB 编辑器，这通常有三种方法：

- 单击 MATLAB 主界面中的编辑器快捷键（见图 2.3）；
- 依次点击 MATLAB 主界面中的菜单 File→New→Blank M-File；

- 在命令窗口中输入指令 edit。

通过上述方法，我们可以打开 MATLAB 编辑器。在其中输入 MATLAB 程序代码并保存，即可成功创建一个 m 文件。

正如我们先前所述，MATLAB 的程序文件除了可以在 MATLAB 自带的编辑器中编写，还可以在诸如记事本等软件中进行编写。但是由于 MATLAB 编辑器具有一定程度的识别语法错误的功能，因而我们强烈建议在 MATLAB 编辑器中编写 MAT-LAB 程序。

MATLAB 的程序文件通常包括两种形式，脚本（script）和函数（function）。其中脚本文件是通过将一系列 MATLAB 语句放在一起并保存成的 m 文件。它并不能像函数那样接受参数的输入或返回结果，但也具有函数不具备的优势：能够将程序中所定义的变量完整地保存在工作空间中，方便用户查看程序的运行结果。脚本文件通常被用来编写一次性使用的、目的和结构简单的程序，方便用户立即使用。例如图 2.10 中我们展示了一个简单的脚本。在该段程序中，我们分别生成了一个取值呈正弦函数变化的变量 y，并在 y 上增加了均匀噪声，生成了一个新的变量 ynoise，再通过 MATLAB 将其绘制出来。点击运行键或者直接键入 F5，我们可以方便地执行这段脚本文件程序并观察结果。

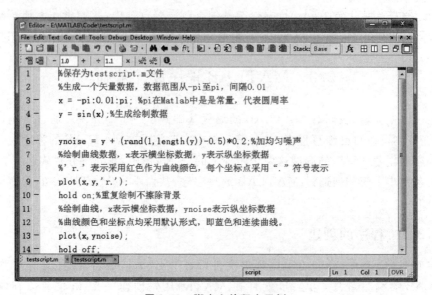

图 2.10　脚本文件程序示例

函数文件则是通过 MATLAB 函数所要求的一定格式进行编写并保存的 m 文件。在函数文件中定义的变量，在函数运行结束后是不会保存在工作空间中的。但是由于函数文件允许用户指定输入和输出，而且方便用户进行调用，所以它相对于脚本文件具有更好的灵活性和适用性,通常被用来编写需多次使用的程序。在 MATLAB 中,函数大致分为永久性函数和临时性函数,其中临时性函数又包括内联函数和匿名函数。下面我们分别对其进行简单的介绍。

2.3.1.1 永久性函数

永久性函数是 MATLAB 最常用的函数形式。它指的是由函数文件形式建立起的自定义函数。永久性函数可以在编辑器中编写并保存,并可以在命令窗口和其他 m 文件中进行调用。永久性函数通过 function 语句指引,它通常的格式为:

```
function [out1, out2, ⋯] = FunName(input1, input2, ⋯)
% 注释说明部分(通过"%"进行引导)
函数体语句
```

在以上函数形式中,中括号内的 out1,out2 等变量为输出参数列表(当输出的参数没有或只有一个时,不需要用中括号),圆括号内的 input1,input2 等变量为输入参数列表,FunName 为函数名。在函数中,用百分号"%"引导函数中的注释部分,可以在 MATLAB 的命令窗口中通过 help 指令显示出来。

在永久性函数中,函数名的命名规则与变量名相同,最好和 m 文件的文件名一致,且必须保存在单一的 m 文件中。函数输出参数列表中提到的变量要在函数体中予以赋值。在编写自定义的函数时,函数名要避免和系统本身自带函数的函数名重合。下面我们通过实现一个问题举例,来编写一个永久性函数。

问题:编写一个函数,函数名为 MyFirstFunction,函数的输入为两个变量 x 和 y,输出为一个正整数变量 m,要求函数满足如下条件:

① 当输入的变量少于两个或者多于两个时,分别输出"Not enough input arguments!"或"Too many input arguments!";当 x 或 y 中有空变量的时候,退出程序,并且在命令窗口中输出"The input value is empty!"。

② m 为满足不等式 $y < \sum_{k=1}^{m} x^k$ 的最小正整数。

为了编写这个函数,我们需要首先创建函数的形式,并且分别实现函数的两个要求。具体步骤如下:

(1) 创建函数的形式。我们首先在编辑器中定义函数的格式,即通过 function 语句引导出函数的形式,具体如下:

```
function m = MyFirstFunction(x, y)
```

并且将该文件保存为 MyFirstFunction.m。

(2) 实现第一个要求。使用 MATLAB 支持的 if…elseif…程序结构(详见第三章)来逐步判定输入变量的数目以及是否为空值。其中判定输入变量的数目可以通过系统自带的 nargin 永久变量实现(nargin 变量记录了输入变量的数目;类似的,nargout 变量记录了输出变量的数目）。判定 x 和 y 是否为空值可以用系统自带的 isempty 函数实现（isempty 函数可以判断某个变量是否为空值）。结合系统自带的 disp 函数（disp 函数用于在命令窗口中输出文本），可以实现函数的第一个要求。具体如下：

```
function m = MyFirstFunction (x, y)
    if (nargin < 2)
      disp('Not enough input arguments!');
      return
    elseif (nargin > 2)
      disp('Too many input arguments!');
      return
    end
    if (isempty(x) || isempty(y))
      disp('The input value is empty!');
      return
    end
```

（3）实现第二个要求。定义不等式右侧的变量为 sum，并使用 while 循环语句（详见第三章）依次检查符合要求的 m 值。具体如下：

```
function m = MyFirstFunction (x, y)
    if (nargin < 2)
      disp('Not enough input arguments!');
      return
    elseif (nargin > 2)
      disp('Too many input arguments!');
      return
    end
    if (isempty(x) || isempty(y))
      disp('The input value is empty!');
      return
    end
    m = 0;
    sum = 0;
    while (y >= sum)
      m = m + 1;
      sum = sum + x^m;
    end
    if (m == 0)
      m = 1;
    end
```

以上我们通过三个步骤实现了一个简单的函数文件的编写，大家可以自行在命令窗口内调用该函数，调用格式为：

```
>> m=MyFirstFunction(x, y)
```

在以后编写函数文件的时候,大家也可以按照函数所需的要求一步一步地完成对函数的编写。在后续章节中,我们还将继续为大家讲解如何调试函数文件,以确保函数能够正确地运行。

2.3.1.2 临时性函数

临时性函数包括内联函数(inline function)和匿名函数(anonymous function)。它们既可以在编辑器中编辑,也可以在命令窗口中编辑。临时性函数通常用于创建需要临时使用的简单的函数。匿名函数的效率优于内联函数,因此建议大家在使用的时候尽量采用匿名函数。这两者的具体格式如下:

(1) 内联函数。内联函数由 inline 函数建立,其格式为:

```
FunName = inline('expression','arg1','arg2', ···)
```

其中 FunName 表示函数的函数名,可供调用。expression 为函数的表达式,arg1 和 arg2 等为输入变量。例如,我们在命令窗口中编写一个"计算两个输入变量的立方和"的内联函数,并且计算它在两个输入变量分别取值为 2 和 3 时的结果,具体编写如下:

```
>> f=inline ('x^3+y^3', 'x', 'y');
>> f(2, 3)
ans=
    35
```

(2) 匿名函数。匿名函数通过符号"@"表示函数指针(或称函数句柄),其格式为:

```
FunName = @(arg1, arg2, ···)expression
```

其中 FunName 表示函数的函数名,可供调用。同内联函数一样,expression 为函数的表达式,arg1 和 arg2 等为输入变量。我们用匿名函数实现上述内联函数相同的功能,具体编写如下:

```
>> f=@(x, y) x^3+y^3;
>> f(2, 3)
ans=
    35
```

在了解了基本的函数创建格式之后,我们在实际编写函数程序的时候经常会碰到这样一个问题:在编写一个函数的时候,需要调用另一个可能会反复使用的功能(例如在编写实验程序的时候,可能需要在实验中频繁生成一组随机序列以安排实验试次的顺序),那么这个时候最好的做法就是将这项功能编写成另一个函数,以便加以调用。为此,我们将介绍一个概念:子函数。另外,在函数调用的基础上,我们将简单介绍创建 MATLAB 函数时经常需要使用的一项功能:函数的递归。

2.3.1.3 子函数

顾名思义,子函数是和主函数相对应的。通常而言,一个函数文件中只包含一个函数。但是有些情况下,为了编程的方便,一个函数文件中可能会包含多个函数。这时,我们将函数文件中的第一个函数称为主函数,将其他函数称为子函数。子函数可以是 MATLAB 自带的内部函数,也可以是自编的外部函数;可以是以 function 打头的函数,也可以是内联函数和匿名函数,并且可以被同一个函数文件中的任意主函数和子函数调用(也就是说,它不可以被其他函数文件中的主函数或子函数调用)。通过子函数,我们可以在一个函数文件中编写多个函数,并且实现相应的功能。例如,我们想要编写一个函数计算表达式 $z=\sqrt{x^2-4y}+x\times y$ 的值,我们可以将根号连同根号内的表达式写成一个子函数。为此我们分别编写一个主函数 mainfunction 来计算整个表达式的值和一个子函数 subfunction 来计算根号连同内部表达式的取值(用系统自带的函数 sqrt 计算开方),具体如下:

```
function z = mainfunction(x,y)
    z = subfunction(x,y) + x*y;
end

function m = subfunction(x,y)
    m = sqrt(x^2-4*y);
end
```

在以上的代码中,我们可以看到,在包含子函数的函数文件中,需要在每个函数的结尾加上 end 表示这个函数已经结束。在这个函数文件中,通过在主函数中调用子函数 subfunction,可以方便地计算表达式的取值。

2.3.1.4 函数的递归

在上述对子函数的介绍中,相信大家已经体会到,运用子函数的方法就是在主函数中进行调用,从而使得主函数结构相对简单清晰。实际上,函数的调用不仅仅适用于子函数,对于单个函数而言,它也可以在函数体内部调用本身,我们称之为函数的递归。例如,我们想要编写一个函数,计算输入变量 n 的阶乘的值。这时,我们可以通过递归的方法,方便地进行编程,具体如下:

```
function m = recursion(n)
    if n <= 1
        m = 1;
    else
        m = n * recursion(n-1);
    end
```

在上述 recursion 函数中,我们就调用了这个函数自身,并结合递归的原理进行了计算,从而方便地得出了结果。需要注意的是,绝大多数函数的递归都需要定义初始值,否则将很容易陷入递归的无限循环中。

2.3.2 程序的调试

在上一节中,我们介绍了如何通过脚本文件和函数文件创建程序,并重点介绍了函数文件的类型和一些简单的应用。但在现实编程中,绝大多数程序并非一次性就可以编写成功,其中可能会出现各种各样的错误。这个时候,学会如何调试代码,即所谓的 debug,将会起到非常重要的作用。在本节中,我们将学习如何对 MATLAB 的代码进行调试。

2.3.2.1 简单程序的调试

通常来说,我们看到的相当一部分错误都是代码的运行结果出现错误。为了检查代码段落中究竟是哪里的运行结果出现了错误,我们有以下几种常见的应对方法:

(1) 将可能出错的语句后面的分号";"去掉,让其返回结果。例如我们使用上述计算输入变量 n 的阶乘的值的 recursion 函数,并且修改第 5 行:

  m=n * recursion(n-1);

去掉该行代码结尾那个分号,变成:

  m=n * recursion(n-1)

此时,当我们在命令窗口中调用该函数,例如计算 4 的阶乘时,会发现如图 2.11 的结果。从图中我们可以看到,每次运行到去掉分号的语句时,MATLAB 的命令窗口都会输出该行语句的值。一旦该行语句有错误,那么我们可以在命令窗口中发现,并纠正。这种调试方法一般适用于较为简单的语句计算错误。

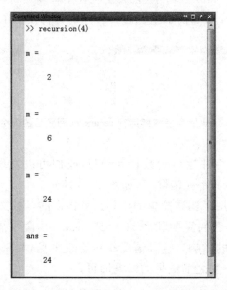

图 2.11 运行去掉分号的 recursion 函数的结果

（2）如果需要调试的是一个函数文件，由于函数文件中的变量都不会保存在工作空间内，因而不利于我们查看变量的取值。为此，我们可以在程序的适当位置添加 keyboard 指令，增加程序的交互性。程序运行到 keyboard 指令时会出现暂停，命令窗口的命令提示符">>"前会多出一个字母 K，此时用户可以很方便地查看和修改中间变量的取值。在"K>>"的后面输入 return 指令，按回车键即可结束查看，继续向下执行原程序。类似的，我们仍然使用上述 recursion 函数，并修改第 5 行：

m＝n ＊ recursion（n－1）;

在该行后加入 keyboard 指令，变成：

m＝n ＊ recursion（n－1）;
keyboard;

此时，当我们在命令窗口中调用该函数，例如计算 4 的阶乘时，会发现程序没有直接运行结束，而是像我们之前描述的那样暂停了。此时观察工作空间，会发现程序中定义的变量 m 和 n 的取值都显示在工作空间中，如图 2.12 所示。

图 2.12　在 recursion 函数中加入 keyboard 指令并执行后的命令窗口和工作空间

此时输入 return 指令，并且回车，就会发现程序继续运行，并且在下一次 keyboard 指令处暂停下来，变量 m 和 n 的取值都随着程序的运行发生了变化，如图 2.13 所示。

图 2.13　在 keyboard 指令后继续运行 recursion 函数后的命令窗口和工作空间

多次输入 return 指令并运行函数直到结束，我们可以发现函数出现计算结果，同时工作空间内变量 m 和 n 都被清除了，如图 2.14 所示。

这种方法同样也适用于调试简单的语句计算错误的函数文件。

（3）在某些情况下，我们需要利用 clear 或 clear all 命令清除以前的运算结果，以免程序运行受之前结果的影响。这种情况相对比较少见，大家只需要确保在调试程序的时候，变量的初始值不受之前结果的影响即可。

2 MATLAB 概述和编程基础   45

图 2.14　recursion 函数运行至结束后的命令窗口和工作空间

2.3.2.2　设置程序断点

以上的几种调试方法都只适用于较为简单的程序调试。对于复杂的程序,或者并非简单的语法计算错误,我们就需要更为系统的调试方法——设置断点(breakpoint)。我们首先介绍断点的基本概念和基本用法,再通过一个示例程序详细介绍如何通过设置断点调试程序。

设置断点即在程序的某行指令中设置一个中断,我们采用之前编写的 MyFirst-Function 这个程序,在其中某一行设置一个断点,如图 2.15 所示。

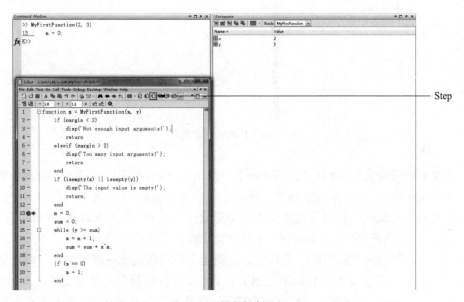

图 2.15　程序断点示例一

我们在第 13 行代码处设置一个断点(即在行数 13 后面点击鼠标,会出现一个红点表示断点位置),此时在命令窗口中运行程序,会发现程序在断点处中止了,并且在断点所在行左侧出现了绿色光标(注意! 此时断点所在行的指令尚未执行),此时我们可以在工作空间中查看程序中变量的取值。与此同时,我们也可以在命令窗口中输入任何指令用于辅助调试代码。更重要的是,如果程序能够顺利运行到断点,则表示断点之前的程序不存在语法问题。

此时,当我们检查完断点之前的代码后,可以在断点后逐行执行程序。通过按快捷键 F10(或者点击编辑器窗口中的功能键图标 Step,见图 2.15),系统会执行断点行的指令,并且在下一行指令处停止(相当于将断点位置移动到下一行代码处),具体如图 2.16 所示。

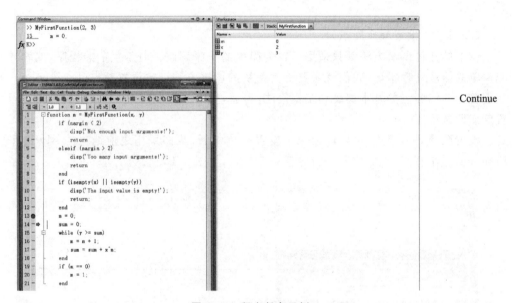

图 2.16 程序断点示例二

此时我们可以发现,绿色光标挪动至下一行指令处,程序暂停。而上一行指令被执行。观察工作空间,我们可以发现上一行指令中定义的变量 m 出现在工作空间中。此时我们就可以检测上一行指令是否正确。按照这样的思路,我们可以逐行调试程序中的代码,从而检查程序中所有的错误,保证编程正确。如果已经确保剩下的程序代码没有问题,那么可以跳过逐行检查,直接输入快捷键 F5(或者点击编辑器窗口中的功能键图标 Continue),可以直接执行剩下的所有代码(如果后续程序还有设置其他断点,则跳到下一个断点处)。在调试并修改完程序后,确保取消所有的断点(点击断点即可取消),保证程序能够顺利运行。

在通过设置断点调试程序的时候,有一些常用的功能,我们可以通过点击相应的功能键图标,或者点击 MATLAB 编辑器中相应的菜单项,或者直接键入快捷键加以实现,如表 2.4 所示。

2 MATLAB概述和编程基础

表 2.4 MATLAB断点调试常用功能

功能键图标	说明	相应菜单项	快捷键
	设置/清除断点	Debug→Set/Clear Breakpoint	F12
	清除所有断点	Debug→Clear Breakpoints in All Files	命令窗口 dbclear all
	跳到下一步	Debug→Step	F10
	跳到下一步并进入调用的函数	Debug→Step In	F11
	执行剩余命令并跳出程序	Debug→StepOut	Shift+F11
	恢复程序调用	Debug→Continue	F5
	结束调试	Debug→Exit Debug Mode	Shift+F5

下面,我们将通过修改之前编写的 MyFirstFunction 程序,人为制造一些编程时可能会遇到的错误,以此演示如何通过设置断点调试程序。我们一共制造了5处错误(第3、13、16、18和19行)。此外,为了方便比较,我们将修改后的程序文件和函数名均修改为 MyFirstFunction_error。具体如图2.17所示。为了调试右边的代码,我们按照以下步骤进行:

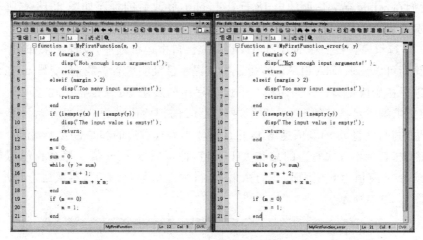

图 2.17 正确的程序(左)和错误的程序(右)对比

(1) 观察 MATLAB 编辑器,MATLAB 会对一些显而易见的错误,用红色波浪线标示出来。我们检查程序可以发现,第3行和第19行均出现了红色波浪线。仔细检查可以发现,第3行的错误在于分号使用的是中文符号格式而非英文标点,第19行的错误在于 if 语句的条件中,要判断的是 m 是否等于 0,因而等号需采用双等于"=="而非等于号"="。不修正这些错误,是无法运行程序或者调试程序的,所以我们将这两处进行修改(图 2.18 左)。

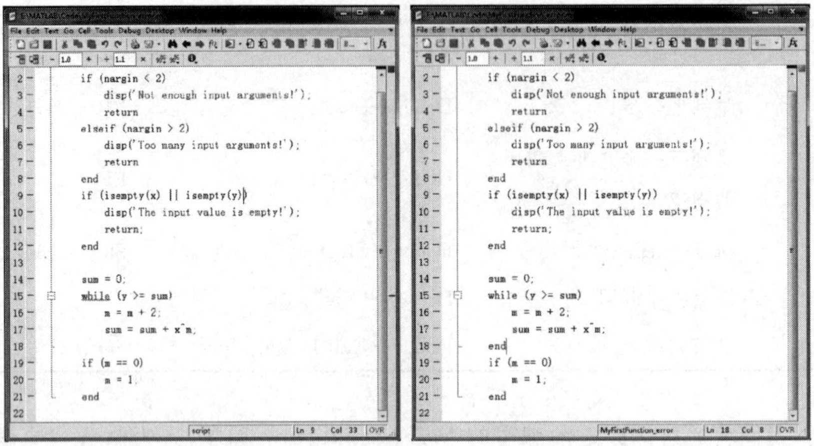

图 2.18　左:修改过第 3、19 行代码的程序;右:修改过第 18 行代码的程序

此时我们发现,虽然修正了第 19 行的错误,但是在第 15 行 while 下面也出现了红色波浪线。这里的问题是使用了 while 结构但是没有加上 end 做结尾(详见第三章)。因此,我们在 while 循环后面的第 18 行补上 end,修改后的程序如图 2.18 右所示。此时我们发现,程序中已经没有标示出来的错误了。

(2) 运行程序。我们在 MATLAB 的命令窗口中运行程序,发现结果如图 2.19 左所示。我们可以发现,MATLAB 的命令窗口提示已经明确告诉我们,变量 m 在计算之前没有进行初始值定义。我们回顾一下这个程序的要求,可以很容易地想明白编程的逻辑:想要求解满足条件的 m 值,我们可以将 m 的初始值赋为 0。每开始计算一次不等式右边的和,就将 m 的取值递增 1,并且比较不等式右边的和是否大于 y 值。依此逐步往上递增,直到不等式右边的总和大于 y 值,即可以求出 m 值。那么我们需要在开始的时候给 m 赋值为 0。因而,我们在第 13 行加上语句"m=0",再次运行程序,可以发现如图 2.20 右所示。

图 2.19　左:初次运行程序的结果;右:运行成功但是输出结果错误的程序结果

2 MATLAB 概述和编程基础

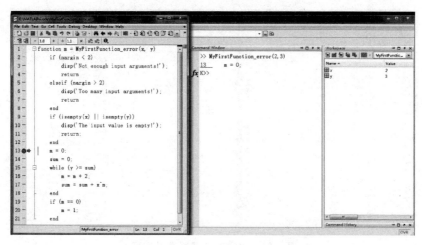

图 2.20 断点设置并开始调试

此时,我们可以手动验证程序结果。当 x 和 y 的取值分别为 2 和 3 时,符合条件的 m 值应该为 3。所以虽然程序运行顺利,但是输出的结果错误。此时,我们就需要通过设置断点调试程序,来观察程序中具体哪一行出现错误。

(3) 设置断点并进行调试。调试程序分为以下几个步骤:

① 在调试之前,我们首先清空 MATLAB 工作空间内的所有内容和命令窗口之前的所有指令,以方便调试。因此,我们在命令窗口输入:

>> clear all;
>> clc; % 清除命令窗口的命令行记录

② 设置断点。观察程序,我们在可能存在问题的代码段的第一行设置断点。由于该程序的第 2 行到第 12 行都是控制输入变量是否符合条件的,因而不会影响代码结果的输出。所以我们将断点设置在第 13 行,并且运行代码,如图 2.21 所示。

此时,我们通过按键(F10)控制代码的运行进度,让代码逐行执行,并随时观察工作空间中所有变量的取值是否正确。当调试进行到第 17 行时(即执行完第 16 行代码),我们发现,此时工作空间中变量 m 的正确取值应当为 1,但是实际取值却为 2。因此说明程序的问题可能出现在第 16 行。再进行仔细的检查我们会发现,第 16 行代码是控制 m 的递增步长,所以每次应该递增 1,而非 2。所以,我们将第 16 行代码修改为"m=m+1"即可(需要注意的是,修改代码之前需要退出断点调试,修改并保存后才可重新开始调试)。

通过这样反复的修改调试,我们可以修改程序中可能出现的问题,从而确保程序的正确性。以上的样例中所演示的代码调试虽然看似简单,但是在面对更为复杂的程序时,学会合理地设置断点,调试代码,能够显著提高编程效率。

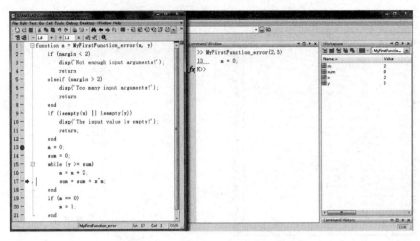

图 2.21　通过断点调试发现问题

在本节中,我们对如何开始编写 MATLAB 程序进行了详细的介绍,并且重点讲述了如何对 MATLAB 程序进行调试。总而言之,编写 MATLAB 程序是一项熟能生巧的工作,只有通过反复的练习和实践,才能确保编程的正确与高效。

2.4　实验设计常用 MATLAB 函数

在本章中,我们陆续介绍了 MATLAB 的基本特性、编程基础,以及如何使用 MATLAB 开始编程。相信学习到这里,读者已经对 MATLAB 有了初步的了解,并且开始逐步体会到使用 MATLAB 编写程序的好处。事实上,MATLAB 相比于 C/C++这类底层编程软件更大的优势在于,它提供了丰富的函数,供用户在使用的时候直接调用。因此,当我们使用 MATLAB 进行编程时,就可以通过使用这些现成的函数,大大缩短编程的时间,提高效率。在本节中,我们将从实验设计的角度出发,为大家介绍一些常用的函数。

一般而言,完成心理学实验的编程通常需要包括以下几个主要步骤:设计实验试次;编写实验刺激;呈现实验刺激;输出实验结果。在执行这些步骤的时候,我们往往会反复用到一些函数。下面我们将从这几个步骤出发,分别介绍一些常用的函数。

2.4.1　设计实验试次——随机函数

在设计实验试次的时候,我们经常需要做一项操作,就是将不同类型的实验试次进行随机化。随机化操作一般有两个目的:① 产生随机数或者随机矩阵;② 将现有的序列进行随机排列。因此,我们将从这两个角度,为大家介绍 MATLAB 中常见的随机函数。

2.4.1.1 产生随机数或随机矩阵

MATLAB中常见的用于产生随机数或者随机矩阵的函数包括：rand、randi、randn，它们的具体功能如下：

- rand 函数被用于产生取值范围为[0,1]之间均匀分布的浮点随机数。它既可以被用于生成一个随机数，也可以被用于生成一个随机矩阵。例如，当我们想产生一个随机数的时候，可以直接键入 rand 函数，具体如下：

```
>> rand
ans=
    0.8147
```

类似的，我们通过在 rand 函数内添加参数，可以输出随机矩阵。例如，当我们想输出一个大小为 m×n 的随机矩阵时，我们可以键入"rand(m,n)"来实现，具体如下：

```
>> rand(2,3)
ans=
    0.9058    0.9134    0.0975
    0.1270    0.6324    0.2785
```

而当矩阵的行列数一致时（都为 m），则可以键入"rand(m)"来实现，具体如下：

```
>> rand(2)
ans=
    0.5469    0.9649
    0.9575    0.1576
```

- randi 函数被用于产生取值范围为[1,n]之间均匀分布的随机整数，它的使用方法与 rand 函数非常类似，我们可以通过调节输入的参数，来控制产生的随机矩阵的大小。不同的是，我们需要额外输入一个参数 n，用于控制随机数的取值上限。例如，当我们想产生一个取值范围在[1,100]的随机整数，可以输入：

```
>> randi(100)
ans=
    73
```

类似的，我们也可以用 randi 函数产生在特定取值范围内随机分布的矩阵。例如，我们分别用 randi 函数产生取值范围在[1,10]的大小为 2×3 和 2×2 的随机整数矩阵，具体如下：

```
>> randi(10, 2, 3)
ans=
    5    3    2
    4    5    4
```

```
>> randi(10,2)
ans=
    3    7
    9    4
```

- randn 函数被用于产生标准正态分布的随机数,它的使用方法同样与 rand 函数非常类似,我们可以通过调节输入的参数,来控制产生的随机矩阵的大小。当我们想产生一个在标准正态分布中随机抽样的数,可以输入:

```
>> randn
ans=
    0.6544
```

类似的,我们也可以用 randn 函数产生在特定取值范围内随机分布的矩阵。例如,我们分别用 randn 函数产生大小为 2×3 的从标准正态分布中随机抽样的矩阵,具体如下:

```
>> randn(2,3)
ans=
    1.2959    0.3869    1.1826
    1.0071    1.0825    0.5548
```

在使用 rand 和 randn 函数产生随机数时,有些时候我们希望可以产生两组完全一致的随机数或者随机矩阵,此时我们可以采用**设置随机数种子**的方法。以 rand 函数举例,设置随机数种子的方法为:在产生随机数的代码前添加一行代码:

```
>> rand('seed',seed)
```

其中括号内第一个为函数自带的参数设置,无须修改。第二个"seed"则是用户输入的参数,我们可以输入取值范围内许可的任意浮点数,只要 seed 值一致,那么产生的随机数也将一致。此时,当我们想产生两组完全一致的随机数时,只需要在产生两组随机数的代码前都加上如上代码,并且保证输入的参数一致,那么就能实现要求。例如,我们产生两组大小为 2×2 的完全一致的随机矩阵,具体如下:

```
>> rand('seed', 2)
>> rand(2,2)
ans=
    0.0258    0.7008
    0.9210    0.1901
```

此时,如果我们不加控制地直接输入 rand(2,2),那么就会产生另一组不一样的随机数:

```
>> rand(2,2)
ans=
```

```
    0.8673    0.2319
    0.4185    0.1562
```

但是如果我们添加随机数种子加以控制,就会产生和之前完全一致的随机数:

```
>> rand('seed', 2)
>> rand(2,2)
ans=
    0.0258    0.7008
    0.9210    0.1901
```

在心理学实验中,有时候为了控制不同类型的实验试次对被试的影响,我们要求不同的被试采用同样的实验试次完成实验,此时我们就可以通过设置随机数种子来实现目的。

2.4.1.2 将序列进行随机排列

以上我们介绍了如何生成一个随机数或随机矩阵,在本节我们将介绍两个用于对序列进行随机排列的函数。在绝大多数的心理学实验中,我们需要产生一个随机的序列,将其作为被试的实验序列。其中最简单的需求就是产生一串 1 到 n 的随机排列,这可以通过 randperm 函数实现。randperm 可以帮助我们对 1 到 n 之间的正整数进行随机排列。例如我们需要产生一串 1 到 8 的随机排列,可以如下操作:

```
>> randperm(8)
ans=
    3    4    8    1    5    7    6    2
```

除了对数列进行随机排列外,我们还可以通过 Shuffle 函数(注意首字母 S 为大写,是 PSYCHTOOLBOX 里的函数)对数组或者矩阵进行排列。Shuffle 函数可以用于对矩阵的每一列进行独立的随机排列。例如,我们产生一个 5×3 的矩阵 A:

```
>> A=[1 1 1;2 2 2;3 3 3;4 4 4;5 5 5]
A=
    1    1    1
    2    2    2
    3    3    3
    4    4    4
    5    5    5
```

此时,我们使用 Shuffle 函数对 A 进行排列:

```
>> Shuffle(A)
ans=
    3    1    1
    5    2    4
    1    3    5
```

```
    2    4    3
    4    5    2
```

我们可以看出，Shuffle 函数对矩阵 A 的每一列进行了独立的随机排列。如果 A 是一个 1×n 的矩阵（即一维向量），那么 Shuffle 函数就相当于对 A 进行随机排列，如下所示：

```
>> A=[1 2 3 4 5];
A=
   1   2   3   4   5
>> Shuffle(A)
ans=
   3   1   4   5   2
```

2.4.2 编写实验刺激——特殊矩阵、矩阵操作、字符操作

在上一节里，我们为大家介绍了在设计实验试次的时候最常用的一类函数，随机函数。本节，我们将继续为大家介绍 MATLAB 中的常用函数，来完成编写实验刺激的目的。我们将重点介绍三种类型的函数：生成特殊矩阵的函数、对矩阵进行操作的函数以及对字符进行操作的函数。

2.4.2.1 生成特殊矩阵的函数

在编程操作中，我们经常会用到一些特殊的矩阵，比如零矩阵、单位矩阵等。MATLAB 为我们提供了一系列函数用于生成这些特殊矩阵。我们将为大家列出这些可以用于生成特殊矩阵的函数，并就其中的某些函数举例说明。可以生成特殊矩阵的函数如表 2.5 所示。

表 2.5　MATLAB 生成特殊矩阵的函数

函数名	功能
zeros	零矩阵
ones	一矩阵
eye	单位矩阵
diag	对角矩阵
rand	随机矩阵
randn	随机整数矩阵
magic	魔方矩阵

以上我们列出了这些特殊矩阵的函数名称，下面我们以 zeros 和 magic 这两个函

数为例,演示这些函数的用法。其他函数的详细用法,可以通过在命令窗口输入 help 函数进行查询。

zeros 函数用于生成零矩阵,同上一节介绍的 rand 和 randn 函数类似,我们也可以通过输入需要生成的零矩阵的大小来生成相应大小的零矩阵。例如,若要生成一个 2×3 的零矩阵,可以如下操作:

```
>> zeros(2,3)
ans=
    0    0    0
    0    0    0
```

如果生成的矩阵行列数一致,可以简单地输入行数来生成矩阵。例如,需要生成一个 3×3 的零矩阵,可以如下操作:

```
>> zeros(3)
ans=
    0    0    0
    0    0    0
    0    0    0
```

magic 函数用于生成魔方矩阵。魔方矩阵指的是该矩阵的行、列以及对角线上的和都完全一致的行列数相等(即 n×n)的矩阵。例如,想生成一个 4×4 的魔方矩阵,可以如下操作:

```
>> magic(4)
ans=
   16    2    3   13
    5   11   10    8
    9    7    6   12
    4   14   15    1
```

2.4.2.2 对矩阵进行操作的函数

MATLAB 中设计了一系列对矩阵进行操作的函数,它不仅包括对矩阵进行数值计算的函数,还包括了诸如对矩阵进行排序、旋转、拼接等功能的函数,对矩阵进行数值计算的函数见表 2.6。

表 2.6 MATLAB 矩阵数值计算函数

函数名	功能
abs	计算绝对值
sin/sind	计算正弦函数值
cos/cosd	计算余弦函数值

续表

函数名	功能
tan/tand	计算正切函数值
round/floor/ceil/fix	四舍五入取整/向负无穷方向取整/向正无穷方向取整/往"零"方向取整
max/min/mean/std	计算最大值/最小值/平均值/标准差
range	计算极差（最大值减最小值）
sign	判断正负符号

表 2.6 中为大家列举了一系列可以进行矩阵数值计算的函数。我们以 abs、sin/sind 和 max 函数举例说明。其他函数的详细用法，大家可以通过 help 函数进行查询。

abs 用于计算矩阵中每个元素的绝对值，直接将需要计算绝对值的矩阵作为输入变量放入 abs 函数中进行计算即可。例如，我们首先定义一个矩阵 x，再通过 abs 函数计算 x 中每个元素的绝对值。具体如下：

```
>> x=[-1 2;-3 4]
x=
   -1   2
   -3   4
>> abs(x)
ans=
    1   2
    3   4
```

sin/sind 函数用于计算输入变量的正弦值。不同的是，sin 函数的输入变量是以弧度为单位进行计算的，而 sind 函数的输入变量是以角度为单位进行计算的。例如，我们分别用这两个函数计算 90°和 π/2 的取值，具体如下：

```
>> sin(90)
ans=
   0.8940
>> sin(pi/2)
ans=
   1
>> sind(90)
ans=
   1
>> sind(pi/2)
ans=
   0.0274
```

从上面的结果我们可以看出 sin 和 sind 的区别,在今后使用这两个函数的时候,希望大家能够注意输入变量究竟是角度值还是弧度值,从而有选择性地使用这两个函数。

max 用于计算矩阵中每一列元素的最大值。在特殊情况下,如果矩阵是一个 $1\times n$ 的矩阵(即一维向量),那么则计算该矩阵所有元素中的最大值。例如,我们首先通过 rand 函数分别定义一个 4×4 的矩阵 A,和一个 1×4 的矩阵 B,再通过 max 函数进行计算,具体如下:

```
>> A=rand(4)
A=
    0.7577    0.1712    0.0462    0.3171
    0.7431    0.7060    0.0971    0.9502
    0.3922    0.0318    0.8235    0.0344
    0.6555    0.2769    0.6948    0.4387
>> max(A)
ans=
    0.7577    0.7060    0.8235    0.9502
>> B=rand(1,4)
B=
    0.4456    0.6463    0.7094    0.7547
>> max(B)
ans=
    0.7547
```

当我们将以上两种用法结合起来的时候,我们就可以计算矩阵中所有元素的最大值。例如,当我们想要计算上述定义的矩阵 A 的最大值,我们可以先通过 max 函数计算出矩阵 A 中每一列元素的最大值,再通过 max 函数计算这些列最大值中的最大值。具体如下:

```
>> max(max(A))
ans=
    0.9502
```

除此之外,我们还可以通过将 max 函数结合冒号":"这一索引更快速地计算矩阵元素的最大值,具体如下:

```
>> max(A(:))
ans=
    0.9502
```

此时冒号的作用表示将 A 中的所有元素排成一列,这样我们只需要使用一次 max 函数就能够计算矩阵中元素的最大值。类似的用法也适用于 max,mean 等函数。

表 2.7 中为大家列举了 MATLAB 所支持的可以对矩阵进行操作的函数。我们选取 sort,repmat 和 size 这三个函数为大家进行演示。其他函数的详细用法,大家可以

通过 help 函数进行查询。

表 2.7　MATLAB 矩阵操作函数

函数名	功能
sort	排序
sortrows	按照关键列进行排序
rot90	逆时针旋转
fliplr /flipud	矩阵左右翻转 /矩阵上下翻转
horzcat/vertcat	水平拼接/竖直拼接
repmat	重复矩阵
reshape	变更矩阵维度
size /length	计算矩阵维度 /计算矩阵长度

sort 用于对矩阵中的元素进行排序,通过输入对应的参数,我们可以选择性地对矩阵的行或列进行升序或降序的排序。为了演示 sort 函数的使用方法,我们首先通过 rand 函数定义一个矩阵 A,并用 sort 函数进行排序:

```
>> A=rand(3)
A=
    0.2760    0.1626    0.9597
    0.6797    0.1190    0.3404
    0.6551    0.4984    0.5853
>> sort(A)
ans=
    0.2760    0.1190    0.3404
    0.6551    0.1626    0.5853
    0.6797    0.4984    0.9597
```

从上述的结果我们可以看到,在不添加任何额外的参数情况下,sort 函数会对矩阵的每一列进行升序的排序。事实上,我们可以通过在 sort 函数内输入相应的参数,来控制排序。它的输入规则如下:

```
>> sort(X, DIM, 'MODE')
```

其中 X 为输入的矩阵,DIM 用于控制对矩阵的行或者列进行排序。如果 DIM 的值为 1 或者为空值,则按照默认的方向,对矩阵的每一列进行排序;相反,如果 DIM 的值为 2,则对矩阵的每一行进行排序。MODE 则用于控制矩阵排序是升序还是降序。如果 MODE 的值为"ascend"或者为空值,则按照默认的方向进行升序排列;相反,

MODE 的值为"descend",则进行降序排列。例如,我们对矩阵 A 的每一行进行降序排列,具体如下:

```
>> sort(A,2,'descend')
ans=
    0.9597    0.2760    0.1626
    0.6797    0.3404    0.1190
    0.6551    0.5853    0.4984
```

repmat 函数用于对矩阵进行重复,从而生成一个更大的矩阵。其输入规则如下:

```
>> repmat(X, [M, N])
```

其中 M 表示将矩阵在行方向上重复 M 次,N 表示将矩阵在列方向上重复 N 次。因而如果原始的矩阵大小为 m×n,那么新生成的矩阵大小为 (m×M)×(n×N)。例如我们将上述矩阵 A 在行和列方向上分别重复 3 次和 2 次,从而生成 B 矩阵,可以如下操作:

```
>> B=repmat(A, [3 2])
B=
    0.2760    0.1626    0.9597    0.2760    0.1626    0.9597
    0.6797    0.1190    0.3404    0.6797    0.1190    0.3404
    0.6551    0.4984    0.5853    0.6551    0.4984    0.5853
    0.2760    0.1626    0.9597    0.2760    0.1626    0.9597
    0.6797    0.1190    0.3404    0.6797    0.1190    0.3404
    0.6551    0.4984    0.5853    0.6551    0.4984    0.5853
    0.2760    0.1626    0.9597    0.2760    0.1626    0.9597
    0.6797    0.1190    0.3404    0.6797    0.1190    0.3404
    0.6551    0.4984    0.5853    0.6551    0.4984    0.5853
```

size 函数用于计算矩阵的维度。在编写实验程序的时候,我们可以使用 size 函数直接计算某个矩阵的行数和列数。例如,我们使用 size 函数计算 B 矩阵的维度,具体如下:

```
>> size(B)
ans=
    9    6
```

可以看到 size 函数的计算结果返回了两个值,它们分别表示矩阵 B 的行数和列数。与 sort 函数类似,我们也可以选择性地计算矩阵的行数或者列数,它的输入规则如下:

```
>> size(X, DIM)
```

其中 DIM 控制选择输出矩阵的行或列。如果 DIM 的值为 1,则计算矩阵的行数;

如果 DIM 的值为 2,则计算矩阵的列数。例如,我们想要计算矩阵 B 的列数,可以如下操作:

>> size(B,2)
ans=
    6

2.4.2.3 对字符进行操作的函数

MATLAB 中同样也设计了一系列用于处理字符型变量的函数,如表 2.8 所示,我们选取 sprintf 和 eval 这两个函数为大家进行演示。其他函数的详细用法,大家可以通过 help 函数进行查询。

表 2.8 MATLAB 字符操作函数

函数名	功能
sprintf	对变量进行格式化输出
sscanf	对变量进行格式化读取
eval	执行字符表达式
strcmp	比较字符串
strcmpi	忽视大小写比较字符串
strcat	拼接字符串

sprintf 可以将任意变量按照其数据类型输出成字符型变量。例如,在某些时候我们需要生成一些带有数字的文件名或者路径,为了更方便地进行操作,我们可以将整数型变量转换成字符型变量。sprintf 函数的输入规则如下:

>> S=sprintf(FORMAT, A)

其中 A 为输入变量,FORMAT 则用于控制输出的变量类型,它以百分号"%"开始,并通过不同的转义符来读取输入变量的类型。例如,我们首先定义一个变量 a,并赋值为 100:

>> a=100;

此时 a 是一个浮点型的变量,我们可以通过 sprintf 函数将其转换为字符型变量,具体操作如下:

>>sprint('%d', a)
ans=
100
>> whos ans

Name	Size	Bytes	Class	Attributes
ans	1×3	6	char	

我们可以看到，虽然输出的变量结果仍然是 100，但是它已经变成了字符型变量。不同数据类型的变量有不同的转义符，常用的转义符见表 2.9：

表 2.9　MATLAB 常见转义符

转义符	数据类型	转义符	数据类型
%d	有符号十进制整数	%f	浮点数
%ld	有符号 64 位十进制整数	%e	科学计数法（小写 e）
%hd	有符号 16 位十进制整数	%E	科学计数法（大写 E）
%u	无符号十进制整数	%c	单个字符
%o	无符号八进制整数	%s	字符串
%x	无符号十六进制整数（使用小写字母 a 到 f）	%X	无符号十六进制整数（使用大写字母 A 到 F）

除了转义符外，我们还可以控制输出变量的标志符、小数点位数和宽度，它的规则如下：

>> sprintf('%[标志符][宽度][.小数位数][转义符]', A)

常见的标志符包括"0"和"—"，分别表示用 0 补齐位数和左对齐。例如，我们想要将上述变量 a 输出成一个宽度为 7，且保留小数点后两位的变量，则可以如下操作：

>>sprintf('%07.2f',a)
ans=
0100.00

可以看到输出的变量宽度为 7，且小数点后保留了两位。通过不同的转义符，我们还可以将不同类型的变量组合成同一个字符串，如下所示：

>> sprintf('%s%d%c',' The number is ', 100, '! ')
ans=
The number is 100!

eval 函数可以直接执行字符化的表达式。在某些时候，我们可以通过字符化的形式批量产生一些表达式，但是 MATLAB 本身无法执行字符化的表达式。此时，我们可以通过 eval 函数方便地执行这些字符化表达式。例如，我们首先生成一个字符串 s"1+2"，并通过 eval 函数执行这个字符串，具体如下：

>> s='1+2'
s=
1+2

```
>> eval(s)
ans=
    3
```

注意上述的"1+2"实际上是一个字符串,但是我们仍然可以通过 eval 函数加以执行。eval 函数的输入规则如下:

```
>> eval(s)
```

其中 s 就是需要执行的字符串。下面我们通过一个例子来演示 eval 函数的优势。例如,我们想要一次性地定义 5 个变量 y1,y2,…,y5,并且将变量 yn(n=1,2,…,5)的值赋成 2 的 n 次方。如果逐个定义变量显然太麻烦,为此,我们可以用 eval 函数一次性执行这个过程,具体的程序如下所示:

```
for i=1:5
    expression = ['y',num2str(i),'=2^',num2str(i)];
    eval(expression);
end
```

在上述程序中,我们通过 for 循环(详见第三章)产生了 5 个字符串,每个字符串的内容就是执行赋值过程的表达式。通过 eval 函数执行这些表达式,就可以快速地完成变量定义的过程。大家可以尝试自己运行上述程序,并结合断点调试的方法观察不同变量在上述程序运行过程中的变化。

2.4.3 呈现实验刺激——判断类函数

在通过 MATLAB 呈现实验刺激时,有时候我们需要对变量进行判断,诸如判断变量是否为空值、判断变量是否为整数等。MATLAB 同样提供了一系列函数,用于辅助判断变量的类型,这些函数如表 2.10 所示。同样,我们也通过运行其中的 isempty 函数来演示其用法。其他函数的详细用法,大家可以通过 help 函数进行查询。

表 2.10 MATLAB 常见判断类函数

函数名称	功能
isempty	判断变量是否为空值
isfloat	判断变量是否为浮点数
isinteger	判断变量是否为整数
ischar	判断变量是否为字符
isrow	判断变量是否为行向量
iscolumn	判断变量是否为列向量
isequal	判断多个变量是否相等

isempty 函数用来判断某个变量是否为空值,我们可以直接将变量作为函数的输入加以判断。例如,我们构造两个变量 a 和 b,它们分别为浮点型变量和字符型变量,但都是空值。然后通过 isempty 函数加以判断,具体如下所示:

```
>> a=[];
>> b='';
>>isempty(a)
ans=
    1
>>isempty(b)
ans=
    1
>> whos ans
    Name    Size    Bytes    Class      Attributes
    ans     1×1     1        logical
```

从以上的结果我们可以看出,isempty 会返回一个逻辑型变量。如果输入的变量为空值,则返回真值(即 1),否则返回假值(即 0)。这一类判断函数通常会结合 MATLAB 的流程控制(详见第三章)加以使用,以根据不同的条件呈现时间刺激。

2.4.4 输出实验结果——转化操作、路径和文件操作

在使用 MATLAB 输出实验结果的时候,我们经常会需要面临这样的操作:① 需要根据不同的需求保存不同类型的数据,即转换变量的数据类型;② 保存结果的时候,我们需要对文件保存的路径和文件本身进行操作。下面我们将从这两个方面带领大家了解在输出实验结果的时候最常用的两类函数:转化操作函数以及路径和文件操作函数。

2.4.4.1 转化操作函数

MATLAB 提供了一系列用于对不同数据类型的变量进行转化的函数,其中常用的转化操作函数如表 2.11 所示。我们将通过介绍其中两个函数:num2str 和 int8 来介绍它们的用法。其他函数的详细用法,大家可以通过 help 函数进行查询。

表 2.11　MATLAB 常见的转化操作函数

函数名称	功能
num2str	将数值转换成字符
str2num	将字符转换成数值
double2str	将双精度数转换成字符
str2doule	将字符转换成双精度数
int2str	将整数转换成字符
double	将变量转换成双精度数
int8	将变量转换成 8 位整数

num2str 函数用于将数值转换成字符,这在创建文件路径、文件名等需要用到含有数字的字符型变量的时候会被经常使用。我们可以直接将需要转换成字符的变量作为函数输入,具体如下所示:

```
>> a=29;
>> num2str(29)
ans=
29
>>whos ans
    Name    Size    Bytes    Class    Attributes
    ans     1×2     4        char
```

从以上结果我们可以看到,通过 num2str 函数,我们将数值型的变量 a 转换成了一个字符型的变量。同样,我们还可以通过输入其他参数,来控制转换后字符的格式。它的规则如下:

```
>> num2str(X,FORMAT)
```

其中 X 为输入变量,FORMAT 则用于控制输出的变量类型(即格式化,详见函数 sprintf)。例如,我们通过 randn 函数生成一个 3×3 的矩阵,再通过 num2str 函数转换成字符。在转换的过程中,我们控制输出的结果保留 4 位小数,则可以如下操作:

```
>> num2str(randn(3),'%-10.4f')
ans=
-0.1241   1.4172    0.7172
 1.4897   0.6715    1.6302
 1.4090  -1.2075    0.4889
```

int8 用于将变量的数据类型转换成 8 位整型,这在保存图片的时候非常有用。因为 MATLAB 存储图片的格式为 8 位整型,所以有时候当我们通过矩阵创建一幅图片的时候,就需要通过 int8 函数将矩阵中的元素转换成 8 位整型。我们可以直接将需要转换成字符的 int8 型的变量作为函数输入,具体如下所示:

```
>> a=29;
>>int8(29)
ans=
29
>> whos ans
    Name    Size    Bytes    Class    Attributes
    ans     1×1     1        int8
```

从以上结果我们可以看到,通过 int8 函数,我们将数值型的变量 a 转换成了一个 8 位整数型的变量。

2.4.4.2 路径和文件操作函数

在本章的最后,我们列出 MATLAB 中常见的路径和文件操作函数。通过这些文件操作函数,我们可以方便地对文件进行读取和存储。MATLAB 中常见的路径和文件操作函数如表 2.12 所示。这些函数的详细用法,大家可以通过 help 函数进行查询。

表 2.12 MATLAB 常见的路径和文件操作函数

函数名称	功能
cd	改变当前路径
dir	文件或路径列表
mkdir	创建文件夹
addpath	添加路径
fopen	打开文件
fclose	关闭文件
fread	读取二进制数据
fwrite	写入文件
fscanf/fprintf	格式化数据读取/格式化数据输出

作业和思考题

1. 在 MATLAB 中,分别运行下面两条命令"x=magic(1000)"和"y=magic(1000);",并回答分号的作用是什么?
2. 在 MATLAB 中进行如下操作,并把相应的命令语句粘贴下来:
   (1) 定义大小为 100×5 的矩阵 var1,让所有元素均为 0;
   (2) 定义大小为 10×10 的矩阵 var2,其中元素均为 0 到 255 之间的随机值,并且是"8 位无符号整数"(uint8)类型;
   (3) 定义列向量(即 $n \times 1$ 矩阵)var3,让它等于 $0°,2°,4°\cdots 90°$ 的正切值;
   (4) 用 whos 命令查看当前所有的变量及其类型,并将结果粘贴下来;
   (5) 用 save 命令把 var2 和 var3 保存到 file1.mat 文件中;
   (6) 用 clear 命令清除所有当前变量,并用 load 命令读取 file1.mat 中的变量。
3. 定义向量 vec1=-4:15,然后用索引(下标)从中提取出从第 5 个元素(含)到倒数第 5 个元素(含)中间的所有元素,并保存到变量 vec2 中。
4. 定义矩阵 mat1=magic(10),用索引进行以下的提取操作:
   (1) 提取出第 2 行到第 5 行(保留所有列),保存到 mat2 中;
   (2) 提取出第 1、3、4、5、10 列(保留所有行),保存到 mat3 中;
   (3) 提取出第一列小于 50 的所有行(保留所有列),保存到 mat4 中;

(4) 把 mat1 中第三列的值大于 50 的所有行的第二列的值都修改成 0；

(5) 用空矩阵"[]"把第一列小于 50 的所有行整行删除。

5. 对于矩阵 A＝[1，2；3，4]和 B＝magic(2)，计算：

(1) A 的每个元素减去 B 对应位置的对应元素；

(2) A 的每个元素乘以 B 对应位置的对应元素；

(3) 计算 A * B，这与(2)中的运算有什么差别；

(4) A 的每个元素自身进行平方；

(5) 计算 A^2，这与(4)中的运算有什么差别；

(6) A/B、A./B、A\B 和 A.\B 分别是什么？

6. 对于矩阵 C＝magic(4)，问：

(1) 定义 D＝C(:)，那么变量 D 的行数和列数是多少？

(2) C(12)的结果为什么是第 4 行第 3 列的数？

(3) 用 reshape(C，2，8)把 C 变成 2×8 的矩阵时，元素是怎样排列的？

(4) 怎样用 repmat 把 C 复制 3×4 份，形成一个 12×16 的矩阵？

7. 将以下操作保存到 diary.txt 中：定义四个不同的变量(a＝1,b＝2,c＝3,d＝4)，将其中的 a 和 b 存到一个 mat 文件中，并保存到桌面。然后将变量从工作空间中清空，并读入之前保存的 mat 文件，使得 a 和 b 重新出现在工作空间中。

提示：diary 和 diary off 来创建日志，save 来保存变量，clear 来清空变量，load 来加载变量。

8. 分别定义一个 1 行 4 列的矩阵，一个 1 列 4 行的矩阵，以及一个 3 行 3 列的矩阵，使用 whos 函数查看所有矩阵的内容。

提示：用中括号、冒号和空格来构造矩阵，并且区分矩阵的行和列。注意不要使用中文符号。

9. 给定矩阵[1 2 3 4；2 3 4 5；3 4 5 6；6 7 8 9]，完成以下操作：

(1) 分别提取出矩阵对角线上的元素；

提示：假设矩阵变量为 A(下同)，则对角线元素为 A(i,i)，其中 i 从 1 到 4。

(2) 统一提取出矩阵四个角上的元素、矩阵第一行的元素和最后一列的元素；

提示：使用矩阵索引和冒号，对应答案为 A([1 4],[1 4])，A(1,:)和 A(:,4)。

(3) 统一提取出矩阵第二行的前三个元素，以及倒数第二列的最后三个元素；

提示：使用 end，对应答案为 A(2,1:end−1)和 A(end−2:end,end−1)。

(4) 提取出矩阵的第一行和第三行，然后合并成一个 1 行 8 列的矩阵；

提示：使用 a1＝[1,:]和 a2＝[3,:]来提取矩阵的第一行和第三行，再通过 a3＝[a1 a2]进行合并。注意 a1 和 a2 之间通过空格隔开，表示其属于同一行。

(5) 提取出矩阵的第一行和第三行，然后合并成一个 2 行 4 列的矩阵；

提示：通过 a4＝[a1;a2]进行合并。注意 a1 和 a2 之间通过冒号隔开，表示从 a2 开始换行。

(6) 将(5)中得到的矩阵通过 reshape 函数变成一个 4 行 2 列的矩阵；

提示：通过 a5＝reshape(a3,[4 2])实现，其中函数里的变量[4 2]表示新生成矩阵为 4 行 2 列。

(7) 将(6)中得到的矩阵通过 repmat 函数变成一个 12 行 8 列的矩阵；

提示：通过 a6＝repmat(a5,[3 4])实现，其中函数里的变量[3 4]表示矩阵将原有的矩阵在行所在方向和列所在方向上分别重复 3 次和 4 次。

（8）使用 size 函数得到(7)中矩阵的行列数,使用 length 函数得到(6)中矩阵的行数；

提示:直接通过 size(a6)可以得到 a6 矩阵的行列数。直接通过 length(a5)可以得到 a5 矩阵的行数。对于二维矩阵,size 函数会返回一个包含行列数的矩阵,length 函数会返回矩阵行数和列数的最大值。

10. ①创建一个 1 行的矩阵,其元素包含从 0 到 100 内所有的偶数,且依据元素大小倒序排列。并比较上述结果与[100:-2:-1]的差别；②分别创建两个 1 行 10 列的矩阵,两个矩阵的元素都从 1 递增到 100,元素分别按照线性和以 10 为底的对数排列。

提示:①使用冒号进行创建,具体为[100:-2:0],其中中括号内的三个值分别表示初始值,步长和结束值。该结果与[100:-2:-1]没有区别；②使用 linspace 和 logspace 函数。线性排列的写法为 linspace(1,100,10),其中中括号内的三个值分别为初始值,结束值和元素的数目。对数排列的写法为 logspace(0,2,10),其中中括号内的 0 和 2 表示初始值和结束值分别为 10 的 0 次方和 10 的 2 次方,最后的 10 表示元素数目为 10 个。

11. 分别用 zeros,ones,eye,diag,rand,randn 和 magic 函数生成 7 个 5 行 5 列的矩阵,并解释它们有什么区别。

提示:具体写法为 zeros(5),即全 0 矩阵；ones(5),即全 1 矩阵；eye(5),即单位矩阵；diag([1 2 3 4 5]),即对角矩阵,其中中括号内矩阵的元素即为构造出来的矩阵的对角线上元素；rand(5),矩阵内元素是从值域为(0,1)开区间的均匀分布中随机抽样出来的；randn(5),矩阵内元素是从标准正态分布中随机抽样出来的；magic(5),生成一个每行、每列以及对角线上所有元素和相等的矩阵。

12. 给定两个矩阵 a=[1 2;3 4]以及 b=[5 6;7 8],分别计算:

(1) 两个矩阵之和；

(2) 两个矩阵之差；

(3) 两个矩阵之乘积；

(4) 两个矩阵作为数组之乘积；

(5) a 矩阵的三次方；

(6) b 矩阵作为数组的三次方；

(7) 矩阵 a 左除矩阵 b；

(8) 矩阵 a 右除矩阵 b；

(9) 数组 a 左除数组 b；

(10) 数组 a 右除数组 b；

(11) 两个矩阵之间的大于、小于等于、等于以及不等于的关系运算。

13. 产生一个 5 行 5 列的随机矩阵,分别计算这个矩阵中

(1) 每个元素的绝对值；

(2) 每个元素的四舍五入取整结果、向负无穷方向取整结果、向正无穷方向取整结果；

(3) 第一行元素的最大值,第一列元素的最小值,矩阵的最大值和最小值；

(4) 元素的极差；

(5) 每个元素的正负号。

提示:(1) 产生 5 行 5 列的随机矩阵可以如第 5 题,用 A=randn(5)产生。绝对值用 abs 进行计

算,即 abs(A);(2) 三种取整运算对应的函数分别为 round,floor 和 ceil,具体为 round(A),floor(A)和 ceil(A);(3) 计算最大值和最小值对应的函数分别为 max 和 min,矩阵的行和列可以参考第 3 题,具体为 max(A(1,:)),min(A(:,1)),max(max(A))和 min(min(A)),注意对于一个二维矩阵,max 和 min 函数只能计算每一列中的最大值和最小值,所以最后需要用两次 max 和 min 函数。如果考虑到冒号的使用,也可以用 max(A(:))和 min(A(:));(4) 用 rang 函数,具体为 rang(A(:)),也可以用 max(A(:))−min(A(:))。注意此处不可以用 range(range(A)),因为 range(A)表示的是每一列的极差,所以再对此结果进行 range 运算,是无法得到整合矩阵的极差的;(5)用 sign 函数,具体为 sign(A),其中 1 或 −1 分别表示元素为正数或为负数。

14. 尝试创建一个 2 行、4 列、3 页的数组,对于每一页上的数组,它的元素都随机分布在 0 到 1 之间,并且做如下操作:
    (1) 提取行数为 1 的元素构成一个矩阵,并且对其进行转置操作;
    (2) 提取列数为 2 的元素构成一个矩阵,并且将其中所有的元素进行左右互换;
    (3) 提取页数为 3 的元素构成一个矩阵,并且将其中所有的元素进行上下互换。
    提示:(1) 可以通过依次赋值的方法创建三维数组,首先定义每一页上的矩阵,具体如 A(1:2,1:4,1)=rand(2,4);A(1:2,1:4,2)=rand(2,4);A(1:2,1:4,3)=rand(2,4)。也可以用 cat 函数,先分别定义若干矩阵变量,每一个变量表示每一页上的矩阵,再用 cat 函数合并起来,具体如 A1=rand(2,4);A2=rand(2,4);A3=rand(2,4);A=cat(3,A1,A2,A3)。其中 cat 函数里的 3 表示定义成三维数组。转置操作可通过上引号实现,注意符号需采用英文符号,切勿用中文输入。值得注意的一点是,转置操作只能对矩阵进行,高维数组是无法进行转置的。所以要确保进行转置的变量是一个维度为 2 的数组。这里如果使用 B=A(1,:,:)来提取行数为 1 的元素,得到的是一个三维数组,无法进行转置。我们可以使用 reshape 函数进行操作,将其变成一个 4 行 3 列的矩阵,具体如 B=reshape(A(1,:,:),[4 3]),再对 B 进行转置,具体如 B';(2) 提取矩阵的方法如(1),左右互换可采用 fliplr 函数,具体如 B=reshape(A(:,2,:),[2 3]);fliplr(B);(3) 提取矩阵的方法如(1),左右互换可采用 flipud 函数,具体如 B=reshape(A(:,:,3),[2 4]);flipud(B)。

15. 打开网站中的示例程序 constantmethod.m,在程序的第 14 行(即 stimulusorder=mod(stimulusorder,10))和第 16 行(即 stimulusorder=stimulusorder+1)分别设置断点,并且记录这两次断点前后,以及两次断点之间,变量 stimulusorder 的值。
    提示:本题考察的是对函数进行的断点操作,需要学会如何加断点,取消断点,如何在断点处查找具体的变量取值(在工作空间里双击需要查找的变量)。对于本题,在第一个断点前 stimulusorder 的值是一个 1 到 200 的随机排列(通过之前的 randperm 函数实现),在第一个断点后为该随机排列除以 10 后的余数,在第二个断点后为前一个变量值加 1。

3

MATLAB 程序结构和流程控制

预备知识
- MATLAB 编程基础
- 常用编程语言（如 C 语言，C++）的编程基础

本章要点
- 掌握 MATLAB 常见的条件语句结构及其应用
- 掌握 MATLAB 常见的循环语句结构及其应用
- 掌握 MATLAB 的错误控制语句结构及其应用

MATLAB 作为一门编程语言，其本身除了具有上一章我们描述的各种特点和优势外，也具有和其他编程语言类似的程序结构。通过这些程序结构，我们可以方便地对 MATLAB 程序的流程进行控制，从而方便地实现各种功能。与此同时，MATLAB 本身还通过函数值的传递以及相应的义本操作实现流程控制。在掌握了上一章 MATLAB 编程基础的前提下，通过了解这些内容，我们可以独立地编写相对结构化的 MATLAB 程序，从而为使用 MATLAB 编写心理学实验程序打下基础。

在本章中，我们将带领大家逐步掌握 MATLAB 的程序结构，并且学习这些程序结构是如何被应用于 MATLAB 的流程控制中的，完善大家对于 MATLAB 流程控制的认识，从而帮助大家全方位地掌握 MATLAB 所特有的程序结构。

同其他编程语言类似，MATLAB 本身有其固定的程序结构，用来实现流程控制。有过编程语言基础的读者都知道，常见的程序结构包括条件语句和循环语句。MATLAB 同样也支持这两种程序结构。除此之外，MATLAB 还能够支持错误控制语句，以帮助用户在主程序运行发生问题时，控制程序流程，及时终止程序，甚至可以实现分析程序错误的功能。在本节中，我们将从这三种程序结构出发，为大家介绍 MATLAB 的流程控制。MATLAB 常见的程序结构如表 3.1 所示。

表 3.1　MATLAB 常见的程序结构

程序结构	功能
if…else…	条件语句
switch…case…	条件语句
for	循环语句
while	循环语句
try…catch…	错误控制语句

3.1　条 件 语 句

在心理学实验中，我们经常需要根据不同的条件进行判断。例如在使用阶梯法测量被试的感觉阈限时，我们就需要根据被试上一个试次反应的正确与否，来决定下一个试次的刺激强度。又例如记录被试的反应时，经常需要依据试次的类型分开独立记录，这也需要我们通过判断试次的类型来决定是否记录或者以怎样的方式记录。当我们通过编程完成上述过程的时候，条件语句就是必不可少的工具。在常见的编程语言（如 C/C++）中，条件语句的形式包括两种，if 条件语句和 switch 条件语句。这两种条件语句同样也是 MATLAB 中常见的条件语句，下面我们将分别介绍这两种程序结构。

3.1.1　if 条件语句

if 条件语句是 MATLAB 中最常用的条件语句，它经常被用于进行多个条件的判断，令程序能够依据不同的条件执行不同的功能。这在我们之前提到的使用阶梯法测量被试的感觉阈限等情境下就会经常用到。在 MATLAB 中，if 条件语句通常和 else，elseif，end 等关键字一起使用。常见的 if 条件语句的程序结构如下所示：

```
if expression1
    statement1
elseif expression2
    statement2
elseif expression3
    statement3
else
    statement4
end
```

在上述语句结构中，不同的 expression 表示判断的条件，不同的 statement 表示需要执行的语句。当使用 if 语句控制流程的时候，MATLAB 会从上往下依次判断每个条件。例如,MATLAB 会首先判断 expression1 是否为真,如果 expression1 是真的话,那么进入该条件并且执行相应的 statement1,并且在执行完后结束该条件语句(即一旦执行了 statement1,就不再判断其他的 expression);如果 expression1 是假的话,那么不进入该条件,继续判断 expression2 是否为真,并且依据判断结果类似地向下执行。

若判断所有的 expression 都为假,就执行 else 语句下的 statement4。下面我们通过一个简单的例子来了解 if 条件语句。

问题:y 是一个关于 x 的函数,它的表达式如下。

要求编写程序实现该函数的功能。

$$y = \begin{cases} x^2 & x > 3 \\ x & 3 \geqslant x \geqslant 2 \\ x-3 & x < 2 \end{cases}$$

从以上的问题中我们可以看出,y 的取值依据 x 的取值范围而变化。我们可以通过判断 x 的取值情况,来依次计算 y 的取值。if 语句正好适用于这样的判断条件。我们可以编写一个函数 If_Example 来实现这个功能,具体如下所示:

```
function y = If_Example(x)
    if x > 3
        y = x^2;
    elseif x <= 3 && x >= 2
        y = x;
    else
        y = x - 3;
    end
```

我们观察上面的函数,可以发现它通过 if 语句将三个条件分开独立判断,并且根据不同的条件执行不同的功能。读者可以在 MATLAB 中尝试编写和运行上述函数。更重要的是,上述看似简单的程序可以直接应用到心理学实验中。例如当我们统计被试在某个量表上的得分,并且需要对不同程度的得分进行编码以方便后续分析的时候,就可以套用上述 if 条件语句的结构,从而大大提升效率。在后续的章节中,读者可以结合心理学实验的思路,思考不同的程序结构在心理学实验中的应用,从而帮助自己更加深入地理解这些程序结构及其应用。

在使用 if 条件语句进行流程控制的时候,我们需要注意以下几个问题:

(1)并非所有的 if 条件语句都需要像上述程序结构那样复杂。如果只需要判断一个或两个条件的话,用户可以仅仅使用 if...end 的结构或者 if...else...end 的结构。例如在上面的程序中,如果我们想要在 x 的取值为 0 的时候输出一句话"The value of x is zero!",那么就可以在程序的开始加一个简单的 if 语句实现这个功能,具体如下:

```
function y = If_Example(x)
    if x == 0
        disp(' The value of x is zero! ');
    end
    if x > 3
        y = x^2;
    elseif x <= 3 && x >= 2
        y = x;
    else
        y = x - 3;
    end
```

（2）在 if 条件语句中，expression 应该是可以被 MATLAB 识别的判断条件。在某些情况下，出于平时的书写习惯，我们可能将一些常见的数学表达式作为判断条件置于 if 语句中，但这些判断条件未必能够被 MATLAB 认可。在上面的程序中，我们需要判断 x 的取值是否等于零。按照常规的数学表达式，判断的条件应该是"x＝0"。但是有过编程经验的读者应该都知道，在编程语言里，等号"＝"的意思是赋值，双等号"=="的意思才是数学表达式里的"等于"。所以上面判断的条件是"x＝＝0"。这也是初学者在编程的时候经常容易疏忽的地方。类似的，我们在下面给出一段错误的程序，读者可以看看程序究竟哪里出现了问题。

```
function y = If_Example(x)
    if x == 0
        disp(' The value of x is zero! ');
    end
    if x > 3
        y = x^2;
    elseif 3 >= x >= 2
        y = x;
    else
        y = x - 3;
    end
```

运行上述程序，我们发现当 x 的值是 2.5 的时候，程序运算的结果和正确的结果不一致，具体如图 3.1 所示。

通过图 3.1 的结果我们可以注意到，当 x 的取值位于 2 到 3 之间时，正确的 y 值应该和 x 值相等。但是 MATLAB 计算的结果却不是这样。这说明程序在判断这一条件时出现了错误。我们仔细观察可以发现，此时的判断条件为"3 >= x >= 2"，这是一个在数学上正确的表达式，但是在 MATLAB 里的意思却和数学表达式不同。结合第二章我们学习的运算符顺序的知识，在 MATLAB 中，这个表达式会首先判断"3 >=

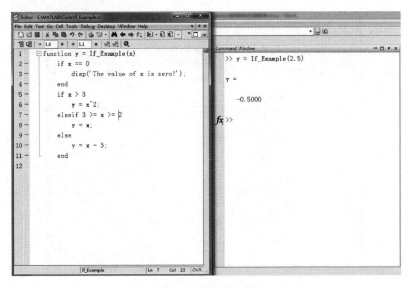

图 3.1 出现错误结果的程序

"x",再将这一判断的结果(即 0 或 1)与 2 进行判断大小的比较,这显然和题目本身的意思相悖。所以在进行这种多重判断的时候,我们需要采用逻辑运算符。例如在本题中,由于我们需要同时判断"x <= 3"和"x >= 2",所以可以采用逻辑运算符与"&&",将判断条件写成"x <= 3 && x >= 2",具体可以参见最开始正确的程序。

(3) 在编写程序的时候需要注意,每一个 if 条件语句都需要以 end 结尾。在本节中我们将要介绍的其他程序结构也都需要以 end 结尾。这是 MATLAB 的程序结构区别于其他编程语言的地方,也是初学者最容易犯错的地方。不过幸运的是,MATLAB 的编辑器会提示你是否漏写了 end。例如,我们在图 3.1 的程序中删掉第一个 if 语句结尾处的 end(第 4 行),具体如图 3.2 所示。

从图 3.2 我们可以看到,当某个 if 语句缺少了 end 结尾后,会在相应的 if 下面出现红色的波浪线,提示用户这一段程序可能有问题。同时,将鼠标移动到红色波浪线附近,我们也可以发现,MATLAB 会出现一行提示,提示用户可能缺少 end。所以我们强烈建议用户在写完程序后,仔细检查程序中是否有红色波浪线提示的系统错误(这也是我们在第二章程序调试环节所强调的内容),并且及时修正,逐步培养正确编程习惯,这将有助于用户提升编程效率。

(4) if 条件语句支持嵌套,即我们可以在一个 if 条件语句后的 statement 里再写一个 if 条件语句。只是需要注意的是,这个嵌套在内部的条件语句也需要以另一个 end 结尾,这也正是(3)中强调的内容。嵌套结构可以帮助我们根据实际情况进行多重判断,这对于编写实验程序也是非常重要的。我们来看下面的问题。

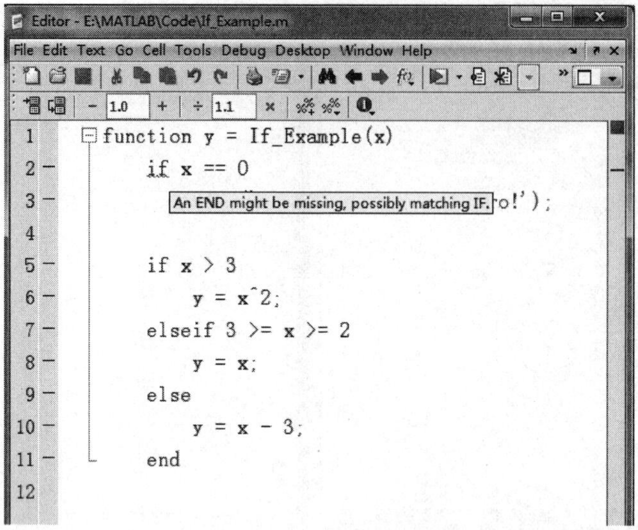

```
1   function y = If_Example(x)
2       if x == 0
3           [An END might be missing, possibly matching IF.o!');
4   
5       if x > 3
6           y = x^2;
7       elseif 3 >= x >= 2
8           y = x;
9       else
10          y = x - 3;
11      end
12
```

图3.2 出现了 if 语句错误提示的程序

问题:现在有一组矩阵 Result 记录了被试的性别(1代表男,0代表女)和其在某量表上的得分。要求编写一个函数对被试的得分进行编码,函数的输入为被试的性别和得分,输出为编码结果。如果被试的性别为男,当被试的得分大于60的时候,编码结果记录为1,否则编码结果记录为0;如果被试的性别为女,当被试的得分大于40的时候,编码结果记录为3,否则编码结果记录为2。

上面的问题就是一个典型的可以利用嵌套结构结合 if 语句的实例。该问题面临两个判断条件:① 男或女;② 得分高或低。并且第二个判断条件是建立在一个判断条件的基础之上。所以我们可以通过编写两个 if 结构来分别对这两个条件进行判断,并且将后一个 if 结构置于前一个 if 结构内。我们编写一个 NestedIf.m 函数文件,将输入变量定义为 gender 和 score 分别用于表示性别和量表得分,输出变量定义为 code 用于记录编码结果,最终的程序如下所示:

```
function code = NestedIf (gender, score)
    if gender == 1
        if score > 60
            code = 1;
        else
            code = 0;
        end
    elseif gender == 0
        if score > 40
```

```
            code = 3;
        else
            code = 2;
        end
    end
```

从上面的程序可以看出,我们分别在判断 gender 的 if 语句内部和 elseif 语句内部各添加了一个 if 结构,用于判断被试的得分。在面对嵌套结构的时候,经常会集中出现多个 end,所以一定需要对程序进行仔细的检查,确保每一个 if 结构都以 end 收尾。

3.1.2 switch 条件语句

在上一小节中我们介绍了 MATLAB 中最常用的条件语句:if 语句。事实上 MATLAB 还提供了另一种用于条件判断的程序结构,那就是 switch 条件语句。当我们在心理学实验中需要根据不同的类型独立执行相应内容的时候,可以通过 switch 条件语句实现。在 MATLAB 中,switch 条件语句通常和 case,otherwise,end 等关键字一起使用。常见的 switch 条件语句的程序结构如下所示:

```
switch switch_expr
    case case_expr1
        statement,…, statement
    case {case_expr2, case_expr3, case_expr4,…}
        statement,…, statement
    …
    otherwise
        statement,…, statement
end
```

在上述语句结构中,switch_expr 代表一个变量或一个表达式,不同的 case_expr 表示这个变量或者表达式可能的取值或者结果,不同的 statement 表示需要执行的语句。当使用 switch 语句控制流程的时候,MATLAB 会逐一对每个 case 进行判断,判断 switch_expr 是否符合当前的 case_expr。例如,在上述程序结构中,MATLAB 会首先判断 switch_expr 是否符合第一个 case 下的 case_expr1:如果 switch_expr 符合 case_expr1,则进入该分支,并且执行该分支下相应的 statement。与 if 语句不同的是,当执行完某个 case 下的 statement 后,MATLAB 不会结束判断跳出 switch 结构,而是继续往下进行判断。如果 switch_expr 不符合 case_expr1,则程序会判断下一个 case,即判断 switch_expr 是否符合 case_expr2,case_expr3 或 case_expr4 中的任何一个。一旦符合,则进入该分支,并且执行该分支下相应的 statement。如果 switch_expr 不符合任何 case_expr,则看程序结构中是否出现关键字 otherwise,如果出现 otherwise,则执行 otherwise 内部的 statement,并且在执行完之后结束判断,跳出 switch 结构。

下面我们通过一个简单的例子来了解 switch 判断语句。

问题：现在收集到一批数据，里面包括被试的教育程度（分别用 1、2 和 3 代表不同的学历水平）和性别（用 Male 和 Female 代表男性和女性）。现在需要对教育程度和性别进行编码。如果教育程度为 1，则编码取值 100；如果教育程度为 2，则编码取值 110；如果教育程度为 3，则编码取值 111。如果性别为 Male，则编码取值为 1；如果性别为 Female，则编码取值为 2。在进行这两组编码的时候，如果被试填写的数据不是上述数值或字符（即教育程度不是 1、2 或 3，性别不是 Male 或 Female），则统一编码为 0。要求编写一个函数实现上述编码功能。

从以上的问题中我们可以看出，编码的取值根据教育程度的不同以及性别的不同分别取不同的值。并且教育程度和性别都是离散型的变量，非常适合通过 switch 语句结构进行编写。因此，我们可以编写一个 Switch_Example.m 的函数文件实现上述功能。为了对两个变量进行编码，我们将编写两个 switch 结构完成编码的功能。函数的输入包括两个变量：education 和 gender，分别用来表示教育程度和性别。函数的输出同样包括两个变量：education_code 和 gender_code，分别用来表示教育程度和性别编码后的结果。进行上述简单分析后，我们编写程序如下所示：

```
function [education_code gender_code] = Switch_Example(education,gender)
    switch education
        case 1
            education_code = 100;
        case 2
            education_code = 110;
        case 3
            education_code = 111;
        otherwise
            education_code = 0;
    end
    switch gender
        case 'Male'
            gender_code = 1;
        case 'Female'
            gender_code = 2;
        otherwise
            gender_code = 0;
    end
```

我们观察上面的函数，可以发现 switch 函数不仅能够针对数值型的变量进行判断，同时还能对字符型的变量进行判断（当然，if 条件结构也可以完成这一功能）。上述的例子就是一个非常典型的利用条件语句来对心理学实验结果进行处理的例子。实际上，switch 条件结构还能够运用在很多场合，例如当我们需要根据不同的条件将实验刺激呈现在屏幕的不同区域时,我们就可以采用 switch 结构进行相应的处理,读者也可以根据自己的专业背景,来设计可以将 switch 结构加以应用的程序,用以解决实际问题。

在使用 switch 条件语句进行流程控制的时候,我们需要注意以下几个方面:

(1) switch 条件语句一般适用于处理判断条件为离散的情况。正如我们在 switch 语句的程序结构中所看到的那样,switch 语句实际上是将 switch_expr 和 case_expr 进行比较,如果两者相符合才能够进入相应的 case。如果是连续型变量的话,我们是很难用 switch_expr 和 case _expr 表示一个区间的。例如,我们尝试将之前介绍 if 语句时的第一个问题用 switch 结构进行编写,具体如下所示:

```
function y = Switch_Error(x)
    switch x
        case x > 3
            y = x^2;
        case 3 >= x && x >= 2
            y = x;
        otherwise
            y = x - 3;
    end
```

当我们尝试在 MATLAB 中运行该程序的时候,会发现由于有关键字 otherwise 的存在,因而无论输入什么,最终都会执行 otherwise 下的语句,如图 3.3 所示。

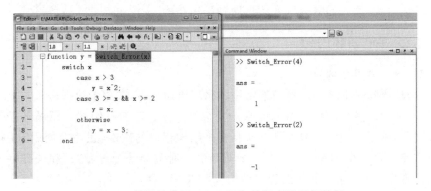

图 3.3　错误地使用 switch 语句的程序及运行结果

其实仔细分析上述程序我们可以发现,在第一个 case 中(第三行),对应的 case_expr 实际上是"x > 3"这个表达式,因而它所计算出的结果应该是一个逻辑型的变量。所以该 case 的判断条件并非是判断 x 是否大于 3,而是判断表达式"x>3"的逻辑值是否等于 x(即是否等于 switch_expr),因而自然会产生如图 3.3 所示的判断错误。所以在使用 switch 条件语句的时候,不要想当然地将 if 条件语句的模式套用到 switch 条件语句上,要根据实际情况具体地处理问题。

(2)在上述例子中,我们给读者演示了 switch 语句可以根据不同的条件执行相应的数值编码的功能。然而实际上,正如我们在 if 条件语句里所演示的那样,switch 语句实际上可以根据不同的条件执行多种功能,例如在命令窗口内呈现文本、进行相应的字符操作等。与 if 语句一样,它同样支持嵌套结构。当然,每一个 switch 语句也都必须以 end 结尾,所以在编写完程序后请务必对这一环节加以检查。

3.2 循环语句

编程语言中常见的结构除了条件语句以外,还包括循环语句。循环语句的作用是能够反复执行结构类似的命令,从而帮助我们提升编程效率。在心理学实验中,循环语句也可以被应用在很多地方,一个最经典的应用就是完成实验流程的编写。有心理学实验基础的读者都应该了解,一组心理学实验通常会包括多个试次,这些试次在刺激的呈现、对被试反应的要求上都基本类似。因此,如果为每个试次独立编写一段代码加以执行,则会存在大量重复的工作。相反,如果从循环语句的特点出发,将多个试次整合在一个循环语句的结构中,则只需要编写代码量相当于一个试次的代码就可以完成整组实验工作。因此,了解循环语句并且熟练地加以应用,能够帮助我们在今后通过 MATLAB 编写心理学实验的时候事半功倍。在常见的编程语言中,循环语句的形式包括两种,for 循环语句和 while 循环语句。这两种循环语句同样也是 MATLAB 中常见的循环语句,下面我们将分别介绍这两种程序结构。

3.2.1 for 循环语句

3.2.1.1 常见结构

for 循环语句是 MATLAB 中最常用的循环语句之一,被用于执行多条重复或者相似的指令,从而以较少的代码量完成原先复杂的工作。正如我们在介绍循环语句的时候所提到的,由于心理学实验通常会包括多个结构相似的试次,正适合使用 for 循环语句编写实验流程。在 MATLAB 中,for 循环语句通常会结合冒号":"和关键字 end 一起使用。常见的 for 循环语句的程序结构包括以下三种:

```
for variable = StartValue : EndValue
    statement1
    statement2
    ...
end

for variable = StartValue : step : EndValue
    statement1
```

```
        statement2
        ...
    end

    for variable = Array
        statement1
        statement2
        ...
    end
```

观察以上程序结构我们可以发现,在这三种 for 循环结构中,不同的只是第一行等号后面的表达式。实际上,在上文三种结构中,等号后方的表达式只是用来控制循环的结构,即什么时候开始循环,什么时候结束循环,每次循环的步长是多少等问题。我们针对上述程序结构逐个进行分析。

(1) 第一种是最简单的 for 循环结构,它指的是当变量 variable 从取值为 StartValue 的时候开始进行循环,并且运行 for 循环结构内部的 statement1,statement2 等语句。每次循环后 variable 的值都加 1(相当于第二种结构内的步长 step 的取值为 1),直到 variable 的取值变成 EndValue 的时候终止循环。下面是一个简单的例子:

```
x = zeros(10,1);
for i = 1 : 10
    x(i) = i^2;
end
```

上面一段程序相当于生成了一个列向量,列向量的每个元素都是所在行数的平方。通过以上的示例我们可以看到,for 循环的存在可以使我们方便地操作某个变量(如 i),并且在每次循环中利用该变量进行相关操作。

(2) 第二种 for 循环结构指的是当变量 variable 从取值为 StartValue 的时候开始进行循环,并且运行 for 循环结构内部的 statement1,statement2 等语句。每次循环后 variable 的值都加 step,直到 variable 的取值等于 EndValue 的时候终止循环。下面是一个简单的例子:

```
y = zeros(1,6);
index = 1;
for i = 0 : 2 : 10
    y(index) = sqrt(i);
    index = index + 1;
end
```

在上面的程序中,我们生成了一个行向量,行向量的每个元素都是所在列数的开方。我们可以看到,由于步长的存在,循环中的变量 i 并非每次增加 1,而是增加步长。需要注意的是,此时我们不能再像上一段程序那样,将 i 作为行向量的索引,因为此时 i

的取值分别为 0,2,4 等值。所以在这段程序中,为了逐个定义行向量中的元素,我们新定义了一个变量 index,它的初始值为 1,且每次循环增加 1,可以直接用来作为定义行向量的索引。这也是在循环语句中常见的定义方法。

(3) 第三种 for 循环结构中的 Array 相当于一个一维数组(即行向量),循环的时候,变量 variable 的取值会遍历该数组中的每一个元素,每赋一个值的时候就开始进行循环,并且运行 for 循环结构内部的 statement1,statement2 等语句。遍历结束后循环终止。下面是一个简单的例子,我们利用上一段程序中生成的行向量 y:

```
z = zeros(1,6);
index = 1;
for i = y'
    z(index) = i^2;
    index = index + 1;
end
```

在上面的程序中,我们利用了第二段程序中的列向量 y,将其通过转置变成一个一维数组(注意,如果不进行转置直接用一个列向量作为循环的表达式是不允许的)。此时在 for 循环内,变量 i 会遍历 y'中的每一个元素,并且进行相应的计算。最终我们会生成一个行向量 z,其中元素的取值就是 y'中每个对应位置上元素的平方(即 z=[0,2,4,6,8,10])。

3.2.1.2 常见问题

以上我们介绍了 MATLAB 中常见的三种 for 循环的结构,在使用 for 循环进行实验程序编写的时候,我们也应该根据实际情况分别采用这三种结构。下面我们将重点介绍在使用 for 循环进行编程的时候可能遇到的问题,以帮助大家更加深入地了解 for 循环。

(1) 在 for 循环的第二种结构里,我们经常会遇到这样一个问题。例如循环中变量的初始值为 1,步长 2,终止值为 8,那么很容易就可以看出来,该变量按照这样的步长增长,永远无法等于终止值(变量永远为奇数,而终止值则是偶数)。那么这时候循环会如何变化呢?我们可以通过编写一个简单的小程序来回答这个问题,如下所示:

```
index = 1;
for i = 1 : 2 : 8
    i
    index = index + 1;
end
```

可以看出,上面程序中 i 的变化永远不可能达到 8,所以我们在每个循环中,让命令窗口输出 i 的值(即去掉 i 后面的分号),来观察循环的变化情况。结果如图 3.4 所示。从图 3.4 中我们可以看到,i 最终的取值是 7 而不是 8,这说明变量虽然会按照一定的步长增长,但只要增长到大于终止值的时候,循环就会终止。

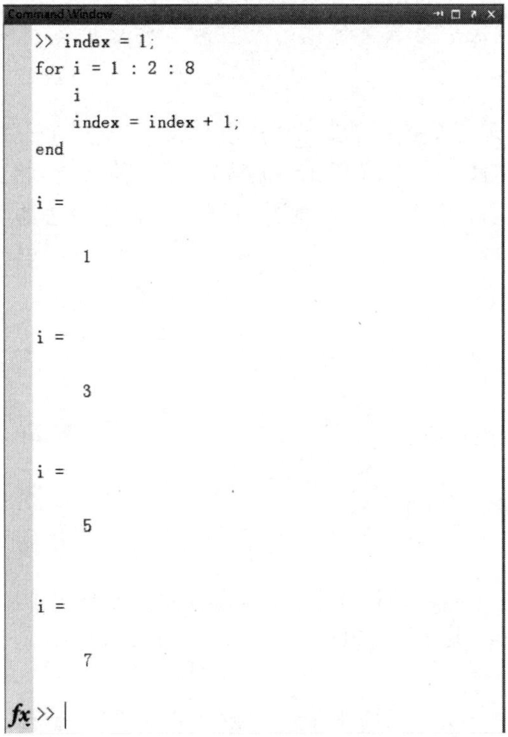

图 3.4 for 循环结果

类似的，for 循环中的步长也不一定非要是正数或者整数，例如下面的程序就是一个步长为负数的例子：

```
index = 1;
for i = 8.29 : -0.520 : 3.29
    i
    index = index + 1;
end
```

（2）在 for 循环的第三种结构里，变量会遍历一个一维向量内的所有元素取值。这里我们需要注意，该一维向量内的元素可以被拓展成字符或字符串（那么相应的，这个一维向量也就变成了一个一维元胞数组）。这一功能对于数据的处理非常有帮助。我们在进行实验数据记录的时候，往往会将被试的姓名作为文件名来保存结果。这时候如果想要批量地进行数据处理，我们可以通过 for 循环逐个读取文件，再统一进行处理。例如我们来解决下面这个问题：

问题：现在有 5 个文件，文件名分别是"cc.mat""pp.mat""glj.mat""lx.mat"

"cmy.mat"。每个文件中存储着一个变量名为 Result 的矩阵,矩阵的大小为 50×1。其中每一行代表一个试次中该试次被试的反应时。要求编写一段代码,分别计算 5 个被试的平均反应时。

我们可以发现,处理每个被试的数据的过程其实都是完全一致的,不同的是我们需要读取不同文件名的文件。可以采用 for 循环的第三种结构,将这五个文件名所包含的字符组成一个一维向量,并且逐个读取进行处理。具体写法如下:

```
clear all;
clc;

SubjectName = {'cc','pp','glj','lx','cmy'};
SubjectID = 1;
ReactionTime = zeros(5,1);

for CurrentName = SubjectName
    FileName = [CurrentName{1} '.mat'];
    load(FileName);
    ReactionTime(SubjectID) = mean(Result);
    SubjectID = SubjectID + 1;
end
```

在上面这段程序中,SubjectID 用于标记循环的次数(即进行了第几次循环,也就是处理到第几个被试的数据)。ReactionTime 用于保存每个被试的平均反应时。可以看到,当我们使用一个元胞数组 SubjectName 保存所有的被试名后,就可以方便地通过 for 循环进行读取。其中"FileName=[CurrentName{1} '.mat'];"用于生成需要读取的文件名,"load(FileName);"用于读取文件。当执行 load 函数后,文件中所包含的变量 Result 就会被读取到工作空间中,从而方便我们进行操作。

(3)和其他程序结构一样,for 循环同样也支持嵌套。即我们可以在一个 for 循环里再接一个 for 循环。这通常用来处理有多组数据都需要类似处理的情况。例如,我们可以将上面的问题稍加修改,变成一个新问题,来为大家介绍 for 循环的嵌套。

问题:现在有 5 个文件,文件名分别是"cc.mat""pp.mat""glj.mat""lx.mat""cmy.mat"。每个文件中存储着一个变量名为 Result 的矩阵,矩阵的大小为 50×2。其中每一行代表一个试次。第一列代表试次的类型(取值为 1 或 2),第二列代表某个试次中被试的反应时。要求编写一段代码,分别计算两类试次下所有被试的平均反应时。

分析这个问题我们可以发现,这次的数据处理多了一步操作,即我们需要根据试次的类型分开进行统计。这时候,我们可以再增加一个 for 循环,来逐个判断每个试次的类型,并分别统计不同类型的试次中被试的反应时。具体的程序如下所示:

```
clear all;
clc;
SubjectName = {'cc','pp','glj','lx','cmy'};
SubjectID = 1;
ReactionTime = zeros(5,2); %保存结果,每一行表示一个被试
for CurrentName = SubjectName
    FileName = [CurrentName{1} '.mat'];
    load(FileName);
    TrialType1 = 0; %某个被试完成第一种类型试次的数量
    TrialType2 = 0; %某个被试完成第二种类型试次的数量
    RTSum1 = 0; %某个被试第一种类型的试次中反应时总和
    RTSum2 = 0; %某个被试第二种类型的试次中反应时总和
    for i = 1 : 50
       if Result(i,1) == 1
         TrialType1 = TrialType1 + 1;
         RTSum1 = RTSum1 + Result(i,2);
       else
         TrialType2 = TrialType2 + 1;
         RTSum2 = RTSum2 + Result(i,2);
       end
       ReactionTime(SubjectID,1) = RTSum1 / TrialType1;
       ReactionTime(SubjectID,2) = RTSum2 / TrialType2;
    end
    SubjectID = SubjectID + 1;
end
```

从上述程序我们可以发现,使用了两个 for 循环,使得我们可以在处理单个被试数据的时候,逐个地针对每个试次的数据进行分析处理。这样的嵌套结构使得程序相对比较清晰,但是无疑中也增加了代码量。所以强烈建议读者在使用嵌套结构的时候,不要过多使用 for 循环的嵌套,否则会使程序的可读性大大降低,同时也会使编程的效率大幅降低,增加代码的运行时间。同时,一个不能被忽视的问题是,每一个 for 循环必须以 end 结尾,所以强烈建议读者每次在使用循环结构的时候,首先写好循环结构的头和尾(即 for 和 end),再编写循环内的代码。

虽然使用 for 循环可以帮助我们在编程的时候思路更加清晰,但是由于使用 for 循环的时候需要逐个调用矩阵中的元素,这将使代码复杂度大大增加。正如我们在第二章介绍 MATLAB 的特点时所提到的,这是一门建立在矩阵及其运算基础上的编程语言。所以很多时候,我们可以使用矩阵运算代替 for 循环,从而对代码进行简化,也能够提升代码的运行效率。下面我们简单举一个例子,带领大家初步体会这种思想("Thinking in Matrix")。

问题：定义一个 10×10 的魔方矩阵 A，并且求矩阵中所有元素的和（不可以使用 sum 函数进行求和）。

对于上述问题，最常规的做法是使用两个嵌套的 for 循环，对矩阵中的逐个元素进行求和。但是还有一种做法是，我们可以将矩阵 A 当作一个整体，思考一下如何通过矩阵的各种运算（如加减乘除），将 A 中元素的和计算出来。

稍加思考我们可以发现，矩阵的乘法完全可以实现这个功能，我们可以分别构造两个矩阵 m 和 n。第一个矩阵 m 的大小为 1×10，且元素值全为 1；第二个矩阵 n 的大小为 10×1，且元素值也全为 1。当我们将 m 矩阵和 A 矩阵相乘时，结果就是一个 1×10 的新矩阵，矩阵的每一列都是 A 矩阵中对应列所有元素的和。类似的，当我们将这个新的矩阵再和 n 相乘，就能够算出新矩阵所有元素的和。换句话说，当我们使用表达式 m×A×n 的时候，其实就相当于计算出了 A 矩阵所有元素的和。下面我们编程加以实现，并且进行比较。两段程序分别如下：

```
clear all;
clc;
% Algorithm 1
A = magic (10);
sum = 0;
for x = 1
   for y = 1
      sum = sum + A(x,y);
   end
end
```

```
clear all;
clc;
% Algorithm 2
A = magic (10);
sum = ones(1,10) * A * ones(10,1);
```

可以看出，右边算法的代码量明显少于左侧，原先使用了 6 行代码进行求和程序，在右边的算法中只需要 1 行代码就可以解决。这就是利用了矩阵运算的思想。大家可以在今后的实践中，尤其是在使用 for 循环的时候，多多思考如何通过矩阵运算对代码进行简化，从而更快捷地完成编程。

（4）在使用循环语句的时候，我们经常会用到两个常用的函数，break 和 continue。相信有过编程基础的读者对这两个函数不会感到陌生，它们可以帮助我们选择性地跳出循环，执行后续的内容。那么这两个函数有怎样的区别？我们通过一个简单的例子来进行介绍。具体程序如图 3.5 所示。这是一段循环数为 5 的程序，要求分别相应地在命令窗口输出"The number is 1"到"The number is 5"。但是在第三个循环的时候，使用 break 函数或者 continue 函数，我们来观察程序的变化。

我们可以发现，当使用 break 函数的时候，MATLAB 只执行了前两个循环中的命令。这意味着当执行 break 函数的时候，循环直接终止。所以 break 函数的功能在于

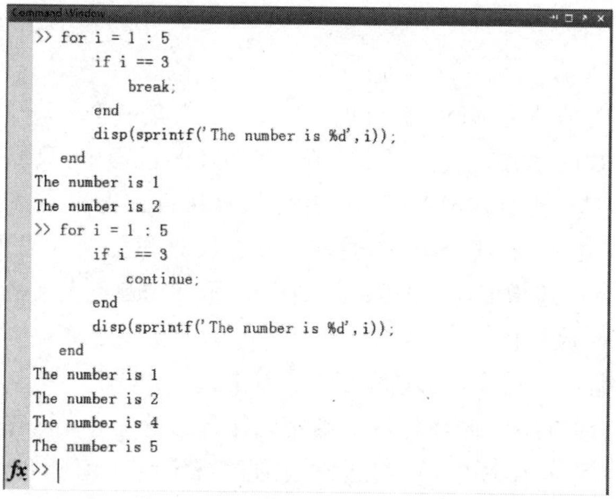
Command Window
>> for i = 1 : 5
if i == 3
break;
end
disp(sprintf('The number is %d', i));
end
The number is 1
The number is 2
>> for i = 1 : 5
if i == 3
continue;
end
disp(sprintf('The number is %d', i));
end
The number is 1
The number is 2
The number is 4
The number is 5
fx >>

图 3.5　break 函数和 continue 函数的区别

即跳出所有的循环，直接终止当前循环。而使用 continue 函数的时候，MATLAB 则跳过了第三个循环中的命令。这意味着当执行 continue 函数的时候，当前循环中止，但不影响后面循环的执行。熟练使用这两个函数可以帮助我们处理很多需要及时控制循环终止与否的程序，我们会在后续的章节中对这两个函数的应用做进一步介绍。

3.2.2　while 循环语句

while 循环语句也是 MATLAB 中常用的循环语句。同 for 循环语句一样，while 循环也能够以循环的形式执行相同的代码，它同样也可以被用于心理学实验流程的编写。在 MATLAB 中，while 循环语句通常会结合关键字 end 一起使用。常见的 while 循环语句的程序结构如下：

```
while expression
    statement1
    statement2
    …
end
```

在 while 循环中，每进行一个循环，系统都会判断表达式 expression 的结果是否为真值。如果 expression 为真的话，那么执行该循环。否则，终止循环。下面我们通过一个简单的小程序演示一下 while 循环的使用方法。

```
x = zeros(10,1);
i = 0;
while i <= 10
```

```
    i = i + 1;
    x(i) = i^2;
end
```

上面是一个简单的使用 while 循环的程序,用于产生一个 10×1 的矩阵,矩阵中的元素等于其所在行数的平方。我们可以看到,在循环的过程中,只要变量 i 的值不大于 10(即表达式"i <= 10"为真),MATLAB 就会一直执行该循环。直到 i 的值不再满足该表达式(即 i 的取值为 11 时),while 循环终止。在这里需要注意的是,while 循环不会像 for 循环那样自动递增变量 i 的取值,需要在循环中自行控制变量 i 的变化,才能保证循环可以被正确地执行。

在使用 while 循环的时候,有以下几点需要注意:

(1) while 语句通常用于循环数目不确定的循环。这是 while 循环与 for 循环最大的区别所在。在一个 for 循环中,我们通常会通过规定终止值和步长来确定循环的数目,但是在现实情况中,很多时候我们并不能够确定循环的数目。例如我们通过阶梯法确定感觉阈限的时候,每当被试连续做对三个试次的时候,我们就降低当前刺激的强度。而每当被试做错一个试次的时候,我们就增加当前刺激的强度。直到刺激的强度在连续六个试次里出现连续交错的升高降低,我们才会终止实验。按照这样的实验要求,我们是没法确定需要经过多少个试次才能终止当前的实验。这个时候,就需要 while 循环来帮助我们完成这个程序的编写。为了实现这一目的,我们以下面的问题为例:

问题:定义一个取值范围在(2, 5)的随机变量 a,并且计算 a 需要进行多少次平方操作才会大于 100 000。编程解决这一问题。

分析上述问题我们可以发现,由于不知道 a 的取值,所以我们只能通过不停地将变量 a 进行平方操作,并且在每次平方操作的时候判断 a 和 100 000 的大小。因为我们反复进行的都是平方这一操作,而且我们并不知道循环的数目,这种情况非常适合使用 while 循环。具体编程如下:

```
a = rand * 3 + 2;
LoopNumber = 0;
while a <= 100000
    a = a^2;
    LoopNumber = LoopNumber + 1;
end
```

从上述代码中可以看出,因为我们需要在 a 的取值大于 100 000 的时候终止循环,所以循环的判断条件是"a <= 100000",这样才能保证循环的运行。这里出于对程序的简化,我们直接将变量 a 的平方值赋给 a,免去了重新定义新变量的麻烦。同时,注意程序的第一行我们定义变量 a 的取值的方法,这也是给某个变量赋一个在特定区间

内的随机值的常见方法。

（2）while 循环在心理学实验中一个非常经典的应用是用于等待按键反应。在实验中当刺激呈现完之后，通常会要求被试进行反应。由于不同被试的反应时会有差异，所以我们并不知道需要等待多久才能够记录到被试的反应。假设我们要求被试通过按鼠标进行反应，并且记录被试的反应时。那么为了实现该目的，我们首先介绍两个 PTB 工具箱里的函数：GetSecs 和 GetMouse。

GetSecs 函数用于记录系统的当前时间。直接运行该函数，MATLAB 就会返回系统的当前时间，如图 3.6 所示。

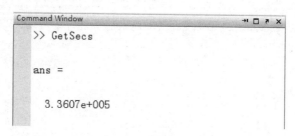

图 3.6 GetSecs 函数示例

GetMouse 函数用于记录鼠标的按键反应。每当运行该函数，MATLAB 就会检测鼠标是否有按键，以及按键时鼠标在屏幕中的位置。它的函数形式为：

>>[x,y,buttons]=GetMouse

其中变量 x 和 y 表示按鼠标时鼠标在屏幕上停留的位置，而 buttons 则是一个维度为 1×3 的矩阵，矩阵中的元素均为逻辑变量，分别表示鼠标的左键、中间键（即滚轮按键）和右键是否被按下。如果按下则取值为 1（真值），否则为 0（假值）。我们在命令窗口中输入该函数，并且按回车键演示其结果，如图 3.7 所示。

那么如何结合这两个函数来记录被试的反应呢？只运行一次 GetMouse 函数显然不能实现这个操作，因为它只会记录函数被运行时是否有按键，并不能保证始终监测被试的反应。为此，我们可以使用一个 while 循环，在循环内不停地运行 GetMouse 函数，来完成一段时间内对被试是否按键的监测。同时，为了保证循环可以被终止，我们在监测到按键后使用 break 函数跳出循环。下面我们介绍一段程序示例，为大家演示这一操作：

```
T1 = GetSecs;
buttons = 0;
while 1
    [x,y,buttons] = GetMouse;
    if sum(buttons) > 0
        T2 = GetSecs;
        disp(T2−T1);
```

```
          break；
       end
end
```

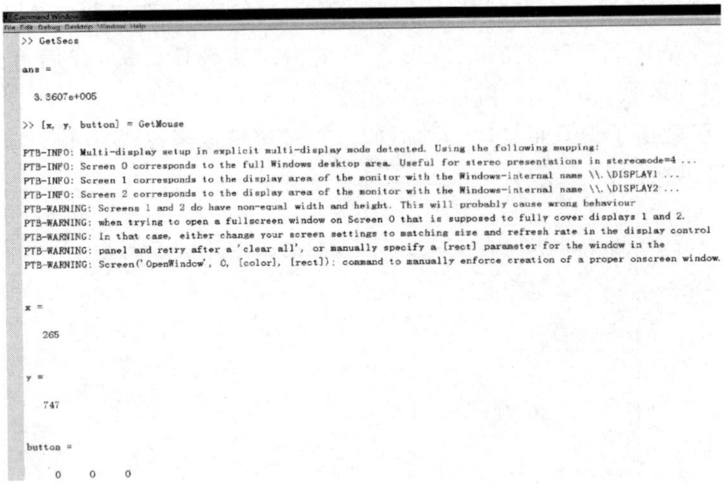

图 3.7　GetMouse 函数示例

在上述这段程序中，我们通过变量 T1 记录一个初始时间，并且用 T2 记录被试按键时的时间。这时候，我们就可以通过将这两个值相减计算出被试的反应时。更重要的是，我们设置了一个循环，该循环始终运行（因为循环的运行条件为 1，即永远都为真值），并且在循环内运行 GetMouse 函数。这样，每次运行循环的时候，我们都可以运行一次 GetMouse 函数。由于循环的时间非常短，所以可以保证 MATLAB 始终在监测被试的按键反应。一旦有按键发生（即"sum(buttons)＞0"），就使用 break 函数跳出循环，并且在命令窗口输出反应时。若我们运行该程序，并且不进行按键反应的话，MATLAB 的结果如图 3.8 所示。

我们可以从左下角注意到，MATLAB 已经处于 busy 状态，说明程序已经在运行，并且在反复进行 while 循环。当我们按下鼠标左键时，MATLAB 的状态如图 3.9 所示。

从图 3.9 中我们可以看到，此时由于我们已经按下鼠标进行了反应，所以 MATLAB 中程序已经停止了运行，且命令窗口中已经显示了被试的反应时。观察 Workspace，我们可以发现变量 x 和 y 都有了相应的取值，表示按键时鼠标的位置。同样，变量 buttons 也有了相应的取值，它的第一个元素取值变成了 1（真值），表示我们按的是鼠标左键。依据这样的方法，我们就完成了一次对被试按键反应的监测。在之后的章节中，我们还将详细介绍如何监测被试的反应并且加以记录，相信你也将越来越能体会到 while 循环在这其中扮演的重要作用。

在心理物理学极限法的应用中，往往测定一个感知量的阈限。可以用 while…end

3 MATLAB 程序结构和流程控制

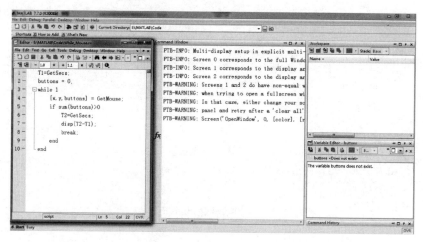

图 3.8 运行程序并且未进行按键时的 MATLAB 操作界面状态

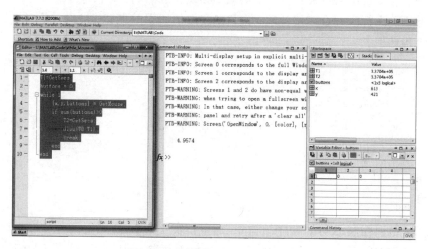

图 3.9 按键后 MATLAB 的状态

语句,用于试验次数不确定的场合。下例是测听觉阈限的一个应用。

  I=1；% 预设声音的强度
  d=0.5；% 声音持续时间 500 ms
  sf=14400；% 采样率
  f=500；% 频率
  t=linspace(0, d, sf * d);
  tone=sin(2 * pi * f * t)；% 设置声音
  % 以下用 sound 函数播放第一次声音
  sound(tone, sf);

```
answer=input(' Can you hear the tone? ');  % 键盘录入反应 1—听到;2—听不清楚

while answer==1  % 进入 while 循环
    I=I/2;  % 如果回答"听到",将声强减半
    sound(tone * I, sf);  % 播放声音
    answer=input(' Can you hear the tone? ');
end

fprintf(' The threshold is equal to %2.1f dB Fs\n', 20 * log10(I));
% 在命令窗口返回阈值(模拟值)
```

3.3 错误控制语句

MATLAB 中除了其他编程语言中常见的条件语句和循环语句外,还提供了错误控制语句。当主程序运行发生错误的时候,可以使用错误控制语句对错误进行处理,方便程序的正确运行或者及时终止。MATLAB 中的错误控制语句为 try…catch,常见的程序结构如下:

```
try
    statement1
    statement2
    …
catch
    statement3
    statement4
    …
end
```

在 try 错误控制语句的程序结构中,通常情况下,MATLAB 只会运行关键字 try 和 catch 中间的命令,即 statement1,statement2 等语句。但是一旦运行这些程序的时候发生了错误,那么 MATLAB 就会执行关键字 catch 和 end 中间的语句。下面我们通过一个小程序为大家演示 try 错误控制语句。

```
try
    a = zeros(1,10);
    for i=0:10
        a(i)=i;
    end
catch
    disp(' Error! ');
end
```

在上述程序中，关键字 try 和 catch 之间的程序是有错误的。程序的第三行 for 循环中 i 的初始值为 0，然而 0 不能作为矩阵的索引（即运行"a(i)=i"的时候会发生错误）。此时当我们运行该程序，就会发现 MATLAB 并没有报错，而是直接输出了"Error!"，即相当于执行了关键字 catch 和 end 中的指令。这样的话，我们就可以通过判断 MATLAB 是否执行了 catch 后的指令，来判断程序是否存在错误。

由于 MATLAB 本身会在程序出错的时候终止程序，并且在命令窗口显示错误，所以有读者可能认为 try 错误控制语句无用。但是在视觉的心理物理学实验中，由于呈现刺激的需要，MATLAB 会通过 Screen 函数打开一个覆盖全屏的窗口，并在该窗口内呈现视觉刺激。此时一旦程序出现错误，虽然 MATLAB 会终止运行，但是该全屏窗口无法关闭，使得我们无法操作 MATLAB 或者其他的程序。强行关闭 MATLAB 的方法虽然能令系统恢复正常，但我们无法看到程序报错的指令。如果使用了 try 错误控制语句，我们就可以让 MATLAB 在出现错误的时候自动关闭呈现刺激的界面，并且也可以观察到错误控制的指令，方便我们进行修改。为了演示这一功能，我们将结合后续章节涉及的 PTB 中的函数进行介绍。首先，我们给出一个正确的程序，如下所示：

```
clear all;
clc;
Screen('Preference', 'SkipSyncTests', 1);
[w, rect] = Screen('OpenWindow', 0, [255 0 0]);
T1=GetSecs;
buttons = 0;
while 1
    [x,y,buttons] = GetMouse;
    if sum(buttons)>0
      T2=GetSecs;
      disp(T2-T1);
      Screen('CloseAll');
      break;
    end
end
```

在上面这段程序中，我们利用 PTB 里的若干函数，打开了一个全屏大小的红色界面，并且只要点击鼠标，就会关掉界面，结束程序（很明显可以看出，在程序的后半段我们使用的是在介绍 while 语句的时候使用过的按键反应的程序）。这是一个没有错误的程序。但是，如果我们在程序中人为地制造一些错误，例如将 disp 函数误写为"dis"，那么此时运行该程序，就会发现屏幕始终停留在全红的界面上。这时，作为用户既看不到程序报错，也无法操作 MATLAB。读者可以自行模拟该错误。

为了防止出现上述情况，我们使用 try 错误控制语句，令主程序出错时，我们可以及时关闭红色界面，并且反馈错误信息。具体程序如下所示：

```
try
    clear all;
    clc;
    Screen('Preference','SkipSyncTests',1);
    [w,rect] = Screen('OpenWindow',0,[255 0 0]);
    T1=GetSecs;
    buttons = 0;
    while 1
        [x,y,buttons] = GetMouse;
        if sum(buttons)>0
            T2=GetSecs;
            dis(T2-T1);
            Screen('CloseAll');
            break;
        end
    end
catch
    Screen('CloseAll'); % 关闭当前窗口
    Priority(0);
    ShowCursor;
    psychrethrow(lasterror); % 输出错误信息
end
```

注意此时 disp 函数被我们修改成错误的"dis"。但是由于在 catch 后添加了关闭当前屏幕和输出错误信息的语句,所以即使程序出错,我们仍然可以在命令窗口中看到哪里报错,并且对 MATLAB 进行操作。

由上述例子可以看出,try 错误控制语句在心理物理学实验中有着非常重要的作用,在本章里我们仅仅对其做一个简单的介绍,大家可以通过后续章节的学习,继续深入了解 try 错误控制语句,并且在自己编写实验程序的时候加以应用。

作业和思考题

1. 执行函数并思考为何出现相应的、不同的运行结果。

```
function [mea,varargout]=Question1(x,varargin)
    disp(sprintf('Number of input: %d',nargin));
    disp(sprintf('Number of output: %d',nargout));
    i=logical(ones(size(x)));
    if nargin==2
        i=logical(varargin{1});
    end
    Nelem=sum(i);
    mea=sum(x(i))/Nelem;
    if nargout==2
```

```
        varargout{1}=sum(x(i).^2)/Nelem;
    end
```

(1) 已知 a=1:10；b=[1,0,1,0,1,1,0,0,0,1]；c=[1,2,5,8]，执行 m=Question1(a)；
(2) m=Question1(a, b)；
(3) [m,v]=Question1(a, b)；
(4) m=Question1(a, b, c)；
(5) [m,v,twi]=Question1(a, b)。

2. 在网站中下载第三章电子文档 scores.txt，该文件是某班的考试成绩，每行第一列是成绩，第二列是性别(0=女,1=男)。请将该数据导入 MALTAB 中(提示：importdata 函数)，对男女同学分别按成绩分组，分成优秀(>85 分)，良好(70~85 分)，及格(60~69 分)，不及格(<60 分)，统计每组人数，形成一个 4×2 的矩阵，并据此画出分布条形图，把整个过程用的命令保存到 Question2.m 脚本中。

3. 分别用矩阵和循环的方法，写两个构造拉丁方矩阵的函数(LatinSq1.m 和 LatinSq2.m)。要求每次调用时生成的结果随机。

提示：拉丁方是指在一个 n×n 的矩阵中，1~n 中的每个数在每一行、每一列都出现且仅出现一次。显然对于 n>1，这样的矩阵都不止一种。本题要求编写的函数应当接受 1 个参数 n，即矩阵的大小；输出一个 n×n 的拉丁方阵，且每次调用的时候结果随机(也就是在所有可能的拉丁方阵里随机输出一个)。一个生成随机拉丁方的思路是，先生成一个最简单的 n×n 的拉丁方(第一行：1 2 .. n-1 n；第二行：2 3 .. n 1；第三行：3 4 .. 1 2；......；最后一行：n 1 2 .. n-1)，然后通过整行和整列随机交换的方式生成一个随机的拉丁方。所谓用循环的方法，就是通过 for 或 while 循环，对方阵中的每个元素赋值(逐个、逐行或逐列均可)；而矩阵的方法是尽量通过利用矩阵的操作而不是循环来生成拉丁方。事实上，完全不用循环也可以生成拉丁方(例如让第一行是 1:n，其他行中的其他元素均为 1，然后用 cumsum 函数累加后，用 mod 对 n 取余数，就可以生成一个基本的拉丁方；也可以通过对 magic 函数产生的幻方取余数得到，但后者只对 n 为奇数时有效)，但这些方法已经超出了本次练习的内容。所以完成作业时，两种方法只要不完全相同，且至少有一个利用了对矩阵的操作就可以。

4. 设计一个函数(Question4.m)，这个函数接受一个向量作为输入，将这个向量里面所有连续 3 个(或以上)相同的数字都改为 0，作为函数的输出。

5. 设计一个计算器程序(mycalculator.m)，运行后提示用户输入算式，然后计算结果并显示，直到用户输入"bye"或空行时退出程序。如果用户输入的算式 MATLAB 无法计算，则显示"Invalid input"。

4

利用 PSYCHTOOLBOX 生成视觉刺激

预备知识
- 程序结构和流程控制
- 心理物理学实验中的组间、组内设计及随机化知识

本章要点
- 用 MATLAB 生成图形刺激
- 视角的概念和计算
- imagesc,colormap 的使用
- 窗口化与制作 mask(滤波)的程序
- 显示器的原理与帧频
- PSYCHTOOLBOX 与双缓冲器
- Screen 函数的使用

4.1 图像基础知识和 MATLAB 描述

宇宙中充斥着各种电磁波,从伽马射线、X射线、紫外线、可见光、红外线到微波和无线电波(图 4.1)。我们是通过其中一部分电磁波段看见这个世界的。在使用 MATLAB 编写视觉刺激之前,我们先了解视觉的原理。其实,不同物种看见的世界是不一样的。比如有的动物是色盲,某些鸟类能看见紫外线,某些蛇类能看见红外线,原始的眼睛只能看见亮度,看不见颜色。甚至不同人之间,由于眼睛内视锥、视杆细胞的组成不同,看见的世界也是不同的。

简单地看,眼睛与照相机的工作原理类似。比较完整的视觉信号加工过程是:可见光波段的光子直接或通过其他物体表面反射,穿过眼角膜时进行第一次折射,经过瞳孔,再经过晶状体进行第二次折射,再经过玻璃体,最后投射到视网膜上的视锥细胞和视杆细胞,经过一系列生化反应,变成视锥、视杆细胞的梯度电位,在无长突细胞、水平细胞的参与作用下,经过双极细胞的整合,到达神经节细胞。再经由神经节细胞从视盲点的位置穿出,经过视交叉,大部分投射到外侧膝状体,小部分投射到上丘、丘脑后结节

4 利用 PSYCHTOOLBOX 生成视觉刺激

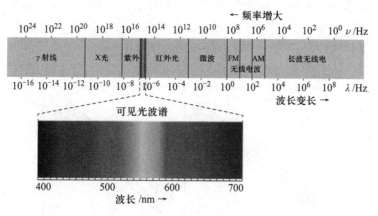

图 4.1 电磁波谱

等神经核团,再由这些神经核团投射到大脑皮层。大脑皮层再进行复杂的运算。

人类的视觉过程用到很多策略,视网膜的神经节细胞和外侧膝状体中的神经元的感受野有 on-off 和 off-on 两种类型*(图 4.2),对于 on-off 类型的神经元,当眼睛盯着图 4.2(a)右下角的"+"时,在左上角出现一个中间亮四周暗的图案,能够最大限度地激活对应位置的这类神经元。同理,如果这个神经元是图 4.2(b)所示的 off-on 型神经元,那么中间暗四周亮的图案能最大限度地激活这类神经元。不同神经元的感受野位置不一样,类型不一样,大小也不一样,因此感受野的形状也不一定都是正圆形。这两种神经元分别对一个亮点或一个暗点敏感,而线是由点组成的,所以,在这些神经元的下游神经元——初级视觉皮层(V1)上,存在感受野对线段型刺激敏感的神经元(图 4.3)。初级视觉皮层的神经元接收来自外侧膝状体的信号,选择性地接收不同空间位

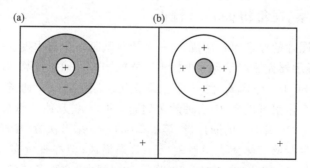

图 4.2 某视网膜神经节细胞的感受野

---

* on 区域是指,当该区域中的亮度越大时,神经元的激活越强;off 区域与之相反,该区域中亮度越大,神经元的活动受到的抑制越强。on-off 型神经元的中心是 on 区域,外周是 off 区域。

置的 on-off 或者 off-on 神经元感受野信号,可以组合成不同位置不同朝向的线段型感受野。图 4.3(a)表示,不同空间位置的 on-off 神经元可以组合成一个对 45°朝向敏感的线段型感受野神经元,等价于图 4.3(b)的感受野。

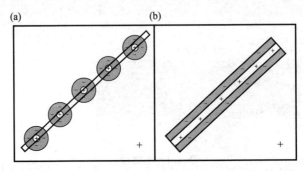

图 4.3　由 on-off 感受野神经元组成线段型感受野示意图

到这里,大家可能会推测,既然点能组合成线,那么点肯定也可以组合成任意图案。比如面孔、房子、汽车等,就像 LCD 显示器一样。如果我们顺着视觉通路往下游探索,是否会找到能够对面孔、汽车、房子等做出特异性反应的神经元?这种特异性反应的神经元确实找到了,比如在梭状回面孔区(FFA)找到对人类面孔特异性反应的神经元,在海马旁回(PPA)找到对房子特异性反应的神经元,但并不是像大家推测的那样,仅仅是简单地由点或线组成图案。因为我们认识很多人,可辨认的面孔很多,更重要的是,对于某个熟识的人,无论是正脸还是侧脸,无论他身处何处、周围环境如何,甚至戴着口罩或做着鬼脸,我们都可以认出他。大脑可以用最简单的策略穷举,而这种策略在面对更大、更复杂的客体集合时,显然就不合适了。

4.1.1　像素、视角和 gamma 校正

显示器呈现图片的像素间相互独立,一个像素就是一个自由度、一个维度。一个有意思的问题是,显示器究竟能呈现多少幅不一样的图像?通过计算,在 1024×768 的分辨率下,一共有 786 432 个像素,由于每个像素有红、绿、蓝三个通道,每个通道有 256 种亮度,这样,每个像素可以有 256^3 种颜色组合,约 1600 万种。那么这个显示器能够显示 $(16\,000\,000)^{786432}$ 幅不同的图片,约等于 10 的 500 多万次方,接近于无穷大。

视觉呈现的目标的实际大小用像素(pixel)来描述,但在视觉实验中,常用的单位是视角(°),这两者如何换算呢?如图 4.4 所示,被试眼睛到屏幕的距离为 d,刺激长度是 l,视角是 θ,则 $\tan(\theta)=l/d$,写成 MATLAB 语句就是"tand(θ)=l/d",则"θ=atand(l/d)"。假设屏幕的分辨率为 1024×768,如果我们测得屏幕的宽为 40 cm,可以得出每厘米的长度中有 1024/40=25.6 个像素。在学术论文写作中,报告刺激大小时往往用的是视角,而我们操作 MATLAB 用的是像素的数目。如果已知视角求像素数,则

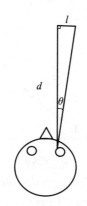

图 4.4　视角示意图

"pixel＝1×25.6＝tand(θ)×d×25.6"。如果屏幕的分辨率是 a×b，屏幕宽度是 w，则 "pixel＝tand(θ)×d×a/w"。反之，如果已知像素数求视角，则有"θ＝atand((pixel /(a/w))/d)"。式子中的"pixel /(a/w)"表示已知的像素数在屏幕上的实际长度。为了方便计算，我们可能会以 θ＝1°来近似求得像素数与视角之间的关系，则有 1°对应的像素数，"pixel＝tand(1)×d×a/w"。从严格意义上说，被试的注视点改变，l 在眼睛中的视角大小就会改变，注视点在 l 的正中间和在 l 的两端视角是有微小差异的，当 d 远小于 l 时，这个差异非常小，我们几乎可以忽略不计。以下用 deg2pix 函数，展示如何在 MATLAB 中将视角度数转换成像素大小。

    function pixs＝deg2pix(degree, inch, pwidth, vdist) ％ degree,度数；inch,显示器大小,英寸；pwidth,像素尺寸；vdist,观察距离
    screenWidth＝inch * 2.54/sqrt(1＋9/16)；％以厘米为单位计算屏幕的宽度
    pix＝screenWidth/pwidth；％以厘米为单位计算
    pixs＝round(2 * tan((degree/2) * pi/180) * vdist /pix)；％将给定观察距离下的度数大小转化为像素
    return；

    图像实际上就是像素矩阵组合，在编写程序时，需要为像素指定红、绿、蓝（RGB）三个通道的亮度，其值域均为[0,255]。但实际上，我们需要的是这个像素的物理亮度值，因为对于同一个亮度值（比如都设置成 255），不同显示器的亮度是不一致的，同一个显示器在不同状态下或参数设置不同，其亮度也不一致。所以我们需要找到 0 到 255 每一个点与物理亮度之间的对应关系。而在显示器中，电压跟物理亮度并非是正比关系，其关系近似于 gamma 曲线。所以，物理亮度到视频信号值的映射的过程叫作 gamma 校正（图 4.5）。得到这个映射关系，就可以根据我们需要的物理亮度，反过来找到对应的信号值。这样，即使在不同电脑间，也可以呈现一致的亮度。而对于颜色，则需要对红、绿、蓝三个通道分别做 gamma 校正。

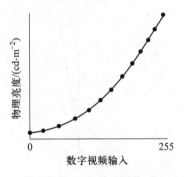

图 4.5　某一典型 CRT 显示器的 gamma 函数

图中的黑点是测量值,通过测量值可以拟合出 gamma 函数。当输入的电压升高时,电压的进一步升高引起亮度输出的越来越大的变化。当数字视频信号输入为 0 时,物理亮度大于 0,这是因为有其他外部光源发射的光子打在显示器上发生反射。

图 4.6　剑桥视觉系统的 Bits Sharp 产品

在具体应用时,可以用剑桥视觉系统的 Bits Sharp 产品,能对视觉的灰度和亮度水平进行精确的调制,并且在 PSYCHTOOLBOX 里,有专门的定标程序 BitsPlusPlus (cmd [,arg1][,arg2,...]),可以输出 14 比特(可达 $2^{14}=16384$ 种亮度值)的、高精度的视频转换。

4.1.2　imagesc 和 colormap 函数的使用

为什么在 MATLAB 中用 RGB 三个值(即三原色红、绿、蓝)来表示颜色呢?在人类视网膜上有三种视锥细胞,分别对可见光波段的长波、中波和短波有偏好,称为 L 型、M 型和 S 型视锥细胞(图 4.7)。这就是三原色的生理基础,如果人类只有一种视锥细胞,则无法编码颜色信息。当特定波长的可见光打在视网膜上时,则会激活三种视锥细胞特定的反应模式(图4.8),即可见光以这三个通道编码,从光信号转化成电信号,使信息得以保存;编码的信息是准确且唯一的,而且噪声对其影响也较弱。

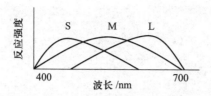

图 4.7 三种视锥细胞的反应强度曲线

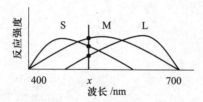

图 4.8 特定的可见光 x,激活三种视锥细胞特定的反应模式

对波长为 x 的单色可见光的颜色知觉等价于对多个单色光知觉的混合,即只需满足多个单色光混合激活的 L 型、M 型和 S 型视锥细胞反应模式等于单色光激活的模式。我们知道,红色光与绿色光的混合知觉为黄色光,就是上文说到的这个现象。可见光混合时,其物理属性并没有发生改变,这种"混合错觉"是由人类的颜色编码系统决定的。紫色光与红色光在可见光波段波长距离最远,但是在知觉上两者却是相近的,这暗示我们,颜色知觉并不单纯是对物理刺激的简单映射,也不是对三种视锥细胞反应模式的简单映射。

MATLAB 中的红、绿、蓝三个通道均是由 uint8 表示(取值均为 0~255),另外有需要可以使用第四个通道——alpha 通道——代表透明度。每个通道占用 8 位,四个通道一共就是 32 位真彩色图像。imtool 函数是图像工具函数,比如"imtool('test.jpg');"可以将名为"test.jpg"的图像打开。图左下角会呈现当前鼠标所在像素的坐标和 RGB 值,点开菜单"Tools"中的"Pixel Region"可以将图片局部的像素放大,并标记每个像素的 RPG 值(图 4.9)。

一般更常用的函数是 imread,"pic=imread('test.jpg');"可以将测试图片的信息读出到变量 pic,得到图片所有像素点值的二维矩阵。将图片读出来后,我们就可以对图像做各种处理。以下,我们将图片的颜色处理用于视觉研究中经常用到的范式——双眼竞争。双眼竞争指的是,当两只眼睛看到的图片不同时,某些时间我们只能明显看到其中一张图片,而看不到或不容易看到另一张。最容易实现双眼竞争的道具是红蓝眼镜,即一只眼睛通过红色的镜片或者薄膜,另一只眼睛通过蓝色的镜片或者薄膜来看

图 4.9 imtool 函数的使用

图片,研究者只需将图片做成红色、蓝色叠加的图片即可。假设我们有两幅图片 Blue 和 Red(图 4.10),我们只需要将 Red 红色通道的值赋给 Blue,并将其绿色通道清零即可。这样一个双眼竞争的实验刺激就做成了(图 4.11),以下为实现红蓝双眼竞争的实例程序。

图 4.10 示例图片 Blue 和 Red

图 4.11 混合图片

```
%mixpicture.m 下列代码存放于文件 c4.1.m 中
im1=imread('blue.png');%读取图片 blue.png,该图片必须放在当前目录,否则文件名
前必须增加图片所在路径。im1 是一个三维矩阵,第三个维度有三个值,分别对应 RGB 三
个通道
im2=imread('red.png');
im1(:,:,1)=im2(:,:,1);%这里假设两张图片大小一样
im1(:,:,2)=0;
imshow(im1);%这个函数可以将矩阵输出成图片
```

这个过程中经常用到函数 size。size 函数可以返回矩阵的大小,比如"size(rand(3,4));"会返回[3,4]。当我们需要矩阵 X 第 n 维度的大小时,可以用"size(X,n)"。如果两张图片大小不一致,就不能直接把 im2 的值赋给 im1,这时就可以用 size 函数,分别看两张图片的大小,再把小图片赋值给大图片矩阵的一部分。比如如果 im1 比 im2 大,可以有"im1(1:size(im2,1),1:size(im2,2),1)=im2(:,:,1);"。

平时我们不仅要呈现图片,还需要制作图片,这时就要用 imwrite 函数将我们需要的图片保存下来,比如上面程序的最后加上"imwrite(im1,'mix.jpg');"即可将合成的图片保留在当前目录,图片的文件名可以自定义,常见后缀有 bmp,jpg,png 等。imshow 函数仅用于显示由 RGB 或灰度值定义的图像(image 也可以)。

常规方法下,我们通过改变 RGB 值来改变图片的亮度或颜色,但在 MATLAB 中,不改变图片的 RGB 值,也可以改变图片亮度。在图片 RGB 值不变的情况下,我们可以通过使用 colormap 函数改变图片的亮度或颜色。MATLAB 中提供了 colormap 函数,可以根据颜色映射矩阵对图形对象的色彩进行调整。colormap 函数令每一个像素的值不再对应通道的亮度,而是直接对应颜色。亦可理解为三维 RGB 空间到一维的映射。所谓颜色映射矩阵就是一个 $k×3$ 的矩阵,k 行表示有 k 种颜色,每行 3 个元素分别代表红、绿、蓝的灰度值,取值均在[0,1]之间。colormap 函数的设置有两种:①人为指定一个元素值均在[0,1]之间的矩阵;②用 MATLAB 自带的 17 种颜色映射矩阵。在 MATLAB 命令窗口分别运行 autumn,bone,colorcube,cool,copper,flag,gray,hot,hsv,jet,lines,pink,prism,spring,summer,white 和 winter 函数,就可得到这 17 种矩阵。colormap 函数的语法规范如下:

- colormap(map),设置 map 为当前颜色映像矩阵;
- colormap('default'),恢复当前颜色映像矩阵为默认值;
- cmap=colormap,获取当前颜色映像矩阵;
- colormap(ax,...),设置当前图形 axes 对象的颜色映像矩阵(关于图形的制作,第八章还会详述)。

下面我们就用 colormap 函数制作心理学中的一个著名效应——马赫带效应——的图片刺激。

```
%machband.m
clear all;%清除变量,MEX 等,如果有需要的变量还不想清除,不能用这个语句
close all;%关闭各种 figure 窗口
img=1:10;%图片的值,即选择 colormap 第 1~10 的值
figure(1);%打开 figure 编号为 1 的窗口
paintpots=ones(10,3);%自己创建的一个颜色查找表
colormap(paintpots);%将定义好的对应关系输入系统
image(img);%呈现图片
axis off;%取消在这个图片中不需要显示的坐标轴
for i=1:10
    paintpots(i,:)=(i/10);%令查找表的第 i 位的值为 i/10,即是最大亮度的 i/10
    colormap(paintpots);%将更新的查找表输入系统
    pause;%等待按键,注意看 figure 中图片的变化
end
```

在这段代码中,图片的值其实是不变的,"1:10"选择的是 paintpots 中 1 到 10 位对应的值,一开始 paintpots 中都是 1,所有图片是纯白色。当进入循环体中时,paintpots 的第一个值变为 0.1,则图片中最左边值为 1 的 bar 就变成亮度最低的黑色了,我们每按一次键,颜色查找表都在更新,图片都在变化。最后就生产著名的马赫带图了(图 4.12)。图中每个小矩形的物理亮度是一致的,但我们会知觉成靠近颜色深的一边偏暗,靠近颜色浅的一边偏亮。这个效应可以用我们上面讲过的神经节细胞和外侧膝状体细胞的感受野来解释。

图 4.12 马赫带图

下面来看 colormap 函数的另一个例子:

%randcolor.m
clear all;

```
close all;
colormap(gray(256));%将颜色查找表设置为灰度图
img=reshape(1:256,16,16);
image(img);
axis square;%将长宽设置为等长
axis off;
pause;
for i=1:200
    paintpots=rand(256,3);%将颜色查找表设为随机,图片的像素颜色也变成随机
    colormap(paintpots);
    drawnow;%立刻呈现
end
```

在这个例子中我们可以改变颜色查找表的值来改变颜色。以上两个例子都用到了 image 函数。image 函数是 MATLAB 最基本的图像显示函数,可以绘制索引图像,即每个像素的值对应颜色查找表中的索引。另一个常用函数是 imagesc,将数据的取值伸缩到当前 colormap 的全部范围后绘制成图(例如绘制相关矩阵)。也就是说,imagesc 函数会将数据在呈现时自动标准化,将图片中最大值设为图片最亮的点,最小值设为最暗的点。imagesc 可以用于对数据的分布情况进行图形化显示。无论是用 image 函数还是 imagesc 函数,若图像是以 uint8 表示的,则取值范围为 0~255,若以 double 表示,则取值范围是 0~1。用 imagesc 函数和 colormap 函数可以漂亮地呈现数据,比如下面绘制相关矩阵的例子(图 4.13)。

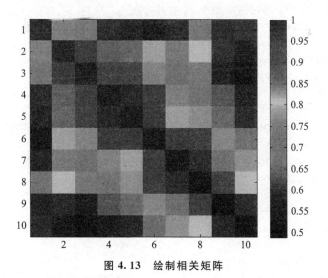

图 4.13 绘制相关矩阵

```
%corrmap.m
a=rand(10);%随机生成一个 10×10 矩阵
for i=2:10
    a(:,i)=a(:,i-1)+rand(10,1)*0.5;%矩阵每一列都是前一列加上值域为[0,
    0.5]的一列随机数
end
imagesc(corr(a));%呈现相关矩阵
colorbar;%呈现颜色刻度条
colormap jet;%选用 jet 主题
```

4.1.3 呈现透明刺激

除了表征 RGB 以外,对图形的加工,还有透明度这个特征。调整透明度的通道叫做 alpha 通道,即[R G B A]中第四个通道 A。取值范围为 0～255,0 为完全不透明,255 为完全透明。在书写 Screen 函数时,需要设置 Blend Function,并加上程序开头:

Screen('BlendFunction', w, GL_SRC_ALPHA, GL_ONE_MINUS_SRC_ALPHA);

以下用一个例子来说明 alpha blending 的应用。

```
function Programofalphablend
AssertOpenGL;
Screen('Preference','SkipSyncTests', 2);%强行通过所有自检和定标
try
    screens=Screen('Screens');% 打开屏幕
    screenNumber=max(screens);% 取得最大的屏幕(缓存)个数
    [w, rect]=Screen('OpenWindow', screenNumber, 0);%打开主屏幕
    HideCursor;% 隐藏光标
    Priority(MaxPriority(w));% 将优先级别提到最高级

    % 设置 alpha blending 功能
    Screen('BlendFunction', w, GL_SRC_ALPHA, GL_ONE_MINUS_SRC_ALPHA);

    % 将 alpha 调整到 255,使得图片变透明
    image1(:,:,4)=255+zeros(x,y);

    image2=imread('Jellyfish.jpg');
    [x,y,c]=size(image2);% 以下使图片 2 的中心透明,但其余部分不透明。

    [X, Y]=meshgrid(1:x, 1:y);
    alpha=(X-x/2).^2+(Y-y/2).^2;% 计算到中心的距离
    alpha=255*(1-alpha/max(max(alpha)));% 缩放到 0～255 数值范围
    image2(:,:,4)=alpha';% 将 alpha 值进行转置
```

```
tex1 = Screen('MakeTexture', w, image1);
tex2 = Screen('MakeTexture', w, image2);

dest1 = RectOfMatrix(image1); % 接受图形作为一个矩阵,并向 PSYCHTOOLBOX
返回图形 1 的边界(坐标)
dest2 = OffsetRect(RectOfMatrix(image2), 400, 0);
% newRect = OffsetRect(oldRect, x, y), Offset the passed rect matrix by the horizontal (x) and vertical (y) shift given.
Screen('DrawTexture', w, tex1, RectOfMatrix(image1), dest1, 0, 0, 1);
Screen('DrawTexture', w, tex2, RectOfMatrix(image2), dest2, 0, 0, 1);
% Screen('DrawTexture', windowPointer, texturePointer [,sourceRect] [,destinationRect] [,rotationAngle] [,filterMode] [,globalAlpha] [,modulateColor] [,textureShader] [,specialFlags] [,auxParameters]);
% 画点
N = 20;
x = rect(3) * rand(1, N);
y = rect(4) * rand(1, N);
rgba = 255 * rand(4, N);
Screen('DrawDots', w, [x;y], 50, rgba, [0 0], 2);
% Screen('DrawDots', windowPtr, xy [,size] [,color] [,center] [,dot_type]);
Screen('Flip', w);
WaitSecs(5);

Priority(0);
ShowCursor;
Screen('CloseAll');
catch
    Priority(0);
    ShowCursor;
    Screen('CloseAll');
    rethrow(lasterror);
end
```

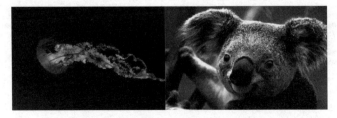

图 4.14 alpha blending 图形处理

4.2　图像的窗口变换和常见滤波处理

MATLAB 提供了丰富的图形处理方法，可以实现简单的图形编辑（包括滤波）等功能。以下举例说明如何通过简单的代码编写，将以图形形式呈现的文字的背景阴影部分去除。

```
%scanfilter.m
im=imread('book-000123.png');
g=rgb2gray(im);
d=im2double(g);
y=d*1.7-0.3;
imshow(y);
imwrite(y,'out.png');
```

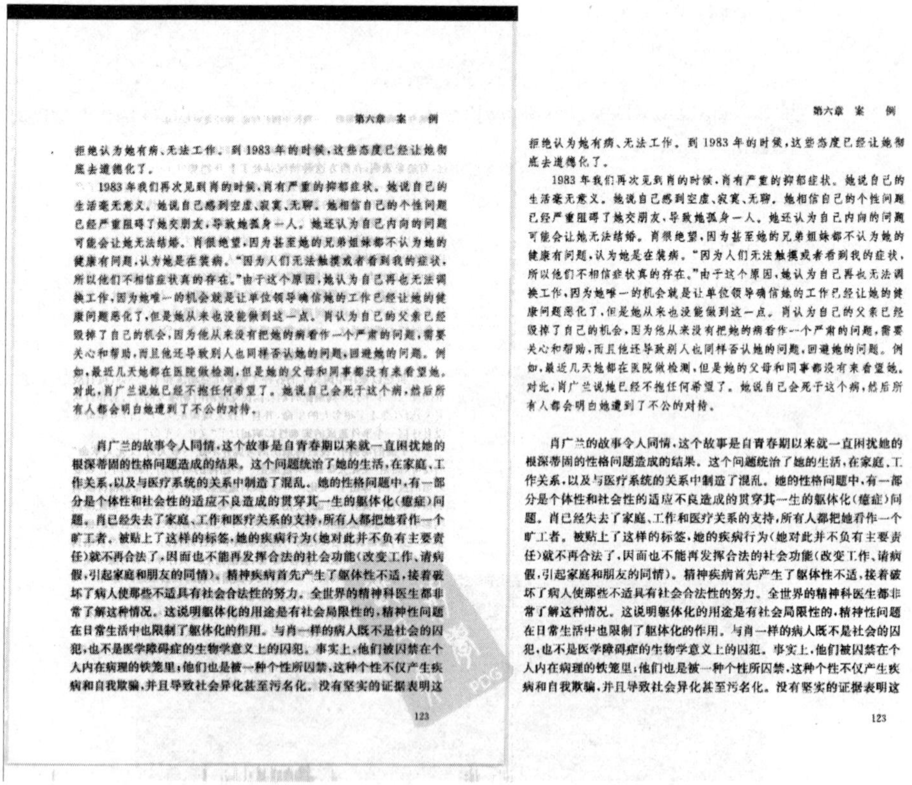

第六章　案　例

拒绝认为她有病、无法工作。到 1983 年的时候，这些态度已经让她彻底去道德化了。

1983 年我们再次见到肖的时候，肖有严重的抑郁症状。她说自己的生活毫无意义。她说自己感到空虚、寂寞、无聊。她相信自己的个性问题已经严重阻碍了她交朋友，导致她孤身一人。她还认为自己内向的问题可能会让她无法结婚。肖很绝望，因为甚至她的兄弟姐妹都不认为她的健康有问题，认为她是在装病。"因为人们无法触摸或者看到我的症状，所以他们不相信症状真的存在。"由于这个原因，她认为自己再也无法调换工作，因为她唯一的机会就是让单位领导确信她的工作已经让她的健康问题恶化了，但是她从来也没能做到这一点。肖认为自己的父亲已经毁掉了自己的机会，因为他从来没有把她的病看作一个严肃的问题，需要关心和帮助，而且他还导致别人也同样否认她的问题，回避她的问题。例如，最近几天她都在医院做检测，但是她的父母和同事都没有来看望她。对此，肖广兰说她已经不抱任何希望了。她说自己会死于这个病，然后所有人都会明白她遭到了不公的对待。

肖广兰的故事令人同情，这个故事是自青春期以来就一直困扰她的根深蒂固的性格问题造成的结果。这个问题统治了她的生活，在家庭、工作关系，以及与医疗系统的关系中制造了混乱。她的性格问题中，有一部分是个体性和社会性的适应不良造成的贯穿其一生的躯体化（癔症）问题。肖已经失去了家庭、工作和医疗关系的支持，所有人都把她看作一个旷工者。被贴上了这样的标签，她的疾病行为（她对此并不负有主要责任）就不再合法了，因而也不能再发挥合法的社会功能（改变工作、请病假，引起家庭和朋友的同情）。精神疾病首先产生了躯体性不适，接着破坏了病人使那些不适具有社会合法性的努力。全世界的精神科医生都非常了解这种情况。这说明躯体化的用途是有社会局限性的，精神性问题在日常生活中也限制了躯体化的作用。与肖一样的病人既不是社会的囚犯，也不是医学障碍症的生物学意义上的囚犯。事实上，他们被囚禁在个人内在病理的铁笼里；他们也是被一种个性所囚禁，这种个性不仅产生疾病和自我欺骗，并且导致社会异化甚至污名化。没有坚实的证据表明这

123

图 4.15　去除扫描时背页透过来的阴影

4.2.1 光栅的制作

平时在做实验时经常要对图片做一些处理,比如切割、窗口化、滤波等,在这之前,我们先来看看如何用 MATLAB 制作最简单的刺激:正弦光栅(图 4.16)。在正弦光栅的绘制中,meshgrid 函数起了很重要的作用。该函数可以为我们生成一个横坐标的网格矩阵和一个纵坐标的网格矩阵。这两个矩阵中,一个包含矩阵中每一个点的横坐标,一个包含矩阵中每一个点的纵坐标。如下面的例子:

[x,y]=meshgrid(1:3,1:3);
x=

  1 2 3
  1 2 3
  1 2 3

y=

  1 1 1
  2 2 2
  3 3 3

图 4.16 正弦光栅

有了这些坐标,运用相应的数学公式,就变成各种各样的图。在这个语句后,画正弦光栅只需要几行代码。

```
%grating.m
clear all;
close all;
[x,y]=meshgrid(1:400,1:400);%制作坐标网格
gra=(sin(x/10)+1)/2;%画光栅,除以 10 是为了增大周期,加 1 后除以 2 是把值域从
```

[−1,1]转到[0,1],值域问题在画图中经常容易被忽略,如果数据的值域不合适,会出现各种奇怪的问题
imshow(gra);％呈现图片

现在我们来画棋盘格(图4.17),最容易想到的方法就是用循环语句,每一个点遍历一遍,再用判断语句确定这个点的值,但这样效率太低。画图可以不用单点循环,也可以不用数学公式,而是采用逻辑语句。

```
％checkerboard.m
a=[ones(400,40),zeros(400,40)];％先生成一根白条和一根黑条
a1=repmat(a,[1,5]);％将这个组合复制5遍
a2=xor(a1,a1');％将这个黑白条纹与自己的转置做异或逻辑运算
imshow(a2);％显示棋盘格
```

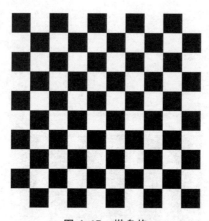

图4.17 棋盘格

上面的方法需要从小部件去构造成一张大图,平时更常用的方法还是通过正弦周期函数来构造周期图形。如:

```
％checkerboardmask.m(第一部分)
clear all;
close all;
[x,y]=meshgrid(1:600,1:600);％制作坐标网格
x1=sin(x/10);％值域为[−1,1];
y1=sin(y/10);
c=x1.*y1;％负负得正
pic=c>0;％最后逻辑判断,得到棋盘格
imshow(pic);
```

这种方法与平常的思维方式对应,从图片的大小开始,而且可以调节棋盘格的周期(也就是两个格子的长度),还有相位。

4.2.2 窗口化

现在有了棋盘格,如果我们要画一个奇怪形状的棋盘格,该怎么做? 比如图 4.18 (a)所示的棋盘格,最容易想到的方法是画一个大的棋盘格,再对每个坐标的点进行条件判断,看看这个点是在扇形的区域内,还是在扇形的区域外。但其实有一种极其简单的做法,就是窗口化,即在棋盘格的基础上,点乘以窗口即可。作为窗口的掩蔽(mask)必须是你要保留的地方值为 1,其他部位值为 0。只需要制作一次 mask 就可以一劳永逸了(图 4.18(b))。下面是制作 mask 的程序:

```
%checkerboardmask.m(第二部分)
[x,y]=meshgrid(1:300,1:600); % 制作网格
Fan_dis=sqrt((x-300).^2+(y-300).^2);   %计算所有点到[300 300]这个坐标点的距离
Fan_an=(y-300)./(x-300); %计算所有点到[300 300]这个坐标点的连线的正切值
mask=Fan_dis>100&Fan_dis<300&Fan_an>-tand(75)&Fan_an<tand(75); %做逻辑判断,即可得到我们需要的特定图形的 mask
figure;
imshow(mask);
```

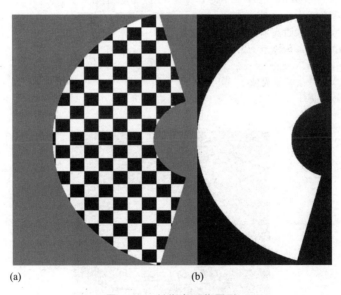

图 4.18 制作窗口化图形

不过这时点乘扇形 mask 后,扇形四周都是黑色,而不是灰色,这怎么办呢? 有个简单的解决方法,就是让棋盘格的最黑部分不是 0,而是一个接近 0 的非常小的值。

```
%checkerboardmask.m (第三部分)
pic=double(pic); %将逻辑型的 pic 转成 double 型
```

```
loca=pic==0；% pic 接上第二部分的棋盘格，找到所有黑色点的坐标；
pic(loca)=1/255；%将0置换成一个接近0的很小的值
pic1=pic(:,1:300).*mask；%mask就是扇子的0,1二值图
pic1(pic1==0)=0.5；% 将点乘完周围黑色的地方找到，然后变成灰色
pic1(pic1==1/255)=0；%可以把刚才的极小值再找到，重新赋值0
figure；
imshow(pic1)；
```

刚才是最基本的 mask 图，如果加入一些数学元素，可以让 mask 变得更生动有意思。比如我们现在来生成一个高斯窗口。下列公式是二维的高斯概率密度函数，我们来演示一下如何从数学公式演变成图片（图 4.19）。

$$G(x,y) = \frac{1}{\sigma\sqrt{2\pi}} \exp\left[-\frac{1}{2\sigma^2}((x-x_0)^2 + (y-y_0)^2)\right]$$

```
%gaussianmask.m
clear all；
close all；
[x,y]=meshgrid(1:401,1:401)；%做好画布永远是第一步的工作
sigma=80；%我们假设高斯的 sigma 是 80 个像素
x0=201；%假设高斯的中心为横坐标第 201 个像素
y0=201；%纵坐标也为第 201 个像素
pic=exp(-1/(sigma^2*2)*((x-x0).^2+(y-y0).^2))；%exp 前面的常数可以不写，
    这时峰值是最大值 1
imshow(pic)；
```

图 4.19　二维高斯窗口

下面就可以用这个二维高斯窗口来做一些有意思的事情。

```
%dynamicgaussianmask.m
clear all;
close all;
pic1=imread('flower.jpg');%读取事先准备好的图片
[x,y,z]=size(pic1);%提取三维的大小
[X,Y]=meshgrid(1:y,1:x);%按照这个大小制作网格
sigma=50;%设置高斯的 sigma
while 1 %这个代表死循环,即条件为真
    [x0,y0,button]=GetMouse;%新函数出现,鼠标派上用场,x0 是鼠标横坐标,y0 是鼠标
        纵坐标,button 是鼠标的按键情况
    if button(3)~=0 %如果按了右键
        close all;%关掉动画
        break;%并且跳出,唯一的出口
    end
    ga=exp((-1/2/sigma^2)*((X-x0).^2+(Y-y0).^2));%在网格上画个高斯
    ga=repmat(ga,[1,1,3]);%由于图片是三维的,多了 RGB 通道,高斯图也变成三维
    tmp=double(pic1).*ga;%画出窗口化图片,double 类型才能用四则运算。
    imshow(tmp/255);%由于 tmp 值域是[0,255],且是 double,除以 255 也是为了归一化
    pause(0.04);%为了不让图片刷新太快,每次循环中都等待 0.04s,这样图片的刷新率大
        约为 25Hz
end
```

在上面这个例子中(图 4.20),我们把一张莲花图片罩上了一张高斯图片,就像管中窥豹,其实人类的注意过程也大抵是这种情形,容易一叶障目不见森林。心理学中经典的非注意盲视、变化盲视等现象可以证明这个观点,如著名的大猩猩错觉。在上面的例子中,通过 GetMouse 函数,我们可以得到当前鼠标的坐标,这样,我们可以以这个坐标点为中心,罩上一个高斯掩蔽图。也可以模拟出人类的眼动,如果我们把那个坐标点换成眼动的坐标,就可以做一些有意思的眼动实验了。

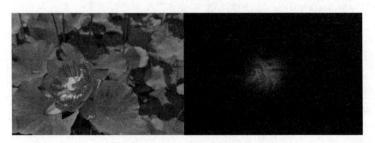

图 4.20 窗口化示例

4.2.3 滤波

滤波处理对应的数学原理是卷积。定义一个矩阵(滤波器,filter),将该矩阵覆盖

在每个像素点上,对所有被覆盖的点,将原图像矩阵和该矩阵的对应点相乘,求和变成新图像的点,由两矩阵共同决定新的像素点的强度。举个简单的例子,我们对图 4.21 用 3×3 的平均滤波,即滤波的算子是一个 3×3 的平均矩阵。设原矩阵为 x,x(3,3)的值为 74,经过平均滤波之后,这个点的值变为(20+65+1+102+74+54+58+98+50)/9=58。滤波的过程就是对所有点都做这个计算,得到一个新的值。

52	21	10	51	2	128
87	20	65	1	77	12
8	102	74	54	28	36
46	58	98	50	33	80
74	30	81	78	4	6

图 4.21　滤波示例一

滤波操作之前,红色标注位置的值为 74,之后变为 58。

下面来看看滤波对图片的效果(图 4.22),原图像矩阵大小是 855×1287×3。可以看出,滤波的算子越大,照片越模糊。相当于高频信息损失越多。

```
%averagefilter.m
clear all;
close all;
pic=imread('flower.jpg');
fil1=ones(10)/(10*10);%生成一个 10×10 的平均滤波算子
fil2=ones(50)/(50*50);%生成一个 50×50 的平均滤波算子
fil3=ones(100)/(100*100);%生成一个 100×100 的平均滤波算子
pic1=imfilter(pic,fil1);%用第一个算子对原图像进行滤波
pic2=imfilter(pic,fil2);%用第二个算子对原图像进行滤波
pic3=imfilter(pic,fil3);%用第三个算子对原图像进行滤波
imshow(pic);%呈现原图像
figure;%新建一个图片显示窗口
imshow(pic1);%呈现第一张滤波图像
figure;
imshow(pic2);%呈现第二张滤波图像
figure;
imshow(pic3);%呈现第三张滤波图像
```

在图像处理过程中,有时我们需要分离出图片的边缘,这时可以用 edge 函数,此外,MATLAB 还提供了很多检测边缘的方法(图 4.23)。

```
%edgedectector.m
```

```
clear all;
close all;
pic_ori=imread('wall.jpg');  %读取图片
pic=rgb2gray(pic_ori);  %将彩色图片转成灰白图片
H1=fspecial('laplacian');  %生成一个拉普拉斯算子
H2=fspecial('sobel');  %生成一个水平 sobel 算子
H3=H2';  %将水平 sobel 算子转置,就变成竖直 sobel 算子
pic1=imfilter(pic,H1);  %用拉普拉斯算子对原图片进行滤波
pic2=imfilter(pic,H2);  %用水平 sobel 算子对原图片进行滤波
pic3=imfilter(pic,H3);  %用竖直 sobel 算子对原图片进行滤波
imshow(pic_ori);
figure;
imshow(pic1);
figure;
imshow(pic2);
figure;
imshow(pic3);
```

滤波器的种类远不只上述几种,我们可以使用 fspecial 函数生成各种各样的滤波器算子,此函数中还提供了 average 简单平均、disk 圆盘、gaussian 高斯滤波、motion 模拟摄像机抖动、unsharp 锐化算子等多种算子,读者可以通过 doc fspecial 命令查看其详细信息。

图 4.22 滤波示例二

(a)是原图,(b)是算子波宽比较窄的滤波,比原图损失了一些高频信号,即细节。
(c)和(d)是依次增加滤波算子的带宽滤波后的图像。

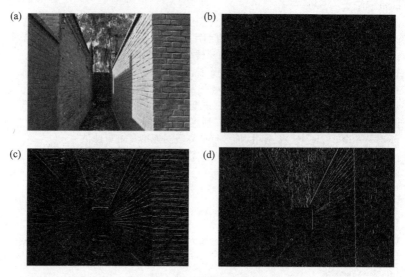

图 4.23 滤波示例三
(a)是原图,(b)是采用拉普拉斯算子找到的边缘,(c)是采用水平的 sobel 算子滤波后的结果,
(d)是采用竖直的 sobel 算子滤波后的结果。

4.2.4 Gabor 问题

有了基本的图片处理知识后,下面我们就可以深入研究在生成光栅的过程中如何控制光栅的朝向等参数,以及如何在光栅的基础上制作 Gabor 图的问题。前面已经提到用 MATLAB 生成垂直光栅的方法:

[X,Y]=meshgrid(1:300,1:300);
imshow((sin(X)+1)/2);% 垂直光栅
imshow((sin(Y)+1)/2);%水平光栅

我们在画光栅的时候,希望控制光栅的朝向、周期、相位和对比度。需要注意的是,朝向是一个矢量和。

imshow((sin(X+Y)+1)/2);%45°朝向的光栅

正弦函数设为

$$(\sin(a*X+b*Y)+1)/2$$

光栅的朝向为 θ,则有

$$\tand(\theta)=a/b=\sind(\theta)/\cosd(\theta)$$

则朝向公式为

$$(\sin(\text{sind}(\theta)*X+\text{cosd}(\theta)*Y)+1)/2$$

正弦函数的周期是 $2\pi(2*\text{pi})$,设我们需要的周期是 p 个像素点,则公式变为

$$(\sin((\text{sind}(\theta)*X+\text{cosd}(\theta)*Y)*2*\text{pi}/p)+1)/2$$

周期的像素数目可以用前面提到的方法转为视角。设相位为 phase,相位的值域在$[0,2*\text{pi}]$,则公式变为

$$(\sin((\text{sind}(\theta)*X+\text{cosd}(\theta)*Y)*2*\text{pi}/p+\text{phase})+1)/2$$

设光栅的对比度为 c,则最后的公式变为

$$(\sin((\text{sind}(\theta)*X+\text{cosd}(\theta)*Y)*2*\text{pi}/p+\text{phase})*c+1)/2$$

设 $\theta=30, p=50, \text{phase}=\text{pi}/2, c=0.5$,得到图 4.24,但在做实验的过程中,还不能在屏幕上直接输出这张图片,需要用到 gamma 曲线。刚刚画的光栅值域在$[0.25,0.75]$,设我们将光栅放在背景为 $30\ \text{cd}/\text{m}^2$ 的灰色背景上,最低亮度为 $0.01\ \text{cd}/\text{m}^2$,且光栅的对比度是 50%,那么光栅的亮度值域就是$[15,45]$。那么原来的式子就变成

$$(\sin((\text{sind}(\theta)*X+\text{cosd}(\theta)*Y)*2*\text{pi}/p+\text{phase})*c*(30-0.01)+30)/2$$

图 4.24 严格控制参数的光栅

得到的光栅矩阵里的每一个值是我们希望的物理亮度强度,这时我们就需要到之前亮度校正得到的 gamma 曲线里去找实际的程序对应值。完成最后一步才能得到我们想要的正弦光栅,正弦函数每一点的值就是实际亮度值。

```
%welldefinegrating.m
clear all;
close all;
```

```
[X,Y]=meshgrid(1:300,1:300); %制作坐标网格
ang=30; %与水平方向的夹角是30°
p=50; %周期是50个像素
phase=pi/2; %起始相位是半周期
c=0.5; %对比度是50%
gra=(sin((sind(ang)*X+cosd(ang)*Y)*2*pi/p+phase)*c+1)/2; %光栅公式
imshow(gra);
```

但如果需要遍历光栅矩阵的每一个点,去找到对应的亮度值,那么这个过程太繁琐。如果我们的光栅经常变化,就得经常重复这个匹配的工作。有一种更优化的算法,就是光栅只用对比度为1的,然后我们生成一个对比度映射矩阵,矩阵大小为1×256,里面填写的就是每一个程序的值对应的实际亮度值,我们只需要改变这个映射矩阵,就能改变对比度。举个例子,光栅还是用 gra=(sin((sind(θ)*X+cosd(θ)*Y)*2*pi/p+phase)*c+1)/2 生成,生成的光栅对比度为1。我们还需要做 gra=fix(gra*255+1),将[0,1]的值域转换到[1,256]。我们按前面提到的方法测得显示器从[0 0 0]到[255 255 255]这256个灰度值的实际亮度的 gamma 校正表,为了节省时间,我们也可以等距测18个点然后插值。这时需要确定我们要的背景亮度L,或者说是光栅的平均亮度L,然后我们从 gamma 校正表里找到最小亮度Lmin和最大亮度Lmax,一般情况下L-Lmin<Lmax-L。然后我们生成 clut=linspace(Lmin,L+(L-Lmin),256)这个实际亮度对应表,再找到 clut 中每一个亮度对应的 gamma 校正表的值,得到一个新的矩阵 clut2,当然这个值不会完全匹配,找到最接近的值即可。然后我们用 clut2(gra)就可以直接得到对比度为1的光栅。而对比度c则加在 clut=linspace(L-(L-Lmin)*c,L+(L-Lmin)*c,256)这一步。这样的话,可以在程序开始前先将我们需要的各个对比度的 clut2 生成好,而不需要在实际程序中不停地去匹配实际亮度值,大大减少运算量和运算时间,这对于快速呈现不同对比度,不同相位,不同空间频率的光栅是非常重要的。这步的重点就是,将光栅与对比度、亮度信息分离出来,将这些信息放到映射矩阵 clut2 里面。如果光栅的相位、朝向一直在变化,而对比度不变,就只需要用同一个映射矩阵,而不需要每变化一次朝向都去匹配一次物理亮度。

有了光栅,我们只需再生成一个高斯窗口点乘光栅,就生成了 Gabor 图(图4.25)。我们先生成一个高斯窗口:

```
sigma=50; %设高斯的 sigma 为50个像素
Ga=exp(-(((X-150)/(sqrt(2)*sigma)).^2)-(((Y-150)/(sqrt(2)*sigma)).^2));
%高斯的中心点在(150,150),高斯生成之后,点乘光栅的时机也很重要
imshow((sin((sind(θ)*X+cosd(θ)*Y)*2*pi/p+phase)*c.*Ga+1)/2);
```

注意到我们是在将光栅都变成正值之前点乘的,如果在最后乘,背景会变成黑色。最后就得到一个 Gabor 图了。

```
%gabor.m
```

```
clear all;
close all;

[X,Y]=meshgrid(1:300,1:300);  %制作坐标网格
ang=30;  %与水平方向的夹角是 30°
p=50;  %周期是 50 个像素
phase=pi/2;  %起始相位是半周期
c=0.5;  %对比度是 50%
sigma=50;

Ga=exp(-(((X-150)/(sqrt(2)*sigma)).^2)-(((Y-150)/(sqrt(2)*sigma)).^2));
gab=(sin((sind(ang)*X+cosd(ang)*Y)*2*pi/p+phase)*c.*Ga+1)/2;
imshow(gab);
```

图 4.25 Gabor 图示例

我们运用不同的公式,就可以得到不同的图片。

```
%ringandradial.m
clear all
close all
[x,y]=meshgrid(1:600,1:600);  %制作画布
dis=sqrt((x-300).^2+(y-300).^2);  %算出每一点到图片中心的距离
pic=(sin(dis/20)+1)/2;  %用这个距离作为正弦函数的自变量
imshow(pic);  %得到水波纹,图 4.26(a)
figure;
pic2=(sin(dis/20)+1)/2.*rand(600);
%再点乘一个随机矩阵
imshow(pic2);  %就得到加了噪声的水波纹,图 4.26(b)
```

```
figure;
pic3=(sin(dis/20)+1)/2.* imresize(rand(10),[600 600]);
%再点乘一个较平滑的随机矩阵
imshow(pic3);%就得到烧糊状的水波纹,图4.26(c)

figure;
pic4=pic>0.5;%设定一个阈限
imshow(pic4);%就变成二值图,图4.26(d)

figure;
dis2=log(dis);%将各个点到中心点的距离取对数,非线性转换
pic5=(sin(dis2*6)+1)/2;%再用这个对数距离作为正弦函数的横坐标
imshow(pic5);%就得到非线性水波纹,图4.26(e)
%ringandradial.m
[x,y]=meshgrid(1:600,1:600);
deg=atan2((y-300),(x-300));%算出每一点相对于中心点的连线与横轴的夹角,角
    度的值域是[-pi,pi]
pic6=(sin(deg*8)+1)/2;%以夹角作为正弦函数的自变量
figure;
imshow(pic6);%画出放射性图案,图4.26(f)

figure;
pic7=(sin(deg*8).*sin(dis2*6)+1)/2;%圆环与放射图案的点乘
imshow(pic7);%类似视神经节细胞的感受野大小分布图,图4.27(a)

figure;
pic8=(dis<300).*pic7;%只取pic7中距离小于300的点
imshow(pic8);%图4.27(b)

figure;
pic9=pic8>0.5;%设定阈限变成二值图
imshow(pic9);%图4.27(c)

figure;
gau=exp(-1/(200^2*2)*((x-300).^2+(y-300).^2));
    %生成一个sigma为200,中心点为[300 300]的高斯函数
pic10=gau.*pic7;%高斯点乘pic7,直接乘的话背景为黑色
imshow(pic10);%图4.27(d)

figure;
pic11=(gau.*(pic7*2-1)+1)/2;%将pic7的值域调到[-1 1]再乘的话背景为灰色,
    制作对比度刺激需要用这种方式
imshow(pic11);%图4.27(e)
figure;
```

deg2=gau*2+deg;%将高斯函数加到角度矩阵中,形成新的非线性化的角度
pic12=(sin(deg2*8)+1)/2;%再产生新图片
imshow(pic12);%得到旋转的放射性矩阵,图4.27(f)

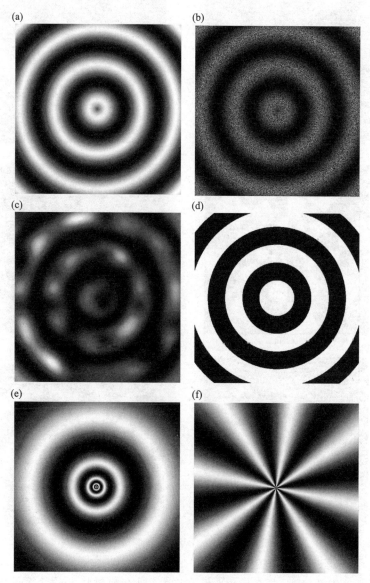

图 4.26 Gabor 图示例一

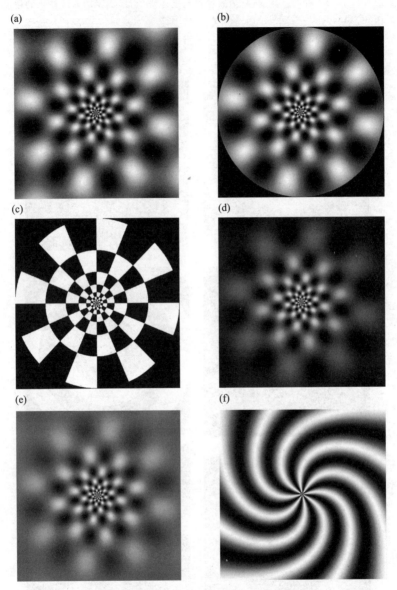

图 4.27 Gabor 图示例二

而对于其他视觉刺激,要么是读取已有图片,要么通过特定的计算得出图像,依据实际要求编写函数生成或读取即可。虽然前面的内容看起来跟 PSYCHTOOLBOX 没什么关系,但对于编好程序至关重要。编写视觉刺激,既要了解人类视觉的大概过程,也要了解制作图像的大概过程。后面我们会重点讲 PSYCHTOOLBOX 的内容。

4.3 PSYCHTOOLBOX 工作原理与 Screen 函数应用

最早的 PSYCHTOOLBOX(PTB)由 Brainard 和 Pelli 编写,是为了方便心理学实验写成的工具包(Pelli,1997)。现在已经更新到 PTB-3,主页是 http://psychtoolbox.org/,可以参考 http://peterscarfe.com/ptbtutorials.html,或在 MATLAB 命令行输入 doc psychtoolbox 获取相关资料。

4.3.1 PTB-3 简介与工作原理

PTB-3 是一组 MATLAB/Octave 的延伸程序,用在 Mathworks 具有专属知识产权的 MATLAB 环境下以及在开源的 GNU/Octave 程序架构下对心理物理学的实验进行有效编程。PTB-3 也包括已经用 C 语言编写好的插件,进行高时间精度的运算操作,并与图形、声音进行交互,收集行为反应。它包含了几百个 m 文件,可以对数据分析,将反应数据录入到文件里,以及显示器定标等的操作进行简化。PTB 的早期版本是由 Denis Pelli 和 David Brainard 在苹果 OS/X 操作系统上写成,1995 年左右发布。2000 年左右发布了微软 Windows 系统版本。他们的工作可参见下列参考文献。

> Brainard, D. H. (1997). The psychophysics toolbox, Spatial Vision, 10(4),443—446.
> Pelli,D. G. (1997). The VideoToolbox software for visual psychophysics: Transforming numbers into movies, Spatial Vision, 10(4),437—442.

2004 年,纽约大学实验室的 Allen Inglıng 发布了 Apple OS/X 版本;2006 年,图宾根大学的 Mario Kleiner 在 Windows 和 GNU/Linux 平台对 PTB-3 版本底层的 C 语言以及高级的函数进行了重新书写,所有的版本和改动,均在 https://github.com/PSYCHTOOLBOX-3/PSYCHTOOLBOX-3 做了记录,通过 Subversion 软件,能够对程序的版本进行更新与控制,一般每两个月,代码以及小错误会被纠正。截至 2013 年 8 月,已经有超过 125 000 次的下载,并有超过 43 000 次的独立安装。

PTB 包含很多制作刺激、呈现刺激、记录数据的函数,基于 MATLAB 平台,还可以进行各种数据处理,不仅可以分析行为数据,还可以分析脑电、眼动、核磁、脑磁等实验数据,功能全面且强大,用起来简单、方便。心理学实验中一个重要部分就是呈现刺激(视觉、听觉、触觉、痛觉、嗅觉刺激等),都可以用 MATLAB 生成或控制。PTB 除了呈现刺激外,还能够记录实验数据,PTB 中提供了键盘输入、鼠标输入函数。PTB 中自带各种画图函数,比如画点、线、方形、圆形等;既可以画平面物体,也可以画有视差、有深度的图。PTB 既可控制一台显示器,也可以同时控制两台显示器。

在视觉实验中,通常研究者偏爱使用 CRT 显示器,而不用流行的液晶显示器(LCD)。这是由于,首先 CRT 亮度普遍比 LCD 高,颜色更鲜艳。其次,CRT 响应时间短,可以达到 120 Hz 甚至以上的刷新率,但 LCD 达不到这么高的刷新率,所以在需要呈现很短的刺激,如 10 ms 的刺激时,LCD 就无能为力了。第三,CRT 的亮度稳定性好,虽然刚开机时亮度较高,但 1 个小时左右之后,亮度基本稳定,而 LCD 亮度稳定性较差。但是如果对视觉刺激要求不是那么高,LCD 也可以解决问题。使用 CRT 时,建议把刷新率调到 75 Hz 以上,这样能更有效地减少屏幕闪烁(Brainard,Pelli,& Robson,2002)。

实验的过程中,显示器一直在显示内容,而 PTB 程序也在不停生成新的刺激(图像),这两部分如何进行完美衔接呢? PTB 使用了双缓冲器模型来解决这一问题,缓冲器 a(onscreen,激活窗口)里存放的是当前显示器显示的内容,另外一个缓冲器 b(offscreen)里存储的是正在绘制(接下来显示)的内容。等绘制完成后且想让绘制好的内容取代当前显示器呈现的内容时,就执行 flip 命令。flip 后当前显示器显示的就是缓冲器 b 中的图像,而我们再画的内容就存入缓冲器 a。缓冲器这样来回交替,即可在前台快速呈现各种复杂的刺激。

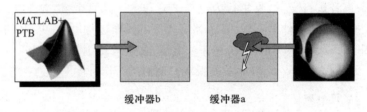

图 4.28 双缓冲器工作原理示意图

4.3.2 Screen 函数

PTB 支持多个显示器的刺激显示。用"myscreens=Screen('Screens')"返回可用的显示器的指针。默认的主显示器的指针为 0,如果有两个可用的显示器,可以预先定义不同的显示器。如图 4.29 所示,这里有两个显示器,我们分别定义为显示器 1 和显示器 2。

win=Screen('OpenWindow',1); Screen('OpenWindow', 2);

执行 flip 语句的语法格式为:

[VBLtimestamp StimulusOnsetTime Fliptimestamp Missed Beampos]=Screen('Flip', windowPtr, [,when],[,dontclear],[,dontsync],[,nultiflip]);

● windowPtr 是将在翻转时需要显示出来的 onscreen 窗口的 id。

● when 用于指定翻转的时间,默认值为 0。如果设为 0,那么将在下一次视频重绘(video retrace)时翻转。如果数字大于 0,那么它将在系统时间 when 到达后的下一次视频重绘时翻转。

图 4.29 多个显示器的设置

● dontclear 如果设为 1，帧缓冲（framebuffer）在翻转后不被清除，这样就可以在上面不断地增加刺激。

● dontsync 默认为 0，在帧回描（vertical retrace）时进行的翻转，脚本的执行会暂停，直到翻转结束后才继续。如果为 1，翻转将在帧回描时发生，但是脚本并不暂停，这意味着 Flip 函数返回的时间戳是无效的。如果设为 2 的话，刺激会立即显示，并不等待帧回描。

● multiflip 默认值为 0。如果设置成一个比 0 大的数字，那么 Flip 会翻转除了所设数字以外的所有 onscreen 窗口，这样，就可以在多个刺激显示器上同步进行刺激。

- VBLTimestamp-Flip 会(比较随机地)返回高精度的系统时间的估计值(在很短的时间内),这个时间是翻转实际发生的时间。
- StimulusOnsetTime 刺激出现的时间返回到参数'StimulusOnsetTime'中。
- Beampos 是在时间测量时,显示器的扫描线的位置。
- FlipTimestamp 是 Flip 函数执行完后的时间戳。FlipTimestamp 和 VBLTimestamp 的差值就是 Flips 执行时所花费的时间。这个计时误差在促发一些像 EEG、fMRI 的采集设备或者重放一段声音场合非常有用。
- Missed 指明有刺激所请求的呈现期限是否有丢失的情况。

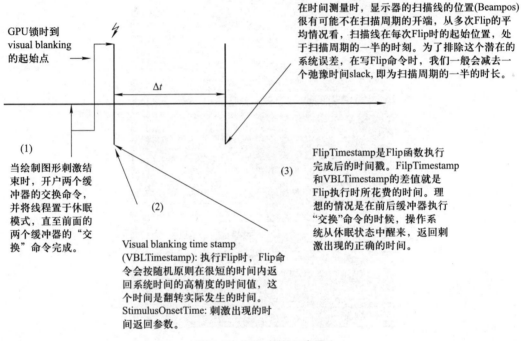

图 4.30　Flip 线程示意图

以下通过一个实例来说明。图 4.31 显示了一个启动范式的实验,在注视点之后,用一个"红心"图片对笑脸进行启动(prime)。各个刺激的时长见标注。

```
HideCursor；% 隐藏光标
AssertOpenGL；% 启动 OpenGL
backcolor=0；% 背景为黑色
screens=Screen(' Screens ')；% 打开屏幕
screenNumber=max(screens)；% 返回屏幕指针数目
[win wsize]=Screen(' OpenWindow ',screenNumber)；% 打开当前活动的主屏幕
flipIntv=Screen(' GetFlipInterval ', win)；% 求得刷频周期
```

```
slack=flipIntv/2;  % 刷频周期的一半,即为 slack 时间
cx=wsize(3)/2;  % 屏幕中心的横坐标值
cy=wsize(4)/2;  % 屏幕中心的纵坐标值

primeImage=imread('heart.jpg');  % 调入启动的心型图片
targetImage=imread('face.jpg');  % 调入目标的脸孔图片
textureIndex1=Screen('MakeTexture',win,primeImage);  % 以纹理图片的方式装载
textureIndex2=Screen('MakeTexture',win,targetImage);
% 设置注视点
pixs=deg2pix(1,21,1280,70);  % 调用度数转成像素的子函数,定义 2°圆点作为注视点
R1=2*pixs;

drect=[0 0 R1 R1];
cx=wsize(3)/2;  % 屏幕中心坐标的 x 值
cy=wsize(4)/2;  % 屏幕中心坐标的 y 值
tRect=CenterRectOnPoint(drect,cx,cy);
% 将注视点在后缓冲器上绘制
slack=Screen('GetFlipInterval',win)/2;  % 求得 slack 时间,为刷频周期的一半
Screen('FillRect',win,backcolor);
Screen('FillOval',win,255,tRect);  % 由于背景是黑色,这里绘制白色的注视点


tfixation_onset=Screen('Flip',win);  % 取回注视点出现的时刻

Screen('FillRect',win,backcolor);
Screen('DrawTexture',win,textureIndex1);  % 将启动刺激置入后缓冲器

tprime_onset=Screen('Flip',win,tfixation_onset+0.500-slack);
    % 以注视点出现的时间为基准,注视点刺激 500 ms 后,出现启动刺激,注意这里减去
    了 slack 时间,下同

Screen('FillRect',win,backcolor);
Screen('DrawTexture',win,textureIndex2);  % 这里将目标刺激置入后缓冲器

ttarget_onset=Screen('Flip',win,tprime_onset+0.100-slack);  % 以启动刺激出现的
    时刻为基准点,启动刺激 100 ms 后,出现目标刺激

ttarget_offset=Screen('Flip',win,ttarget_onset+0.200-slack);
WaitSecs(3);  % 目标刺激持续 200 ms
Screen('Close',win);  % 关闭屏幕
```

下面我们直接用一个简单的例子来介绍 PTB 的用法。

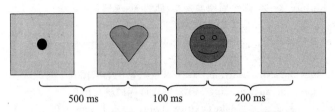

图 4.31　PTB 视觉刺激编程以及 slack 时间的使用

%ptbexam.m
w=Screen('OpenWindow',0,[],[100 100 800 600]);%打开一个窗口,准备呈现刺激
Screen('DrawText',w,'Hello World');%在缓冲器中准备要呈现的文字,程序的主体

Screen(w,'Flip');%呈现刚才写的字,从后台翻转向前台
WaitSecs(2);%刺激呈现 2 s
sca;%关闭窗口,程序的结束

我们逐句解析这段代码。

　　　　w=Screen('Openwindow',0,[],[100 100 800 600]);

　　这句代码会先打开一个小窗口,PTB 的一切操作主要都在这个小窗口上,包括我们实验时呈现的刺激。Screen 函数是 PTB 最重要的函数,一切对于这个小窗口的操作基本都通过这个函数实现。

　　函数的第一个参数是"OpenWindow",意思是新建一个小窗口,而 Screen 函数的各种用法主要都是通过改变这个参数来完成的,比如画点、画线。

　　函数的第二个参数 0 表示把生成的小窗口呈现在外接的两个屏幕上。比如我们在做实验时可能会用一台主机连接两台显示器,一台显示器是给被试看,呈现刺激用的。另外一台显示器是作为监控给主试用的。如果第二个参数设为 0,代表同一个窗口呈现在两个显示器上。如果参数是 1,代表窗口呈现在 1 号显示器上。参数是 2,代表窗口呈现在 2 号显示器上。如果是 Windows 用户,可以自行在屏幕分辨率设置中查询或调整屏幕编号。

　　第三个参数是打开窗口的背景的颜色,如果希望是红色,就设为[255 0 0],如果希望是灰色,可以设为[128 128 128]。当然要严格设置背景的亮度,还得去 gamma 校正表查对应值。如果缺省,就默认是白色。

　　第四个参数是设置打开窗口的大小和位置。PTB 的矩形区域都是用 4 个值[a b c d]定义,这 4 个值是窗口左上角和右下角的坐标。a 是左上角的横坐标,b 是左上角的纵坐标,c 是右下角的横坐标,d 是右下角的纵坐标。这些坐标相对的 0 点是屏幕的左上角。如果缺省,就默认是全屏。

　　其实这条函数后面还有 7 个参数,大家有兴趣可以在 MATLAB 命令行里输入

"Screen OpenWindow?"查看详细内容,如果要查看 Screen 函数的其他功能,只要把 OpenWindow 改成其他对应的名称即可(比如"Screen DrawText?")。这条 Screen 函数运行后会返回一个句柄,放在"w"这个变量里。后面我们需要对刚才打开的窗口进行操作时,就需要用到这个句柄。

第二句:

Screen('DrawText', w, 'Hello World');

通过这句命令将文字绘制到缓冲器中,以便执行 flip 命令时显示。

第一个参数就标明这个 Screen 函数是用来呈现字符的,与之同类型的选择见表 4.1。

表 4.1 参数及其功能

参数名	功能
DrawDots	画一组点
DrawLine	画线
DrawLines	画一组线
DrawArc	画弧线
FrameArc	画加粗弧线
FillArc	填充弧线,即是填充扇形
FillRect	填充矩形
FrameRect	画矩形框
FillOval	填充椭圆(圆是椭圆的一个特例)
FrameOval	画椭圆框
FramePoly	画多边形框
FillPoly	填充多边形

当然,对于更为复杂的刺激,要使用 MakeTexture 和 DrawTexture 命令,MakeTexture 把一张任意图片矩阵转换成 OpenGL 纹理并返回其句柄,而 DrawTexture 则通过该句柄将纹理绘入指定窗口。用这个组合,就可以在窗口中呈现任意图片,只需先把图片准备好。

第二个参数是将这些文字写入的窗口,这里的 w 就是前一行代码生成的窗口。

第三个参数是我们要写入的内容。这里可以直接把字符串放进去,但如果字符串太长,会导致整条函数过于冗长,使得后面的参数难以辨认。更好的写法是在这条命令之前写一个:

text='Hello World'

将文字存入变量text中,然后再用:

Screen('DrawText',w,text);

即可,在MATLAB里面,所有的字符串、数字,都可以存入变量中。活用变量,可以让程序变得更精简。

而这个函数的第四个参数和第五个参数分别是显示的字符串所占的矩形框左上角所在点的横坐标和纵坐标,如果缺省的话,默认是(0,0),也就是窗口的左上角。注意这两个值是相对于窗口,而不是屏幕。这里有个小技巧,一般每条函数前面的参数都会相对比后面的参数重要,如果是填写的最后一个参数后面的参数,比如这个函数中的第三个参数'Hello World'后面的参数,如果希望采用默认值,直接不填就可以了。如果是中间的参数希望采用默认值,一般用[]空变量来代表缺省。

第六个参数是字体的颜色,可以用RGB或者RGBA两种格式。如果希望是红色字体,则用[255 0 0],如果希望红色半透明字体,可以采用[255 0 0 128]。

第七个参数是文字背景颜色,缺省情况下默认是透明的,即文字浮于背景窗口上方。但如果想改变文字背景的颜色,需要先使用Screen('Preference','TextAlphaBlending',1)和Screen('BlendFunction',w,GL_SRC_ALPHA,GL_ONE_MINUS_SRC_ALPHA)这两个函数。

第三句代码:

Screen(w,'Flip');

这一句使得我们之前draw的图画正式显示在显示器上。第一个参数是标明我们要刷新哪一个窗口,刷新的意思就是把新画的东西呈现出来。第二个参数就是'Flip'了,告诉Screen要刷新屏幕了。第三个参数是呈现的时刻点,缺省值是0,表示在最近一个扫频时呈现。这个时间点是系统时间。第四个参数是标记是否擦除之前窗口内的内容,缺省值是0,表示每次flip都清除窗口内的内容。如果设置为1,则表示每次flip后的内容都保留,只是将新画的内容增添进去。

最后一句代码"sca",这其实是"Screen('CloseAll')"的缩写。就是关闭所有窗口。一般该命令用于实验结束的时候,可以关闭所有通过PTB打开的窗口。

实验的过程中,我们不仅要呈现刺激,也要记录被试的反应。PTB里提供了一个很简单的函数KbCheck来记录按键的内容。此外,还可以通过GetMouse来获取鼠标的状态。读者可在本书前言中提到的网址上查看相关例子,进行进一步学习。

参 考 文 献

Brainard, D. H., Pelli, D. G., & Robson, T. (2002). Display characterization. In the Encyclopedia of Imaging Science and Technology. J. Hornak (ed.), Wiley. 172—188.

Pelli, D. G. (1997). The VideoToolbox software for visual psychophysics: Transforming numbers into movies. Spatial vision, 10(4), 437—442.

Lu, Z. L., & Dosher, B. (2014). Visual Psychophysics: from Laboratory to Theory. MA, USA: MIT Press.

作业和思考题

1. 将 face.jpg 与 house.jpg 融合成一张图片,face 占用红色通道,house 占用绿色通道,蓝色通道取值 0。由于两张图片不一样大,最后结果保留两张图片重叠部分即可,如示例 mix.jpg(提示一下,imread 读出的数据是 uint8,取值范围是 0~255,imshow 图片的取值范围是 0~1,中间需要除以 255 这个系数)。

2. data.mat 中保存了一组虚拟的 fMRI 数据,数据里记录了 V1,V2,V3,V4,V5,ips 6 个脑区 100 个时间点的值,请画出其 6×6 的相关矩阵。

3. 先生成一个 200×200 的高斯滤波器,sigma=50,读取 Simpson.jpg,使得二维高斯覆盖在图像上,高斯覆盖范围外值为 0。并且将这个过程做成动态。通过鼠标控制高斯覆盖的位置,刷新的频率定为 25 Hz(即每次呈现一帧图像要 pause 0.04 s),点击鼠标右键退出循环。

4. (1) 将 face 进行高斯滤波,高斯算子的边长是 100 个 pixel,sigma 为 30。

    (2) 对 house 进行边缘检测。

    (3) 制作一个 200×200 竖直朝向顺时针偏转 15°的 Gabor 图,其他参数可自己定,并解释各个参数的含义。

5. [编程题] 白色背景的屏幕中央出现蓝色注视点,时间为 1 s。之后注视点消失,同时播放左声道的声音或右声道的声音(纯音,1000 Hz,30 ms,采样率 44100),声音消失后的 500 ms,屏幕个同位置出现六组图形(如图 4.32),每组图形的中央都有一条红色线段。这六条线段的中心到注视点中

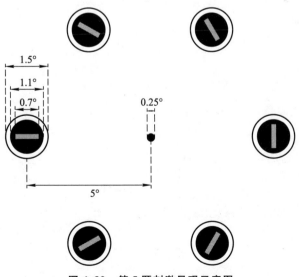

图 4.32 第 5 题刺激呈现示意图

心等距。六条线段的朝向为 0°,30°,60°,90°,120°或 150°的随机排列。图形画面保留时间为 5 s,然后消失,出现黑色屏幕背景(保持 1 s),最后退出画面,出现光标。

6. [编程题]生成如图 4.33 所示的图形刺激。黑色屏幕中央出现白色"＋"(作为注视点),注视点右侧上下分别出现两个矩形,矩形与注视点同时出现。两个矩形的中心在竖直方向上与注视点中心等距。上方矩形随机出现在 5 个固定位置上:即出现在图中所示白色实心矩形所在的位置,或其他四个灰色空心矩形之一的位置。下方矩形的中心在水平方向上与上方矩形的中心距离为 0.8°,1.0°,1.2°或 1.4°(取其中一个值),其他距离参数请见图 4.33。画面停留 3s 后消失,屏幕背景变成白色,停留 1s 后关闭屏幕,出现光标。

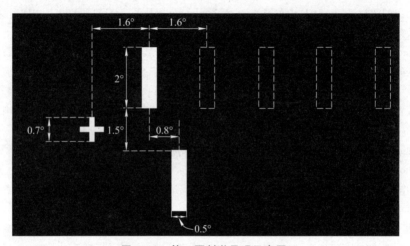

图 4.33　第 6 题刺激呈现示意图

5 利用 MATLAB 生成听觉刺激

预备知识
- 心理声学的基础知识
- PSYCHTOOLBOX 的基本原理和函数
- 实验刺激和程序的随机化处理

本章要点
- 声音的特性
- 用 MATLAB 产生纯音、噪声、乐音和复合音(和音)
- 构造声音的移动
- 声音的淡入和淡出
- 使用 PsychPortAudio 函数
- 声音的其他处理(滤波和声场分析)

5.1 声音的特性

用 MATLAB 语言描述听觉刺激,至少包含两个方面的内容。一是生成特定的听觉刺激;二是对听觉刺激进行一定的修饰和信号处理,以符合语音感知和语音增强等的需要。本章内容侧重讲解利用 MATLAB 和 PsychPortAudio 函数,生成丰富、常用的听觉刺激。

如前一章提到的,PTB 是一组 MATLAB 函数(m 文件)和用 C 语言写的可执行的 mex 文件构成,这使得我们非常方便去定制心理学实验所需的刺激事件。利用 MATLAB 和 PTB 工具包,我们也能方便地产生各种类型的声音(包括噪声),复杂和虚拟的声场,并可以对声音的频谱特性进行修饰,以符合心理学实验的需要。

在介绍具体方法之前,我们需要对声音的基本特性有清晰的认识。对于一个以正弦波或余弦波为基础的纯音,它包含四个要素:声音的时长、频率、采样率和比特率。赫兹是频率单位,记为 Hz,指每秒钟周期性变化的次数。分贝是表示声音强度的单位,记为 dB。声音是一种波,我们以极短的时间间隔把波形变成一系列数字,也就是模拟信号到数字信号的转换,简称 A/D 转换,就是对声音进行采样,每秒钟采样的次数称为采样率。声音的采样率与声卡的缓存容量有关。常用的采样率有 11.025 kHz、22.05 kHz 和 44.1 kHz。在采样时,采样点之间的时间间隔越小,即每秒钟采样的次数越多,采样频率越大,采样就越细腻逼真,所以理论上讲应该是采样频率越高音质越好。但人耳听觉分辨率有限,最大分辨率大约是 20 kHz 左右。比特率则表示记录音频数据每秒钟所需要的平均比特值,比特是计算机中最小的数据单位,指一个 0 或者 1 的数,通常我们使用 Kbps(1024bps)作为单位。CD 中的数字音乐比特率为 1411.2 Kbps,也就是记录 1 秒钟的 CD 音乐,需要 1411.2×1024 比特的数据,对于大部分人来说,192 Kbps 的 MP3 格式音质已经非常不错了,但是如果你的耳朵比较灵敏,自然要求也就相应提高。目前大部分 MP3 播放器所能支持的 256 Kbps 的比特率,基本上已经能够满足要求了,如果能够支持更高当然更好。影响声音大小的物理要素是振幅,电脑上的声音必须也要能精确表示乐曲的轻响,所以一定要对声波的振幅有一个精确的描述,比特就是这样一个单位,x 比特就是指把波形的振幅划为 2 的 x 次方个等级,根据模拟信号的轻响把它划分到某个等级中去,就可以用数字来表示了(图 5.1)。比特率越高,越能细致地反映声音的轻响变化。为了体现正常的声音信息,16 bps 为基本的需求,较好的 CD 使用的是 20 bps 甚至 24 bps。

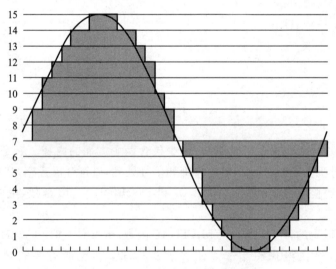

图 5.1 4 bps 的声音采样示意图

声音总可以被分解为不同频率不同强度正弦波的叠加。这种变换(或分解)的过程称为傅里叶变换。因此,一般的声音总是包含一定的频率范围。人耳可以听到的声音的频率范围在 20～20 000 Hz。高于这个范围的波动称为超声波,低于这一范围的称为次声波。

表征声音强度的一个单位为声压。特定介质下的声压是指声波通过某种媒介时，由振动所产生的压强改变量，一般会考虑在不同时间或空间下，声压的均方根(RMS)为其平均值。例如，空气中声压均方根为 1Pa(94dbSPL)的声音,表示其实际的压强在 101 323.6～101 326.4 Pa 之间变化。由于人耳可以传感的声音振幅范围较广，声压一般会表示为对数尺度，用分贝表示的声压级(SPL)来表示。声压级可以用 L 表示，定义如下：

$$L_p = 10 \lg\left(\frac{p^2}{p_{ref}^2}\right) = 20 \lg\left(\frac{p}{p_{ref}}\right) dB$$

其中，p 为声压的均方根值，p_{ref} 为参考声压，一般用的参考声压是以 ANSI S1.1－1994 为准，在空气中为 20 μPa，在水中为 1 μPa。若没有指定的参考声压，只有一个以分贝值表示的数值不能代表声压级。数字音频中，0 dB 是最大的音量，在此基础上可以减小音量，如－10 dB。

5.2 用 MATLAB 产生纯音、噪声、乐音与和声

和声是关于乐音音频同时性(也包括续时性)分布自然法则的描述和总结性学科，对于理解音乐构成及其自然逻辑意义有着重要的作用。广义的和声(harmony)是指任何由超过一个频率组合而成的声音。但在西方音乐中，和声也常常用来描述不同和弦(chord)的配搭手法，而和弦是指同一时间演奏两个或两个以上不同的音，和声与和弦这两个词在许多时候可以通用。图 5.2 给出了和声与简单频谱的示意图。

音频信号在 MATLAB 里的表达式为 1 或 2 行(列)采样得到的行(列)向量。在时间上，呈现离散的特点，由采样率来表征，即每秒离散信号的采样个数，比如 44 100 Hz，表示 1 s 采集 44 100 个声音数据点。在存储方式上，用"位数"来表示。以下介绍声音处理的几个一般函数，读者可以在我们网站上获取更多例子。

例 5.1 产生纯音(MakeBeep 函数)

调用格式：[beep, samplingRate1]＝MakeBeep(freq,duration,[samplingRate])

(freq,音调；duration,音频长度(秒)；samplingRate,采样频率；beep,音频数据返回值；samplingRate1,返回采样频率。)

```
freq=44100;
tone(1,:)=0.9 * MakeBeep(1000, 0.04, 44100);
tone(2,:)=tone(1,:);
toneb(1,:)=0.9 * MakeBeep(500, 0.04, 44100);
toneb(2,:)=toneb(1,:);
Snd('Play', tone, freq, 16);
Snd('Quiet');
Snd('Close');
```

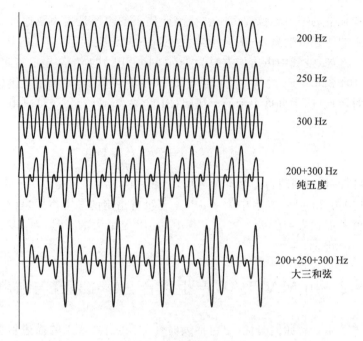

图 5.2 和声频谱示意图

例 5.2 产生噪声(Beeper 函数)

调秒用格式:Beeper(frequency, loudness, duration)

(播放 beep 的声音,缺省值为 400 Hz,150 ms;frequency 可以设置为一个固定的数值,或者用字符串'high','med','low'表示相应的频率范围;loudness 取值在 0~1 之间,缺省值为 0.4,注意 1 是最大值,而且往往声音非常大;注意在 MATLAB 6 版本,有一个内置的函数,为"beep")

例 5.3 音频数据播放(Sound 函数在 R2016b 之后版本已被移除,可以用 audioplayer 代替其功能)

Sound(y, Fs)

Sound(y, Fs, bits) %Fs,采样频率;bits,比特数

例 5.4 音频播放器(audioplayer 函数)

player = audioplayer(Y, Fs, nBits)

player = audioplayer(recorder, ID)

例 5.5 创建录音机对象(audiorecorder 函数)

调用格式:recorder = audiorecorder(Fs, nBits, nChannels, ID)

以下程序用于进行一段音频的录制与播放——

```
recorder = audiorecorder(44100, 8, 1, 0);
```

```
disp(' Start Recording... ');
Recordblocking(recorder, 6);   % 录制 6 s
disp(' End of Recording');
play(recorder);
audiodata=getaudiodata(recorder);
plot(audiodata);
```

5.3 声音的归一化

在一般情况下,声音序列数据的数值不超过 1。但在声音数据变换操作时,声音数据的振幅有可能超出 1 的范围。因此,可能出现声音在信号内部数据造成不一致,播放时影响了声音的真实精度。为此,有必要对声音信号进行归一化。另外,当声音的主观知觉强度不一致时,也需要进行归一化,然后使用处理过的声音刺激进行实验。

归一化处理的一个常用命令是 soundsc,这里的后缀名 sc 为 scale 的缩写。soundsc 的用途是将声音序列数据以整体的最大值为分母,逐一将每个数据点除以最大值,归一化到小于 1,可参考例 5.6 和例 5.7。

例 5.6 声音的归一化

```
f0=250; amplitude=1;
for i=1:20
    component(i, :)=amplitude * sin(2 * pi * (f0 * i) * t);
    amplitude=amplitude/2;
end
complex=sum(component);
complex=complex/max(abs(complex));
figure;
plot(complex(1:441));
```

例 5.7 声强的归一化

```
load train;
s1=y;
load chirp;
s2=y;
rms_s1=sqrt(mean(s1.^2));
rms_s2=sqrt(mean(s2.^2));
rms_ratio=rms_s1/rms_s2;
if rms_ratio > 1
    fprintf(' The first was the loudest\n');
    s2=s2 * rms_ratio;
else
    fprintf(' The second was the loudest\n');
```

```
        s1=s1 * rms_ratio;
    end
```

5.4 立体声、ITD 和 ILD

前面的例子基本上用到的都是单通道的声音。事实上,声音的来源可以是多通道的,比如双声道的声音。专业声卡采用 ASIO 技术,它的全称是 Audio Stream Input Output,翻译为"音频流输入输出接口"。通常这是专业声卡或高档音频工作站才会具备的性能。采用 ASIO 技术可以减少系统对音频流信号的延迟,增强声卡硬件的处理能力。同样一块声卡,假设使用多媒体扩展(Multi Media Extensions,MME)驱动 1 小时的延迟时间为 750 ms,那么当换成 ASIO 驱动后延迟量就有可能下降到 40 ms 或以下,Delta 1010 声卡的延迟性能可达 1 ms 精度(图 5.3)。立体声可由两列-1 到 1 之间的数表示。其中,ITD(两耳时间差)和 ILD(两耳强度差)是人进行声源定位的两个线索,例 5.8 给出了通过 ITD 形成声音由左到右移动的感觉的程序。例 5.9 给出了使用 PsychPortAudio 的伪代码。

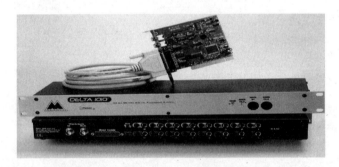

图 5.3 多通道声卡 Delta 1010,可以录制和播放 8 个通道的声音

例 5.8 两耳时间差

```
sr=44100;
f=250;
d=.25;
t=linspace(0, d, sr*d);
for i=-6:6
    ITD=i*10^-4;
    IPD=2*pi*f*ITD;
    phase_left=0;
    phase_right=IPD; % 定义时间差的大小
    tone_left=sin(2*pi*f*t+phase_left);
    tone_right=sin(2*pi*f*t+phase_right);
```

```
        if ispc
            wavplay([tone_left,tone_right],sr,'sync');
        elseif ismac
            sound([tone_left,tone_right],sr);
        end
    end
```

例 5.9 使用 PsychPortAudio 的伪代码

① Padevice=PsychPortAudio('Open',[deviceid],[mode],2,96000);
打开设备通道,2 通道,采样率为 96000

② Mysound=0.9 * MakeBeep(1000,0.1,96000);
制作一个纯音,频率为 1000Hz,采样率 96000

③ PsychPortAudio('FillBuffer',Padevice,Mysound);
将上述的声音装载入声音设备的缓冲器

④ PsychPortAudio('Start',Padevice,5,tvisualonset);
播放声音 5 遍,在视觉标定的刺激出现的时刻开始播放

⑤ Visonset=Screen('Flip',window,tvisualonset - 0.004);
视觉刺激出现

⑥ ...whatever... 其他相关的进程

⑦ Audioonset=PsychPortAudio('Stop',Padevice);
停止声音的播放

⑧ PsychPortAudio('Close'[,Padevice]);
关闭声音设备

注意,使用前需装载声卡驱动程序。以下给出不同声音片段的用 PsychPortAudio 函数生成的示例。

例 5.10

```
InitializePsychSound(1);%该函数用于加载支持高精度、低延时和多声道的录音驱动,可
直接在 MATLAB 命令窗口内运行该函数来查看你的硬件是否支持 ASIO。当没有
条件更换硬件时,可以采用软件的方法来仿真 ASIO 接口,下载免费的 ASIO4ALL
驱动程序(http://asio4all.com)。但是,在任何情况下,我们推荐下载"portaudio_
x86.dll"插件确保 PTB 能够支持 ASIO,并将该插件复制到 PTB 所包含的路径下,重
启 MATLAB
freq=96000;%采样率为 96000
ISOI=0.12;% 设置 120 ms 的声音长度
Stimdur=0.03;% 单个声音长度 30 ms
latbias=(64 /freq);%硬件的延时
pahandle=PsychPortAudio('Open',[],[],2,freq);% 打开声音设备
%告诉驱动器设备本身的时间延时的大小
```

```
prelat=PsychPortAudio('LatencyBias',pahandle,latbias);
postlat=PsychPortAudio('LatencyBias',pahandle);
%以下分别构造单一声音、一对声音和多个声音
tone20=0.9 * MakeBeep(500,0.02,freq); % 20 ms 的纯音
tone(1,:)=0.9 * MakeBeep(500, ISOI+Stimdur , freq); % 单一的声音 150 ms
tone(2,1:length(tone20))=tone20;
tone(2,end-length(tone20)+1:end)=tone20;
    %一对声音,声音和期间的空白间隔总长为 150 ms
for i=0:2:6
    range=1+i*length(tone20):length(tone20)*(i+1);
    tone(3,range)=tone20; % 间隔置入 3 个各为 20 ms 的纯音
end
PsychPortAudio('FillBuffer',pahandle,repmat(tone(1,:),2,1)); % 播放声音
PsychPortAudio('Start',pahandle,1, 0);
```

5.5　构造声音移动的四种方法

在心理声学的研究中,我们经常需要构造移动的声音刺激(序列)。以下介绍构造声音移动的四种方法。

5.5.1　物理的方法

物理方法最原始,也最直接和逼真。只要在给定的消声室或半消声室(图 5.4),将所有声音刺激的个数和移动方式用相应的喇叭排布好,利用多通道声卡或其他专业设备(如 TDT 声音工作站)输入给定的声音信号,产生多个声音移动的知觉。这些声音也可被录制下来,用于普通个人计算机的程序播放使用。

图 5.4　消声室的场景示意图

5.5.2 声强渐弱和渐强形成的声音运动知觉

在阅读相关参考文献时,我们可以从刺激方法的描述部分,了解如何用声强的对比构造声音运动(似动,apparent motion)的知觉。以 Stekelenburg 和 Vroomen(2009)的研究为例(见图 5.5),如果构造一个向左运动的声音似动,在一个 200 ms 的时间段里,让左侧喇叭声音的强度从原始 63 dB 的 80%,线性递减到 20%;同时,让右侧喇叭声音的强度从原始 63 dB 的 20%量值开始,线性递增到 80%。根据同样的方法(但相反的数值变换),也可以产生朝右运动的声音似动。

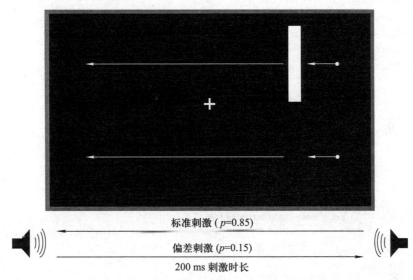

图 5.5 构造声音运动(视听交互)的刺激示意图
(引自 Stekelenburg & Vroomen,2009)

5.5.3 利用函数 stereo.m 和 stereomove.m

这两个函数是编程爱好者开发的开源程序,具体应用见我们的网站,此处不再过多介绍。

5.5.4 利用三维虚拟头传递函数 HRTF

最后一种方法是利用三维虚拟头传递函数 HRTF,刻画人耳接收空间中某一点传来的声音的特征。这里用一个完整程序进行说明,见例 5.11。

例 5.11 产生由右到左的蜜蜂飞行的蜂鸣声音

以下函数中的 azi45_elev0_dist50.wav 等为空间虚拟定位函数产生的短声音刺激

(即传递函数),当目标声音 BuzzingBee.wav 与它进行滤波时,就能将给定的声音定位到空间上的这个坐标位置。同样的原则,当给定的声音刺激在不同的空间坐标滤波后,并黏结在一起(为了传达良好的听觉效果,需要做相应的滤波处理),就可构造出声音在空间移动的知觉。

```
[sig,samplerate,nbits]=wavread('BuzzingBee.wav');
hrir=wavread('azi0_elev0_dist50.wav');
left=hrir(:,1);
right=hrir(:,2);
sig_out_left=filter(left,1,sig);
sig_out_right=filter(right,1,sig);
sig_out=[sig_out_left,sig_out_right];
target=sig_out;
target=target./max(max(target))*0.9;

hrir=wavread('azi45_elev0_dist50.wav');
left=hrir(:,1);
right=hrir(:,2);
sig_out_left=filter(left,1,sig);
sig_out_right=filter(right,1,sig);
sig_out=[sig_out_left,sig_out_right];
target1=sig_out;
target1=target./max(max(target1))*0.9;

hrir=wavread('azi90_elev0_dist50.wav');
left=hrir(:,1);
right=hrir(:,2);
sig_out_left=filter(left,1,sig);
sig_out_right=filter(right,1,sig);
sig_out=[sig_out_left,sig_out_right];
target2=sig_out;
target2=target./max(max(target2))*0.9;

hrir=wavread('azi135_elev0_dist50.wav');
left=hrir(:,1);
right=hrir(:,2);
sig_out_left=filter(left,1,sig);
sig_out_right=filter(right,1,sig);
sig_out=[sig_out_left,sig_out_right];
target3=sig_out;
target3=target./max(max(target3))*0.9;

hrir=wavread('azi180_elev0_dist50.wav');
```

```
left=hrir(:,1);
right=hrir(:,2);
sig_out_left=filter(left,1,sig);
sig_out_right=filter(right,1,sig);
sig_out=[sig_out_left,sig_out_right];
target4=sig_out;
target4=target./max(max(target4))*0.9;

Target=[target;target1;target2;target3;target4];
wavwrite(Target,samplerate,nbits,'sig_out.wav');
```

5.6 声音的修饰

在大多数心理声学的研究中,用MATLAB或其他软件产生的声音,不能直接用于实验,特别是有关时间知觉的实验。因为,在声音播放的起始点和结束点,由于声音信号的阶跃响应,会形成"咔嗒"的干扰音。因此,需要对声音进行修饰。这里,介绍两种常见的修饰方法。它们的原理都是在声音的开头和末尾(比如10 ms),利用变换向量,使得原始声音信号的开端能缓慢爬升(淡入),末尾能缓慢下降(淡出),即加上一小段"门控",这样就可以消除不必要的"咔嗒"声了。在大多数实验心理学文献的声音刺激特性描述部分,会有声音修饰(淡入和淡出)的操作说明。例5.12和例5.13是两个声音修饰的实例程序。

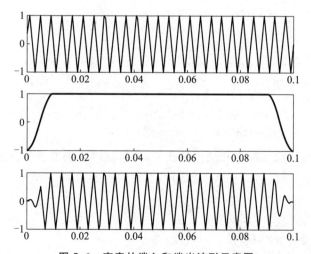

图5.6 声音的淡入和淡出波形示意图

(最上方是原始波形;中间部分为修饰的门控;下方为修饰后的波形图)

例 5.12 声音的淡入和淡出

```
function outsig=rampsignal (insig,ramplen)

L=length(insig);
L1=ramplen(1);  %淡入
L2=ramplen(2);  %淡出
gw_up=linspace(1,0,L1+1)';  %线性变换
win_up=[gw_up;flipud(gw_up(2:end-1))];
r1=win_up(L1+1:2*L1);
gw_down=linspace(1,0,L2+1)';
win_down=[gw_down;flipud(gw_down(2:end-1))];
r2=win_down(1:L2);
ramp=[r1;ones(L-L1-L2,1);r2];
outsig=insig.*ramp';
```

例 5.13 正弦(余弦)修饰

```
sr=44100;
f=250;
d=0.5;
time=linspace(0,d,sr*d);
tone=sin(2*pi*f*time);
gatedur=.01;
gate=cos(linspace(pi, 2*pi, sr*gatedur));  %余弦变换
gate=(gate+1)/2;
offsetgate=fliplr(gate);
sustain=ones(1, (length(tone)-2*length(gate)));
envelope=[gate, sustain, offsetgate];
smoothed_tone=envelope.*tone;
sound(smoothed_tone, sr);
subplot(3,1,1); plot(time,tone);
subplot(3,1,2); plot(time,envelope,'o');
subplot(3,1,3); plot(time,smoothed_tone);
```

声音的修饰处理除了淡入和淡出操作外,还包括声音的滤波等操作,例如声音的快速傅里叶变换滤波,读者可以在我们的网站上找到更多示例。

参 考 文 献

(前两篇文献均可下载开源工具包)

Grassi, M., & Soranzo, A. (2009). MLP: a MATLAB toolbox for rapid and reliable auditory threshold estimation. Behavior Research Methods, 41(1), 20—28.

Peeters, G., Giordano, B. L., Susini, P., Misdariis, N., & Mcadams, S. (2011). The timbre toolbox: extracting audio descriptors from musical signals. Journal of the Acoustical Society of America, 130(5), 2902—2916.

Kanafuka, K., Nakajima, Y., Remijn, G. B., Sasaki, T., & Tanaka, S. (2007). Subjectively divided tone components in the gap transfer illusion. Perception & Psychophysics, 69(5), 641—653.

Wang, Q., Guo, L., Bao, M., & Chen, L. (2015). Perception of visual apparent motion is modulated by a gap within concurrent auditory glides, even when it is illusory. Frontiers in Psychology, 6, 564.

作业和思考题

1. 生成 500 ms，1000 Hz，采样率为 44100 的纯音，其中，该声音的起始 30 ms 和末尾 30 ms 需要修饰，用余弦变换。

2. 请编出《欢乐颂》第一句的声音刺激，一拍的时间间隔可以自定，推荐参数是 0.5 s。

     3 3 4 5 | 5 4 3 2 | 1 1 2 3 | 3 . 2 2 — |

                    └──► 这个小点代表半拍

音符 1，2，3，4，5，6，7 对应的声音频率是 523 Hz，578 Hz，659 Hz，698 Hz，784 Hz，880 Hz，988 Hz。

6

PSYCHTOOLBOX 中的反应录入与 MATLAB 接口

预备知识
- PSYCHTOOLBOX 基础
- 实验心理学反应时技术
- 简单的串口、并口通信接口原理与规范
- 程序的时间效率衡量

本章要点
- 反应时的记录
- 鼠标和键盘的录入方法以及用于程序控制
- 串口和并口通信
- 其他硬件接口(与虚拟现实的结合)

6.1 反应时技术及反应收集

6.1.1 MATLAB 和 PTB 中记录反应

对于绝大多数心理学研究,都需要记录被试的行为反应。行为反应的两个重要记录指标为反应时和正确率。在 MATLAB 的计时系统中,一般使用 cputime 返回程序执行时间,比如:

```
t=cputime;
surf(peaks(40));
e=cputime-t

e=0.4667
```

另外体现程序时间的两个函数为 timeit 和 tic/toc。使用 timeit 函数来精确测量一个函数的执行时间。timeit 函数多次调用给定的函数,并返回测量的中值,它利用函数的句柄来测量,并返回执行的时间(以"秒"为单位)。假定已经有一个函数 Compute-

Function,有两个在工作空间定义的输入变量 x 和 y,那么就可以使用 timeit 来对这个函数的执行时间进行估计。

  f=@() myComputeFunction;
  timeit(f);

  tic/toc 函数用于对程序的片段进行计时,tic 为启动计时,toc 为结束计时。用 tic/toc 时,如果估计的时间大于 100 ms,建议多次循环,求平均值,求得运行一次所需的平均时间。与 cputime 相比,timeit 函数和 tic/toc 函数的性能更好。在超线程技术方面,cputime 性能和 tic/toc 有很大的差别。

  我们在调试程序时,也可利用 profile 来追踪程序的执行时间。使用 profile 来追踪程序的执行时间有几种语法格式:

- profile action:启动、停止或重新启动 profile,查看或清除 profile 的数据;
- profile action option1 option2 ... optionN:启动或重启 profile 的选项,比如记录函数回调的历史记录;
- profile option1...optionN:定义选项。

  另外,当 profile 开着的时候,必须先关闭。

  p=profile('info'); % 停止 profile 并显示含有结果信息的结构体
  s=profile('status'); % 返回含有 profile 状态信息的结构体
  profile on;
  n=100;
  M=magic(n);

  除了 tic/toc 外,PTB 使用 WaitSecs 来进行计时,通过输入的参数定义的时间(秒),来控制时间。以下举例说明。

例 6.1

```
try
    w=Screen('OpenWindow',0); % 打开一个窗口
    WaitSecs(10); % 等待时间,以秒为单位;这里理论上等待 10 s
    Screen('CloseAll');
catch
    Screen('Close', w);
    rethrow(lasterror);
end
```

例 6.2

```
try
  Screen('OpenWindow',0);
  t0=GetSecs; % t0 标定系统的起始时间点
  WaitSecs(5);
```

```
    t1=GetSecs;%t1 记录当前时刻的时间
    Screen('CloseAll');
    t_elapsed=t1-t0;%计算从 t0 到 t1 所经历的时长
catch
    Screen('Close',w);
    rethrow(lasterror);
end
```

6.1.2 时间优先级的设置

在一个典型的程序设计中,应呈现多种不同类型的刺激(视觉、听觉等)并同时进行其他进程的程序运行(包括计算)。在缺省的情况下,系统进行资源平均分配,即不同的进程在运行时,所拥有的"优先"执行的级别是相同的。但是,根据实验设计的需要,有时要将某些进程的运行置于最优先的级别,即保证其时间精度。以下介绍 Priority 函数的使用,即 MATLAB 和 PTB 的时间优先权的设置。

例 6.3

```
try
    screenNum=0;
    res=[1280 1024];
    clrdepth=32;
    [wPtr,rect]=Screen('OpenWindow',screenNum,0,[0 0 res(1) res(2)],clrdepth);
    black=BlackIndex(wPtr);
    white=WhiteIndex(wPtr);
    Screen('FillRect',wPtr,black);
    priorityLevel=MaxPriority(wPtr);% 将优先性置于最高级别
    %一般 priority 的值有三个水平,0=正常的优先级别;1=高优先级别;2=实时的优先级别
    Priority(priorityLevel);
    Screen(wPtr,'Flip');
    Priority(0);%恢复设置
    Screen('CloseAll');
catch
    Screen('Close',wPtr);
    rethrow(lasterror);
end
```

6.1.3 反应收集:按键输入

实验中的反应收集可有以下几种方式:①按键输入;②对话框;③鼠标输入;④串口/并口输入。读者应重点掌握 KbWait 函数和 KbCheck 函数。不同之处在于 KbWait 等待用户的输入,即有输入后退出程序文本;而 KbCheck 不需要等待用户输入,

只是检测按键的状态,即此刻如果没有按键,程序语句仍旧继续执行。一般使用 KbCheck 检测高时间精度的按键的输入,而用 KbWait 收集其他反应并控制程序的执行。在使用 KbCheck 时,需要定义按键的规范,即将"KbName('UnifyKeyNames')"置于程序的开头。例 6.4 为 PTB 中的程序实例。

例 6.4

```
KbName('UnifyKeyNames');
function KbDemoPart1
    % 以下程序段根据按键输入,在命令窗口输出按键的 ASCII 码以及对应的字符
    fprintf('1 of 4. Testing KbCheck and KbName: press a key to see its number. \n');
    fprintf(' Press the escape key to proceed to the next demo. \n');
    escapeKey = KbName('ESCAPE');
    while KbCheck; end  % 等待所有的按键释放

    while 1
        % 检测键盘的状态
        [keyIsDown, seconds, keyCode] = KbCheck;

        % 如果用户按了一个键,显示键值和键名
        if keyIsDown
            fprintf(' You pressed key %i which is %s\n', find(keyCode), KbName(keyCode));
            if keyCode(escapeKey)
                break;
            end
        % 如果用户按了一个键,KbCheck 会扫描按键状态,并汇报多个事件。为了只汇报一次按键,需等待所有的按键处于释放状态后,汇报刚刚按的键的状态
            while KbCheck; end
        end
    end
end
function KbDemoPart2  % 依次输入在不同的时间点输入了哪个按键
fprintf('\n2 of 4. Testing KbCheck timing: please type a few keys. (Try shift keys too.) \n');
fprintf(' Type the escape key to proceed to the next demo. \n');
escapeKey = KbName('ESCAPE');
startSecs = GetSecs;

while 1
    [keyIsDown, timeSecs, keyCode] = KbCheck;
    if keyIsDown
        fprintf('"%s" typed at time %.3f seconds\n', KbName(keyCode), timeSecs - startSecs);
```

```
            if keyCode(escapeKey)
                break;
            end

            while KbCheck; end
        end
    end
return

function KbDemoPart3
    % 测试 KbWait 的功能,等待按键输入,并在命令窗口输入何时按了什么按键
fprintf('\n3 of 4.    Testing KbWait: hit any key.    Just once. \n');
startSecs=GetSecs;
timeSecs=KbWait;
[keyIsDown, t, keyCode]=KbCheck;
fprintf('"%s" typed at time %.3f seconds\n', KbName(keyCode), timeSecs-startSecs);
return

function KbDemoPart4 % 用左右光标键控制屏幕中光点的顺时针(按右键)或逆时针(按
    左键)移动
spotRadius=25;%光点的半径大小(像素)
rotationRadius=200;% 旋转的半径范围
initialRotationAngle=3 * pi/2;% 初始半径旋转角度

try
    Screen('Preference', 'VisualDebugLevel', 3); % 去除蓝屏闪烁
    Screen('Preference', 'SuppressAllWarnings', 1);% 减少外部报警

    whichScreen=max(Screen('Screens'));
    [window, windowRect]=Screen('OpenWindow', whichScreen);

    if ~IsLinux
        Screen('TextFont', window, 'Arial');
        Screen('TextSize', window, 18);
    end

    black=BlackIndex(window);
    rightKey=KbName('RightArrow'); % 设置右键
    eftKey=KbName('LeftArrow'); % 设置左键
    escapeKey=KbName('ESCAPE'); % 设置退出键
    spotDiameter=spotRadius * 2;%光点的直径
    spotRect=[0 0 spotDiameter spotDiameter];%包围光点的矩形区域
    centeredspotRect=CenterRect(spotRect, windowRect);
    % 绘制圆点
```

```
rotationAngle=initialRotationAngle；% 赋值初始旋转角度
startTime=now；% 设置计时器,将当前时间赋值
durationInSeconds=60 * 2；% 最大调节时间 120 s
numberOfSecondsRemaining=durationInSeconds；% 剩余的时间(s)

while numberOfSecondsRemaining > 0  % 在剩余时间结束前,进行调节按键操作
        numberOfSecondsElapsed=round((now－startTime) * 10^5);
        numberOfSecondsRemaining=durationInSeconds－numberOfSecondsElapsed;

        Screen('DrawText', window, '4 of 4.   Press the left or right arrow key to
        move, or the escape key to quit.', 20, 20, black);
        Screen('DrawText', window, sprintf('%i seconds remaining...', numberOf-
        SecondsRemaining), 20, 50, black); % 指导语,并显示剩余多少时间

        xOffset=rotationRadius * cos(rotationAngle); % 计算位移量
        yOffset=rotationRadius * sin(rotationAngle);
        offsetCenteredspotRect=OffsetRect(centeredspotRect, xOffset, yOffset);
        Screen('FillOval', window, [0 0 127], offsetCenteredspotRect);
        % 此处显示实时更新的圆点的位置
        Screen('Flip', window);
        [keyIsDown, seconds, keyCode]=KbCheck; % 检测按键状态

        if keyIsDown
            if keyCode(rightKey);
                if rotationAngle < 2 * pi
                    rotationAngle=rotationAngle+0.1; % 顺时针递增
                else
                    rotationAngle=0;
                end
            elseif keyCode(leftKey);
                if rotationAngle > 0
                    rotationAngle=rotationAngle－0.1; % 逆时针递减
                else
                    rotationAngle=2 * pi;
                end
            elseif keyCode(escapeKey);
                break;
            end
        end
end
Screen('CloseAll');
fprintf('\n4 of 4.   Done.\n');
catch
Screen('CloseAll');
```

```
            psychrethrow(psychlasterror);
    end
    return
```

例 6.5

以下例子结合 KbWait 和 KbCheck 进行说明。

```
disp(' Testing KbWait: hit any key. Just once. ');% 在命令窗口显示测试 KbWait
startSecs=GetSecs;% 记录起始的时间点
timeSecs=KbWait;
[keyIsDown, t, keyCode]=KbCheck;
    str=[KbName(keyCode),' typed at time ', num2str(timeSecs-startSecs),' seconds']
disp(str);% 显示过了多少时间按键
return
```

6.1.4 反应收集：对话框

输入对话框可用于收集被试的信息，比如被试编号、年龄、性别等，也用于程序中的某些参数的动态设置。

例 6.6 使用 inputdlg 函数

```
answer=inputdlg(prompt, dlg_title, num_lines, defAns, options)
```

%prompt，项目提示内容，字符型单元数组，用于显示提示所输入的项目内容。dlg_title，对话框的标题，字符串。num_lines，输入框的行数，可以是一个标量（默认为 1）或数组向量或 m×2 的矩阵，如果为标量，则所有输入项目使用相同的行数；如果为数组向量，则对应每个输入项目使用不同的行数值；如果为 m×2 的矩阵，则第一列指定每个输入项目的行数；第二列指定每个输入项目的字符宽度。defAns，默认答案，字符型单元数组。options，可选项，如果为 'on' 表示输入对话框水平宽度可调，另外，还可以设定为包含以下字段内容的结构数组。
%Resize 可以设置为 on 或 off，默认为 off，用于控制对话框水平方向是否可调。
%WindowStyle，窗口的样式，' norma '或' modal '，默认为' normal ';' modal '表示窗口置于最上方。
%Interpreter，项目提示内容的解释器，' none '或' tex '，' tex '表示采用 LaTex 语法。

```
promptParameters={' Subject Name ',' Age ',' Gender (F or M?)',' Handedness (L or R)'};
defaultParameters={'','',' R '};
Subinfo=inputdlg(promptParameters,' Subject Info ', 1, defaultParameters);
```

在以上例子中，我们创建了消息框，可以依次输入实验被试的基本信息，比如姓名、性别、年龄以及左右利手的情况，实验时以被试的姓名作为字段存储记录信息。

6.1.5 反应收集：字符输入

字符输入获得被试反应数据可有两种调用方式：
- R=input(' How many apples '),等待用户以文本的方式输入数字。

● R=input('What is your name',' s'),等待用户以文本的方式输入名字。以上将返回值赋给 R。

例 6.7 使用 Input 函数

```
resp_num=input (' press a number key... ');
resp_char=input (' press a number key... ');

disp(' Using input command');
resp=' x';
while resp~=' a' &. resp~=' b'
resp=input(' press a or b... ',' s'); % 直到输入为 a 或 b 字母时退出循环
end
resp;
```

注意，在使用 PTB 时，程序执行时的交互方式使得 input 的录入不方便（因为 input 录入时，返回值在命令窗口出现）。在这种条件下，需要使用其他输入函数，比如 GetChar，CharAvail 或 KbCheck。其中 CharAvail 的调用格式为：

[avail, numChars]=CharAvail;

CharAvail 返回键盘事件队列中的可用的字符以及当前队列的大小。如果输入字符可用，avail 的值将为 1；如果输入字符不可用，avail 的值为 0。numChars 为事件队列中存储的字符个数。使用 CharAvail 不会自动清除队列中的字符，而使用 GetChar 则可以。GetChar 和 CharAvail 面向字符（比较慢），而 KbCheck 和 KbWait 面向键盘按键输入（较快）。GetChar 的调用格式为：

[resp, when]=GetChar([getExtendedData], [getRawCode]);

这里 when 为一个结构体，包含了按键的时间、输入按键的硬件地址以及所有可能的输入按键的状态。将 getExtendedData 设置为 0 时，将返回尽可能少的信息（去除扩展的计时信息以及加快函数的调用）。将 getExtendedData 设置为 1 时，when 的结构体所有元素信息都保留显示。getRawCode 为 1 时，将 resp 设置成为整型的 ASCII 代码。当 getRawCode 为 0 时，设置成字符型的格式。当在 Window 系统下以非 Java 虚拟机的方式运行时，when 返回空值。在使用 GetChar 时，可以设置字符监听的方式，比如：

ListenChar([listenFlag]);

特别是在进行交互式的程序设计时，设置监听命令非常有用。在缺省的条件下（即不提供参数）或 listenFlag=1 时，使用 GetChar 会自动监听所有输入的字符；当 listenFlag=0 时不监听，而且清空键盘捕获缓冲；listenFlag=2 时，监听除了 MATLAB 命令窗口以外的按键行为。需要注意的是，如果程序执行时遇到异常退出，而程序中事先

设置了不监听,那么 MATLAB 将不能接收键盘指令,需要按 Ctrl+C 恢复 MATLAB 命令窗口的监听状态。

例 6.8 使用 CharAvail

```
% CharAvail
WaitSecs(1);
disp('Using CharAvail command');
disp('Wait 2 sec to see if you pressed a key during that time');
FlushEvents;
tic;
while toc<2
;
end
resp=CharAvail;
resp;
```

例 6.8 中,FlushEvents 用于刷新事件队列。注意,FlushEvents 函数对于 Windows 系统,只能清除 KeyDown 事件,即只有一种命令形式,FlushEvents('keyDown')。在 Unix 系统上,只有在不加载 Java 虚拟机的情况下才从队列中清除指定的事件。

6.1.6 反应收集:Ask 命令

Ask 命令用于询问信息并接受用户的鼠标或键盘输入,调用格式为:

$$reply=Ask(window, message, [textColor], [bgColor], [replyFun], [rectAlign1], [rectAlign2], [fontSize=30])$$

参数包括:① window,窗口指针;② message,所显示的文本信息;③ textColor 文本颜色;④ bgColor,背影颜色;⑤ replyFun,应答函数,默认的输入为 GetClicks,可以使用 GetString(不回显输入内容)或 GetChar(回显输入的内容);⑥ rectAlign1,rectAlign2,对齐方式,可以设定为 RectLeft,RectRight,RectTop,RectBottom,或者使用字符形式,比如表示方位的字符'left''top''right''bottom''center';如果想使文本在某个矩形内对齐,则在 rectAlign1 函数中指定矩形,在 rectAlign2 中指定对齐方式;⑦ ontsize,字体大小(缺省值为 30);⑧ reply,返回值,如使用 GetClicks 作为应答函数,则不区分鼠标按键,而是返回鼠标按键的次数(单击一次=1,双击=2,以此类推)。如果使用 GetString 或 GetChar 的方式,会返回输入的文本。目前 Ask 函数不接受中文字符的输入。

6.1.7 反应收集:鼠标键入

鼠标按键输入的调用格式为:

$$[x, y, button, focus] = GetMouse([windowPtrOrScreenNumber])$$

windowPtrOrScreenNumber 为窗口指针或显示器编号,如果该参数缺省不设置,则为全屏幕,可以在 MATLAB 窗口直接测试 Getmouse;x,y 显示的是鼠标当前所在位置的坐标(如果没有设置 windowPtrOrScreenNumber 参数,坐标值是在全屏幕的坐标中间,屏幕左上角为原点)。Buttons 为 1×3 的矩阵,分别表示鼠标的左键、中键和右键,当对应的键值为 1 时,表示某个鼠标按键行为的产生。Focus 记录窗口是否获取输入焦点,即窗口是否处于激活状态,1=有输入权;0=没有。

例 6.9 获取给定窗口页面或者屏幕的(三按钮)鼠标状态

```
buttons=0; %将键值的初始值置为 1
while 1 %进入循环
    [x,y,buttons]=GetMouse; %获取鼠标状态
    if sum(buttons)>0 %如有事件响应,退出
        break;
    end
end
answer=find(buttons,1); %找到按键的状态

HideCursor; %光标隐藏
ShowCursor; %光标显示
SetMouse/WaitSetMouse(newX, newY,windowPtrOrScreenNumber); %设置鼠标位置
%用于设置鼠标在窗口或显示屏的某个位置,执行 SetMouse 后系统对鼠标光标位置的更新可能有延迟,但 WaitSetMouse 不存在这样的问题

GetClicks % 等待鼠标点击

[clicks, x, y, whichButton] = GetClicks([windowPtrOrScreenNumber] [, interclickSecs]);
```

等待被试做出鼠标点击反应。interclickSecs,设置鼠标双击的时间间隔,当两次单击鼠标的时间间隔长于此值时,才看作双击;否则,为一次单击。当该值为 0 时,屏蔽双击(即只看作是单击)。如果省略该参数,则使用系统默认的双击操作时间间隔。x,y 为鼠标的坐标值,whichButton 返回按了哪个键(1=左键,2=中键,3=右键)。

6.1.8 利用按键进行程序参数的调节

在一些实验的场合,我们不仅需要键盘或鼠标对刺激进行单次反应,有时还需要进行多次调整,比如连续调整刺激的大小或亮度等。读者可以在我们的网站上找到例子查看如何用鼠标和键盘的输入,对刺激量进行连续调节。

例 6.10 键盘按键调节

引自 Kingdom (1997),参见程序 KeyboardMani.m。

```
%KeyboardMani.m  (对比度调节的实验)
try
    HideCursor；% 隐藏坐标
    [w,rect]=Screen('Openwindow',0)；% 打开一个屏幕窗口
    grey=128；% 灰度值缺省设置为128
    black=0；% 黑色值
    adjustable=90；调整亮度的基础值
    cx=rect(3)/2；% 屏幕的中心点坐标
    cy=rect(4)/2；
    size=60；
    displacement=cx/2；% 位移量设置
    coordLeft=[cx-displacement-size cy-size cx-displacement+size cy+size]；
    coordRight=[cx+displacement-size cy-size cx+displacement+size cy+size]；
    coordBlack=[0 0 cx rect(4)]；% 屏幕左边的黑色矩形区域
    Screen('TextSize',w,12)；
    Instructions='Press the Up and Down arrowkeys  to your right to match the color of the other.'；
    Instructions2='Press Esc when you are satisfied with yourmatch.'；% 指导语,使用上下光标键,对屏幕右边矩形中间的亮度进行调节,使之与屏幕左边中心的矩形色块的亮度相等
    while 1
        Screen('FillRect',w, black,coordBlack)；
        Screen('DrawText',w, Instructions,10,20,grey)；
        Screen('DrawText',w, Instructions2,10,40,grey)；
        Screen('FillRect',w, grey,coordLeft)；
        Screen('FillRect',w, adjustable,coordRight)；
        Screen('Flip',w)；
        [keyIsDown, s, keyCode]=KbCheck；% 获取按键
        if keyCode(38)；% 上光标键,每按一次键,将adjustable值递增1
            adjustable=adjustable+1；
        elseif keyCode(40)；% 下光标键,每按一次键,将adjustable值递减1
            adjustable=adjustable-1；
        elseif keyCode(27)；% 退出键Esc
            break；
        end
    end
    Screen('DrawText',w, sprintf('Your final RGB was %d, press any key to exit.',adjustable),10,60)；% 输出最终调整的RGB值
    Screen('Flip',w)；
    while kbcheck end
    KbWait；
    ShowCursor；
    Screen('Close',w)；
catch
```

```
        Screen('Close',w);
        rethrow(lasterror);
    ensd
```

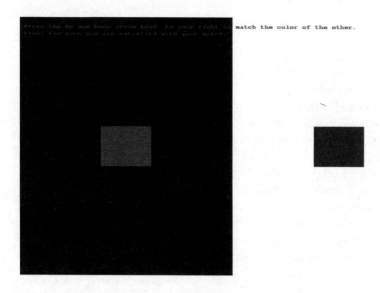

图 6.1　用键盘按键调节图形对比度

例 6.11　Müller-Lyer 错觉

引自 Müller-Lyer(1889),参见程序 mousemanipulation.m。

本程序利用 Müller-Lyer 错觉,用鼠标控制两个落点,构成一条线段,并与屏幕左侧的两个点构成线段的长短进行比较。

```
try
    [w, rect]=Screen('Openwindow',0);
    cx=rect(3)/2;
    cy=rect(4)/2;
    myWidth=2;
    mylength=200;
    arrowsize=40;
    displacement=cx/2;
    myx=cx-displacement;
    Instructions='Click any mouse button to create a dot in correspondence of the upper and lower limit of the line to yourleft.';
    Instructions2='Click another time any mouse button when you are satisfied with your match';
    Screen('TextSize', w,12);
    ShowCursor ('CrossHair');  % 显示十字形光标
```

```
SetMouse(myx,cy);% 设置光标的位置
count=0;
clicks=0;
Usery=0;
Userdata=zeros(2,1);% 以下一共收集两个点
while count<2
    Screen('DrawText',w, Instructions,10,20);
    Screen('DrawText',w, Instructions2,10,40);
    Screen('DrawLine',w,0,cx-displacement, cy+mylength, cx-displacement, cy-mylength, myWidth);
    Screen('DrawLine',w,0,cx-displacement-arrowsize, cy-mylength-arrowsize,cx-displacement, cy-mylength, myWidth);
    Screen('DrawLine',w,0,cx-displacement+arrowsize, cy-mylength-arrowsize,cx-displacement, cy-mylength, myWidth);
    Screen('DrawLine',w,0,cx-displacement-arrowsize, cy+mylength+arrowsize,cx-displacement, cy+mylength, myWidth);
    Screen('DrawLine',w,0,cx-displacement+arrowsize, cy+mylength+arrowsize,cx-displacement, cy+mylength, myWidth);
    UserOval=[myx,Usery,myx+6, Usery+6];

    if clicks
        count=count+1;
        Screen('FillOval',w,0,UserOval);
        Userdata(count,1)=Usery;% 获取 y 坐标的值
    end
    Screen('Flip',w);
    [clicks,Userx,Usery]=GetClicks;
end
Screen(w,'DrawText', sprintf('Your final length was %d, press any key to exit\n', Userdata(2,1)-Userdata(1,1)),10,60);% 显示两次按键后,两个 y 坐标的差值,即为产生线段的长度(像素)
Screen('Flip', w);
while kbcheck end
KbWait;
Screen('Close',w);
catch
    Screen('Close',w);
    rethrow(lasterror);
end
```

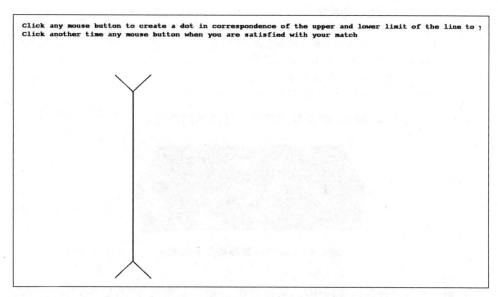

图 6.2 Müller-Lyer 错觉实验中,用鼠标操作调节线段长度

6.2 串口通信

在 MATLAB 与计算机外设或外部设备进行数据交互时,通常用到串口和并口。串行通信接口(简称串行接口、串口)是计算机与外部设备进行通信,具有串/并、并/串转换功能的部件。串行接口以串行的方式传送数据,即数据是在一条信道上被逐位顺序地传送。串行接口标准有 RS-232,RS-422 和 RS-485。MATLAB 串行接口对象支持所有这些标准。在下面所有的例子中,我们假定外部设备是另一台计算机,采用 RS-323 标准,数据终端设备(DTE)用 9 针插座连接。插座的引脚分配如图 6.3 所示。

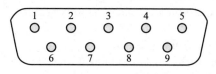

图 6.3 串口示意图

假定计算机串行接口为 COM1,COM2 为另外的外部设备,比特率为 4800,用下面的程序可以完成通信。

```
s=serial('COM1');%为 COM1 产生一个串行接口对象
set(s,'BaudRate',4800);%设置 s 的比特率为 4800
```

```
fopen(s);%连接 s 和外设
fprintf(s,'*IDN? ');%写文本数据到 s
out=fscanf(s);%从与 s 相关联的外设读数据
fclose(s);%断开串口 COM1 与 s 的关联
delete(s);%从内存中移除串行接口对象 s
clear s;%从 MATLAB 工作区中清除串行接口对象
```

例 6.12 利用 DataPixx 数据集成系统进行数据的传送

图 6.4 DataPixx 数据集合系统设备

DataPixx 作为数据的集成中心,可以产生 10kHz 的触发频率,启动 EEG 系统的样本记录,并且能和视频的垂直刷新频率同步(精度可达毫秒级)。

事实上,DataPixx 调用的函数已经封装好,在设计程序时,可以直接调用。

```
function DataPixxDoutBasicDemo()
% 演示 DataPixx TTL 数字信号输出的基本函数功能,并将 TTL 的输出数字打印输出
% 等待按键,将数字输出置为高电平(1)或低电平(0)。
AssertOpenGL;
% 打开 DataPixx,并停止任何正在运行的线程
Datapixx('Open');
Datapixx('StopAllSchedules');
Datapixx('RegWrRd');%将 DataPixx 的寄存器和当地高速缓冲存储器进行同步。

% 计算 DataPixx 有多少比特位的 TTL 信号输出。
nBits=Datapixx('GetDoutNumBits');
fprintf('\nDatapixx has %d TTL output bits\n\n', nBits);

% 将第一通道的输出置于高电平
HitKeyToContinue('\nHit any key to bring digital output bit 0 high:');
Datapixx('SetDoutValues', 1);
Datapixx('RegWrRd');
    %将所有通道的输出清零,即置于低电平
HitKeyToContinue('\nHit any key to bring all the digital outputs low:');
Datapixx('SetDoutValues', 0);
Datapixx('RegWrRd');
%关闭 DataPixx 设备
Datapixx('Close');
```

```
fprintf('\n\nDemo completed\n\n');
```

例子 6.13　Ternus 错觉

利用 DataPixx,产生视听 Ternus 错觉,参见程序 AudioTernuswithDatapixx.m。参考网址 www.vpixx.com/manuals/psychtoolbox/html。

```
%初始化 DataPixx 的 DOUT 和 AudioOut 口
%通过 DataPixx 为 LED 供电并驱动扬声器
%利用 DataPixx 的锁时功能同步 LED 发光与扬声器发声
global   seq  iTrl   iniTimer  mainWnd

Trials=[];
bkcolor=128;
AssertOpenGL;
kbName('UnifyKeyNames');
escapeKey=kbName('escape');
Datapixx('Open');
Datapixx('StopAllSchedules');
Datapixx('RegWrRd');
promptParameters={'Subject Name','Age','Gender (F or M?)','Handedness (L or R)'};
defaultParameters={'','','F','R'};
Subinfo=inputdlg(promptParameters,'Subject Info ',1,defaultParameters);
HideCursor;
Screen('Preference','SkipSyncTests',0);
Initialize MATLAB OpenGL;
seq=genTrials(4,[2 2 7],5);

%设置实验条件,2 种听觉似动方向,2 种视觉提示条件,7 种 SOA 时间条件,以及单个条件重复 5 次
Datapixx('SetDoutValues',0);% TTL 电平置 0
Datapixx('InitAudio');% 启动声音硬件
Datapixx('SetAudioVolume',[0.25,0]);% 设置音量(相对值)
Datapixx('RegWrRd');% 使得 DataPixx 寄存器与当地高速缓冲存储器同步
%构造声音刺激
freq=44100;
tone1(1,:)=MakeBeep(500,0.02,freq);% 构建 20 ms 的纯音
tone1(2,:)=0;
tone2=flipud(tone1);
nBeepFrames=size(tone1,2);
%设置硬件地址(寻址)
DoutAddress=8e6;
BeepAddress=16e6;
```

```
try
    screens=Screen('Screens');
    screenNumber=max(screens);
    [mainWnd wsize]=Screen('OpenWindow',screenNumber); %打开屏幕窗口
    flipIntv=Screen('GetFlipInterval',mainWnd); % 取得屏幕刷新率

    cx=wsize(3)/2;
    cy=wsize(4)/2;
    Screen('TextFont',mainWnd,'Arial');
    Screen('TextSize',mainWnd,14);
    Screen('FillRect',mainWnd,bkcolor);
    drawTextAt(mainWnd,'Audio Ternus Display. ',cx,cy,0);

    Screen('Flip', mainWnd);
    GetClicks;
    WaitSecs(1);
    Screen('FillRect',mainWnd,bkcolor);
    Screen('Flip', mainWnd);

    for iTrl=1:length(seq) % 进入刺激 Trials
SOA=0.06+0.04*(seq(iTrl,3)-1); %SOA:60,100,140,180,220,260,300ms
        nFrameSOA=freq*SOA;
waveData1=[zeros(2,1),tone1,zeros(2,nFrameSOA),tone2,zeros(2,1)];% 构造从左到右运动的声音序列
        waveData2=flipud(waveData1);%构造从右到左的声音序列
doutWave=[0,ones(1,nBeepFrames),zeros(1,nFrameSOA),ones(1,nBeepFrames),0];%构造视觉刺激 LED 的帧频
        nTotalFrames=size(waveData1,2);
        Waitsecs(1);

        switch seq(iTrl,2);
            case 1 % 声音与视觉信号同步
                if seq(iTrl,1)==1 %方向从左到右
                    Datapixx('WriteAudioBuffer',waveData1,BeepAddrss);
                    Datapixx('SetAudioSchedule',0,freq,nTotalFrames,3,BeepAddress,nTotalFrames);

                    Datapixx('WriteDoutBuffer',doutWave,DoutAddress);
                    Datapixx('SetDoutSchedule',0,freq,nTotalFrames,DoutAddress,nTotalFrames);

                    Datapixx('StartDoutSchedule');
                    Datapixx('StartAudioSchedule');
                    Datapixx('RegWrRd');
```

```
            elseif seq(iTrl,1)==2 %方向从右到左
                Datapixx('WriteAudioBuffer',waveData2,BeepAddrss);
                Datapixx('SetAudioSchedule', 0, freq, nTotalFrames, 3, BeepAddress, nTotalFrames);

                Datapixx('WriteDoutBuffer', doutWave, DoutAddress);
                Datapixx('SetDoutSchedule', 0, freq, nTotalFrames, DoutAddress, nTotalFrames);

                Datapixx('StartDoutSchedule');
                Datapixx('StartAudioSchedule');
                Datapixx('RegWrRd');
            end

        case 2 % 视觉线索先出现
            if seq(iTrl,1)==1 %方向从左到右
                Datapixx('WriteDoutBuffer', doutWave, DoutAddress);
                Datapixx('SetDoutSchedule', 0, freq, nTotalFrames, DoutAddress, nTotalFrames);
                Datapixx('StartDoutSchedule');
                Datapixx('RegWrRd');
                waitSecs(0.18);
                Datapixx('WriteAudioBuffer',waveData1,BeepAddrss);
                Datapixx('SetAudioSchedule', 0, freq, nTotalFrames, 3, BeepAddress, nTotalFrames);
                Datapixx('StartAudioSchedule');
                Datapixx('RegWrRd');
            elseif seq(iTrl,1)==2 %方向从右到左
                Datapixx('WriteDoutBuffer', doutWave, DoutAddress);
                Datapixx('SetDoutSchedule', 0, freq, nTotalFrames, DoutAddress, nTotalFrames);
                Datapixx('StartDoutSchedule');
                Datapixx('RegWrRd');
                waitSecs(0.18);
                Datapixx('WriteAudioBuffer',waveData2,BeepAddrss);
                Datapixx('SetAudioSchedule', 0, freq, nTotalFrames, 3, BeepAddress, nTotalFrames);
                Datapixx('StartAudioSchedule');
                Datapixx('RegWrRd');
            end
    end
%等待收集反应
    iniTimer=GetSecs;
```

```
            buttons=0;
            while 1
               [x,y,buttons]=GetMouse;
               if sum(buttons)>0
                  break;
               end
            end
   % 数据录入
            Trial(iTrl,1:4)=seq(iTrl,1:4);
            Trial(iTrl,5)=find(buttons,1);
            Trial(iTrl,6)=GetSecs-iniTimer;
            Screen('FillRect',mainWnd,bkcolor);
            Screen('Flip', mainWnd);

   %以下用 Escape 键跳出实验程序
            [keyIsDown, seconds, keyCode ]=KbCheck;
            if keyIsDown
              if keyCode(escapeKey)
                 break;
              end
              while KbCheck; end
            end
            if mod(iTrl,112)==0    %每隔 112 个试次,休息一次
            WaitSecs(1);
            Screen('TextFont',mainWnd,'Arial');
            Screen('TextSize',mainWnd,18);
            if iTrl==length(seq)
              Screen('TextSize',mainWnd,30);
              Screen('FillRect',mainWnd,bkcolor);
              drawTextAt(mainWnd,'The experiment ends! ',cx,cy-20,0);
              drawTextAt(mainWnd,'Thank you!! ',cx,cy+20,0);
            else
              drawTextAt(mainWnd,'Please take a rest',cx,cy-50,0);
              drawTextAt(mainWnd,[' There are ' num2str(5-floor(iTrl/112)) ' Blocks left '],
              cx,cy,0);
              drawTextAt(mainWnd,'Press either key to continue... ', cx,cy+50,0);
            end
            Screen('Flip', mainWnd);
            GetClicks;
            Screen('FillRect',mainWnd,bkcolor);
            Screen('Flip', mainWnd);
            end
       end
```

```
WaitSecs(1);
Screen('CloseAll');
Snd('Close');
disp(Datapixx('GetDoutStatus'));
disp(Datapixx('GetAudioStatus'));
Datapixx('Close');
Priority(0);
ShowCursor;
if ~isdir('AudioTernusDatapixx')
    mkdir('AudioTernusDatapixx');
end
if isempty(Subinfo{1})  % 存储结果
    save('AudioTernusDatapixx\Test','seq','Trial');
else
    save(['AudioTernusDatapixx' Subinfo{1}],'seq','Subinfo','Trial');
end
clear all;

catch
    Screen('CloseAll');
    Snd('Close');
    Datapixx('Close');
    Priority(0);
    ShowCursor;
    whatswrong=lasterror;
    disp(whatswrong.message);
    disp(whatswrong.stack.line);
end
```

6.3 并口的使用

在心理学和神经科学的研究中,经常用到脑电仪或诱发脑电仪。此类设备的接口,采用了通用的并口接口。在并口的接口规范里,其25针管脚共可以分为3个端口,Port0:Pin2—9 为数据位(8 位),可以写入数据(即平常用于 EEG 等实验的发送刺激代码);Port1:Pin10—13,15 位为状态位(5 位),Port2:Pin1,14,16,17(4 位)。Pin18—25 为接地。MATLAB 可以最多支持 3 个并口,对应的地址为 378h(LPT1),278h(LPT2)以及 3BCh(LPT3)。

```
hwinfo=daqhwinfo(parport);
hwinfo.Port(1)
ID: 0
```

```
            LineIDs: [0 1 2 3 4 5 6 7]
            Direction: 'in/out' % 数据可读可写
             Config: 'port'
hwinfo.Port(2)
ans=

                ID: 1
            LineIDs: [0 1 2 3 4]
            Direction: 'in' % 数据只"读"
             Config: 'port'
hwinfo.Port(3)
ans=

                ID: 2
            LineIDs: [0 1 2 3]
          Direction: 'in/out' % 可读可写
             Config: 'port'


dioOut=digitalio('parallel','LPT1'); % 打开第一个并口
dioIn=digitalio('parallel','LPT1');

addline(dioOut,0:7,'out'); % 写入数据
addline(dioIn,11:12,'in'); % 读入数据

putvalue(dioOut,0);%清零

getvalue(dioIn);% 返回按键状态值
                    if sum(getvalue(dioIn))==1
                        response=0;
                    elseif sum(getvalue(dioIn))==0
                        response=1;
                    elseif sum(getvalue(dioIn))==2
                        response=2;
                    end
```

以上的语句,针对32位的Windows操作系统和32位MATLAB系统。在32位的Windows操作系统里,可以借用第三方接口插件,来实现并口数据位的发送和接收。比如,用并口接口进行脑电实验以及类似的脑功能实验数据代码的硬件接口。

具体安装步骤如下:
● 将porttalk.sys文件拷贝到C:\Windows\systems32\drivers
● 下载另外几个文件:lptread.m, lptread.mexw32, lptwrite.m, lptwrite.mexw32

6 PSYCHTOOLBOX 中的反应录入与 MATLAB 接口

并行接口引脚序号

并行接口引脚信号说明

引脚	信号	源	说明
1	STB	入	数据选通角发脉冲，下降沿时读取数据
2~9	DATA1~DATA8	入	数据的1~8位
10	ASK	出	回答脉冲，"低"电平表示数据已接收且准备好接收下一个数据
11	BUSY	出	"高"电平表示打印机忙，不能接收数据
12	PE	—	接地
13	SEL	出	电阻上拉高电平
15	ERR	出	电阻上拉高电平
14,16,17	NC	—	悬空
18~25	GND	—	接地

注："入"表示输入到打印机，"出"表示打印机输出

图 6.5 并口及管脚规格

```
val=lptread(lptport);  % 读入端口数据
lptwrite(lptport,val); % 写入数据到端口
```

比如，以下代码段控制步进电机，考察 fMRI 中运动的干扰：

```
lptport=hex2dec('378'); % 打开端口 LPT1
dir=hex2dec('40'); % 方向数据，十六进制转十进制
data=hex2dec('20'); % 数据
for ii=1:30 % 30 次循环写入数据
lptwrite(lptport,data+dir);
pause(0.005);
lptwrite(lptport,dir);
pause(0.005);
end
```

如果对 64 位操作系统进行 I/O 端口的数据传送，需要建立专用的接口插件。参考 http://apps.usd.edu/coglab/psyc770/IO64.html。具体步骤如下：

● 将 io64.mexw64 文件拷贝到 MATLAB 的安装路径下；
● 将 inpoutx64.dll 置于 C:\windows\system32 目录下；
● 确保 Microsoft Visual C++2005 SP1 Redistributable（x64）Package 已经安装，可从 http://www.microsoft.com/download/en/details.aspx?displaylang=en&id=18471 下载。

```
% 建立 io64 对象
% 启动 inpoutx64 系统驱动
status=io64(ioObj);
% 如果 status=0,说明已经准备好对接口进行读写操作
address=hex2dec('378');  % 找到 LPT1 输出端口地址
data_out=1;  % 样本数据
io64(ioObj,address,data_out);  % 输出数据
data_in=io64(ioObj,address);  % 将输出的值返回给 MATLAB
```

当然,也可以通过写函数文本的方式进行数据传送,但传送时间稍有延迟。

```
% 调用 config_io,确保 inpoutx64 驱动已经装好。
config_io;
if( cogent.io.status ~=0 )
    error('inp/outp installation failed');
end

address=hex2dec('378');  % 找到 LPT1 的地址
byte=99;
outp(address,byte);  % 输出值为 99
datum=inp(address);  % 读入端口的数据
```

6.4 语音录入

在一些特殊实验的场合,需要录入语音作为行为反应的记录。比如,对图片的命名和描述,需要录制语音,并进一步分析语音信息的特征,由此得到一些有意义的发现。读者在我们的网站中可以找到一个简单的例子,演示如何用 PsychPortAudio 函数进行语音录入。在所给的视觉材料里,我们快速呈现一对词语(词语的关系为反义词、同义词或无关词),然后让被试判断视觉刺激的似动状态,即从一个点运动到另一个点,"喧"到"静","闹"和"幽"保持不动或快速闪现;另一种运动状态为组动,从"喧闹"到"幽静"整体移动。我们在此视觉呈现结束后,录入被试对该词组对的语音汇报。

图 6.6 视听整合与语音录入所用的文字刺激举例

例 6.14 语音录入

```
function wordternusf
global    seq   iTrl   iniTimer mainWnd
Trial=[];
bkcolor=128;
Vdur=0.05;%单个视觉刺激持续的时间 50 ms
kbName('UnifyKeyNames');
escapeKey=kbName('escape');
leftArrow=KbName('LeftArrow'); % 按左键,表示看到的是"点动"
rightArrow=KbName('RightArrow'); % 按右键,表示看到的是"组动"
seq=genTrials(1,[3  7 24]);
% 3 代表刺激的类型:无关,同义和反义词;7 代表 7 个 SOA;24 代表每个最小刺激条件重
复 24 次

InitializePsychSound; % 启动声音
freq=44100;% 采样率
pahandle=PsychPortAudio('Open',[],2,0,freq,2);% 打开两个通道的声音录入
PsychPortAudio('GetAudioData',pahandle,3); % 录入的最长时间 3 s

% 以下获得被试的信息
promptParameters={'Subject Name','Age','Gender (F or M?)','Handedness (L or R)'};
defaultParameters={'','','','R'};
Subinfo=inputdlg(promptParameters,'Subject Info ',1,defaultParameters);
% 初始化
HideCursor;
Screen('Preference','SkipSyncTests',0);
Screen('Preference','ConserveVRAM',8);
Initialize MATLAB OpenGL;
try
    AssertOpenGL;
    screens=Screen('Screens');
    screenNumber=max(screens);
    [mainWnd wsize]=Screen('OpenWindow',screenNumber);
    cx=wsize(3)/2;
    cy=wsize(4)/2;

        P1=[cx-145 cy-50 cx-45 cy+50];% 确定汉字的空间位置,左侧
        P2=[cx-45 cy-50 cx+55 cy+50];% 中间
        P3=[cx+55 cy-50 cx+155 cy+50];% 右侧
    flipIntv=Screen('GetFlipInterval',mainWnd,30); % 获得显示器的刷新率

    Screen('TextFont',mainWnd,'Arial');
    Screen('TextSize',mainWnd,18);
```

% 显示指导语
Screen('FillRect',mainWnd);
drawTextAt(mainWnd,'This is an experiment about apparent motion. ',cx,cy-100,[200 200 200]);

drawTextAt(mainWnd,'If you perceive "element motion", please press the left key',cx,cy+50,[200 200 200]);
drawTextAt(mainWnd,'If you perceive "group motion", please press the right key',cx,cy+100,[200 200 200]);
drawTextAt(mainWnd,'Please press any mouse button to start',cx,cy+200,[200 200 200]);
Screen('Flip', mainWnd);
GetClicks;%等待鼠标按键
for iTrl=1: length(seq)
    itframes=round(Vdur/flipIntv);
    SOA=0.08+(seq(iTrl,2)-1)*0.03;
    ibframes =round(SOA/flipIntv)-itframes;
    vStim=[ones(1,itframes) zeros(1,ibframes) ones(1,itframes)*2 zeros(1,ibframes)];

    WaitSecs(0.5+rand*0.2);
    Screen('DrawLine', mainWnd, 0, cx-10,cy,cx+10,cy,2);
    Screen('DrawLine', mainWnd, 0, cx,cy+10,cx,cy-10,2);
    Screen('Flip', mainWnd);
    WaitSecs(.3+rand*0.2);
    Screen('FillRect',mainWnd,bkcolor);
    Screen('Flip', mainWnd);

    % 取得字符的图形序号
        a=(seq(iTrl,3)-1)*4+1;
        b=a+1;
        c=b+1;
        d=c+1;
    if seq (iTrl,1) ==1 % 意义无关的词对
            direct='C:\WDTernus\unrelev\'; % 将整理好的汉字(以图片的形式)装载入制定文件夹;如果需要获取当前的路径,用 pwd 命令
    elseif seq(iTrl,1)==2 % 同义词
           direct='C:\WDTernus\same\';
    elseif seq(iTrl,1)==3 % 反义词
           direct='C:\WDTernus\ante\';
    end

            wordpair=seq(iTrl,2);
            switch wordpair % 拉丁方: 1,2,7,3,6,4,5

```matlab
            case 1
                wordpair=50;
            case 2
                wordpair=80;
            case 3
                wordpair=230;
            case 4
                wordpair=110;
            case 5
                wordpair=200;
            case 6
                wordpair=140;
            case 7
                wordpair=170;
        end

pict1=imread(strcat(direct,num2str(wordpair),'\',num2str(a),'.jpg'));
            t1=Screen('MakeTexture',mainWnd,pict1);
pict2=imread(strcat(direct,num2str(wordpair),'\',num2str(b),'.jpg'));
            t2=Screen('MakeTexture',mainWnd,pict2);

pict3=imread(strcat(direct,num2str(wordpair),'\',num2str(c),'.jpg'));
            t3=Screen('MakeTexture',mainWnd,pict3);
pict4=imread(strcat(direct,num2str(wordpair),'\',num2str(d),'.jpg'));
            t4=Screen('MakeTexture',mainWnd,pict4);
            t4=Screen('MakeTexture',mainWnd,pict4);


        Screen('TextFont',mainWnd,'Arial');
        Screen('TextSize',mainWnd,42);

        for iframe=1:length(vStim)
            Screen('FillRect',mainWnd,128);

                if vStim(iframe)==1
                    Screen('DrawTexture', mainWnd,t1,[],P1,0,0);
                    Screen('DrawTexture', mainWnd,t2,[],P2,0,0);

                elseif vStim(iframe)==2

                Screen('DrawTexture', mainWnd,t3,[],P2,0,0);
                Screen('DrawTexture', mainWnd,t4,[],P3,0,0);

            end
```

```
            if iframe==1  % 在视觉刺激启动的时候就启动录音
    PsychPortAudio('Start',pahandle,0,0,1);    [audiodata,~,~,cstarttime]=
PsychPortAudio('GetAudioData',pahandle);
            end

            Screen('Flip',mainWnd);

    end

    Screen('FillRect',mainWnd,bkcolor);
    Screen('Flip',mainWnd);


        Screen('TextFont',mainWnd,'Arial');
        Screen('TextSize',mainWnd,18);
        WaitSecs(0.3);
        drawTextAt(mainWnd,'? ',cx,cy,0);
        Screen('Flip',mainWnd);

    iniTimer=GetSecs;
    buttons=0;
    while 1
        [x,y,buttons]=GetMouse;
        if sum(buttons)>0
            break;
        end
    end

PsychPortAudio('Stop',pahandle);  %停止录制
y=PsychPortAudio('GetAudioData',pahandle);%获取当前声卡缓冲区中的最后一次录入的数据(以防数据丢失)
    wavwrite(y',44100,['audnew' num2str(iTrl) '.wav']);%生成以视觉刺激序号命名的录音文件,每一个试次对应一个录音文件

    Trial(iTrl,1:3)=seq(iTrl,1:3);
    Trial(iTrl,4)=find(buttons,1);
    Trial(iTrl,5)=GetSecs-iniTimer;
    Screen('FillRect',mainWnd,bkcolor);
    Screen('Flip',mainWnd);
    %退出程序(调试程序或终止实验)
    [keyIsDown, seconds, keyCode ]=KbCheck;
    if keyIsDown
       if keyCode(escapeKey)
          break;
```

```
                end
            while KbCheck; end
        end
     if mod(iTrl,84)==0    %每隔84个试次,休息一次
          WaitSecs(1);
         Screen('TextFont',mainWnd,'Arial');
         Screen('TextSize',mainWnd,18);
              if iTrl==length(seq)
                 Screen('TextSize',mainWnd,30);
                 Screen('FillRect',mainWnd,bkcolor);
                 drawTextAt(mainWnd,'The experiment ends! ',cx,cy-20,0);
                 drawTextAt(mainWnd,'Thank you!! ',cx,cy+20,0);
              else
                 drawTextAt(mainWnd,'Please take a rest',cx,cy-50,0);
                 drawTextAt(mainWnd,['There are' num2str(6-floor(iTrl/84)) ' Blocks left'],cx,cy,0);
                 drawTextAt(mainWnd,'Press either mouse key to continue...',cx,cy+50,0);
              end
         Screen('Flip', mainWnd);
         GetClicks;
         Screen('FillRect',mainWnd,bkcolor);
         Screen('Flip', mainWnd);

     end
end
     WaitSecs(1);
     Screen('CloseAll');

     Priority(0);
     ShowCursor;
     if ~isdir('wordTernus')
        mkdir('wordTernus'); %创建文件目录
     end
     if isempty(Subinfo{1})
        save('wordTernus\Test','seq','Trial');
     else
        save(['wordTernus\' Subinfo{1}],'seq','Subinfo','Trial');
     end
     clear all;
catch
     Screen('CloseAll');
     Priority(0);
     ShowCursor;
     whatswrong=lasterror;
```

```
        disp(whatswrong.message);
        disp(whatswrong.stack.line);
end
```

6.5 简单反应时与选择反应时

在心理学实验中,简单反应时是对目标出现与否进行既快又准的反应所需的时间;而复杂反应时,是选择反应时,是对两个或两个以上的目标,分别进行不同选择而做出反应所需的反应时间。

例 6.15 简单反应时

```
try
    screens=Screen('Screens');
    whichscreen=max(screens);
    [myscreen,rect]=Screen('OpenWindow',whichscreen);
    DrawFormattedText(myscreen,'PRESS ANY KEY TO PROCEED','center',...
    'center');
    Screen('Flip',myscreen);
    KbWait; % 按键后程序继续往下走
    space=KbName('space');
    ntrials=5;
    rt=zeros(ntrials,1); % 记录反应时,即刺激一出现就立刻按键的反应时
    stimulus_duration=zeros(ntrials,1);

    for i=1:ntrials
        WaitSecs(1);
        Screen('FrameOval',myscreen,0,CenterRect([0,0,10,10],rect));
        onset_fixation=Screen('Flip',myscreen); % 显示空心小圆圈,作为注视点
        Screen('FillRect',myscreen,[255,0,0],CenterRect([0,0,50,...
            50],rect)); % 显示边长为50(像素)的红色实心矩形
        random_delay=rand+0.5; % 经过 500~1000ms 的延时
        onset_stimulus=Screen('Flip',myscreen,onset_fixation+...
        random_delay); % 经过注视点时间+延时时间后,显示目标刺激(红色实心矩形)

        t0=GetSecs; % 设立时间初始值
        [keyIsDown,secs,keyCode]=KbCheck; % 获取按键
        while keyCode(space)==0
            [keyIsDown,secs,keyCode]=KbCheck; % 只有按空格键有效
        end
        rt(i)=secs-t0; % 计算反应时

        stimulus_offsettime=Screen('Flip',myscreen); % 刺激的 offset 时间点
```

stimulus_duration(i) = stimulus_offsettime - t0; % 刺激的持续时间
        end
        Screen('CloseAll');
catch
        Screen('CloseAll');
        rethrow(lasterror);
end

例 6.16 选择反应时

try
    screens = Screen('Screens');
    whichscreen = max(screens);
    [myscreen, rect] = Screen('OpenWindow', whichscreen);
    DrawFormattedText(myscreen, 'PRESS ANY KEY TO PROCEED', 'center',...
    'center');
    Screen('Flip', myscreen);
    KbWait;
    g = KbName('g'); % 定义按键 g-green,对绿色块做出反应
    r = KbName('r'); % 定义按键 r-red,对红色块做出反应
    ntrials = 6; % 共 6 个刺激
    colorsequence = [1, 2, 2, 2, 1, 1]; % 定义刺激的类型
    rt = zeros(ntrials, 1); % 记录反应时
    response = zeros(ntrials, 1); % 记录反应
    stimulus_duration = zeros(ntrials, 1); % 记录刺激时长
    for i = 1:ntrials
        WaitSecs(1);
        Screen('FrameOval', myscreen, 0, CenterRect([0, 0, 10, 10], rect));
        onset_fixation = Screen('Flip', myscreen); % 以上显示注视点
        if colorsequence(i) == 1
            stimuluscolor = [255, 0, 0]; % 如 colorsequence 的字段为 1,显示红色块
        else
            stimuluscolor = [0, 255, 0]; % 如 colorsequence 的字段为 2,显示绿色块
        end
        Screen('FillRect', myscreen, stimuluscolor, CenterRect([0, 0, 50,...
            50], rect)); % 显示刺激
        random_delay = rand + 0.5; % 经过 500~1000ms 的延时
        onset_stimulus = Screen('Flip', myscreen, onset_fixation +...
            random_delay); % 计算刺激的 onset

        t0 = GetSecs; % 以下收集反应并计算反应时
        [keyIsDown, secs, keyCode] = KbCheck;
        while keyCode(g) == 0 && keyCode(r) == 0 % 只能选择按"g"或者"r"键
            [keyIsDown, secs, keyCode] = KbCheck;
        end

```
            rt(i)=secs-t0;
            response(i)=find(keyCode==1); % 记录按键
            stimulus_offsettime=Screen('Flip', myscreen); % 记录刺激的 offset 点
            stimulus_duration(i)=stimulus_offsettime-t0; % 计算刺激的持续时间
        end
        Screen('CloseAll');
    catch
        Screen('CloseAll');
        rethrow(lasterror);
    end
```

例 6.17　在(复杂的)视频里获取反应时

```
    try
        screens=Screen('Screens');
        whichscreen=max(screens);
        [w, rect]=Screen('Openwindow', whichscreen);
        disc=CenterRect([0, 0, 20, 20], rect);
        Screen('FillOval', w, 0, disc); % 显示圆点刺激
        Screen('Flip', w);
        space=KbName('space');
        firsttouch=0;
        WaitSecs(1)+rand*2;
        t0=GetSecs;
        for i=1:200 % 构造平行移动的点刺激运动
            Screen('FillOval', w, 0, [disc(1)+i, disc(2), disc(3)+i, disc(4)]);
            Screen('Flip', w);
            [keyIsDown, secs, keyCode]=KbCheck;
            if keyCode(space)==1 && firsttouch==0 % 检测按键,当第一次为空格键时,退出按键收集
                rt=secs-t0;
                firsttouch=1;
            end
        end
        Screen('CloseAll');
    catch
        Screen('CloseAll');
        rethrow(lasterror);
    end
```

6.6　MATLAB 与虚拟现实

虚拟现实利用计算机建立仿真的虚拟环境,提供使用者关于视觉、听觉、触觉等感

官的模拟,同时使用者通过多种传感设备与这个虚拟环境进行交互,如同置身真实的情景一样。随着虚拟现实的日益普及,该技术正逐渐成为心理学重要的研究手段。传统的心理学实验中,被试只能从计算机外部接收信息,随后通过键盘、鼠标给予反应;而在虚拟现实中,被试能够沉浸在计算机创建的环境中,并且与虚拟世界互动,人的运动信息可以被完整记录下来。和传统的心理学实验手段相比,虚拟现实提供的实验场景更真实,采集到的被试信息更为多样化。

如今虚拟现实已被广泛应用于运动控制、社会心理学,临床心理学等领域。例如,利用虚拟现实改变人体运动的视觉反馈,研究人如何根据感知信息进行运动控制(Wolpertlab, University of Cambridge, Cambridge, UK)[1];将被试置身于虚拟迷宫中,研究人的空间导航能力(VENLab, Brown University, Providence, RI)[2];让被试和不同肤色、性别的虚拟人物互动,研究肤色、性别对社会交往的影响(ReCVEB, UCSB, San Barbara, CA)[3];创造虚拟的社交情境,用以治疗社交恐怖症,以及用其他虚拟情境治疗恐高、飞行恐惧等心理障碍(Virtual Reality Medical Center, San Diego, CA)[4]。

实现虚拟现实的原理可以用"动作—反馈"的循环来表示(图 6.7)。首先,利用计算机软件建立仿真的虚拟世界。人通过电脑屏幕、立体显示设备或其他虚拟现实设备,从虚拟世界里感知信息。随后,人对接收到的外部信息进行加工,并在真实世界中做出反馈(动作、按键等)。外部设备(如动作捕捉系统、力反馈系统等)采集到该反馈,并将该反馈传输给软件,软件根据人在真实世界的反应实时更新虚拟世界。这种"动作—反馈"的循坏制造了虚拟现实的"真实感"。

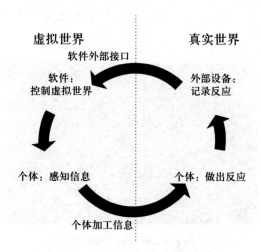

图 6.7 实现虚拟现实的基本原理

MATLAB 因其强大的计算功能和丰富的外部接口,能够实现虚拟现实。在

MATLAB中要想实现以上的"动作—反馈"循环,有两点非常重要。第一,MATLAB接收外部设备采集到的数据,或者向外部设备写入数据时,需要用到MATLAB的外部接口。第二,真实世界的位置坐标和虚拟世界的位置坐标是一一对应的,但分属两个不同的坐标系。因此从外部设备得到的位置坐标必须通过坐标变换,映射到虚拟世界的位置坐标。常用的坐标变换方式是对原有位置坐标乘以一个变换矩阵,即可得到变换后的位置坐标[5]。读者可以在我们的网站上找到不同的例子,介绍MATLAB实现虚拟现实的具体方法。

下面我们通过四个例子介绍MATLAB实现虚拟现实的具体方法。例6.18使用数位板。被试手执触控笔在数位板上自由移动,同时在屏幕上看到用光标表示的实时运动轨迹。例6.18同时展示了如何计算数位板到屏幕的变换矩阵。例6.19是例6.18的扩展,被试在数位板上完成定点到定点的运动。例6.20使用CodaMotion动作捕捉系统。被试手指在桌面自由运动,同时在投影屏幕上看到用光标表示的实时运动轨迹。例6.21使用Phantom Desktop(现在为Geomagic Touch)力反馈设备。这是一种触觉交互的虚拟现实设备。被试手执笔尖在一个虚拟的房间里运动感,当撞到墙壁时将体验到力的反馈。

例6.18

本范例使用WACOM数位板(Wacom,Saitama,Japan)[6]。数位板是一种压力传感设备(图6.8),板面下方密布压力传感器。使用者执触控笔,笔尖在数位板上运动,数位板采集压力信号从而获取笔尖的实时位置。在本范例中,我们用屏幕光标模拟被试在数位板上自由运动的轨迹。光标在屏幕上的位置代表笔尖在数位板上的位置,光标的移动方向和距离也完全和笔尖一致。因此被试观看屏幕上光标的运动,就如同看到自己手的运动。

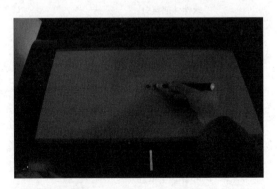

图6.8 WACOM数位板

数位板坐标系和屏幕坐标系是一一对应关系(图6.9)。变换矩阵乘以数位板坐标可得到屏幕坐标。例如,变换矩阵$T=[a_1,b_1,c_1;a_2,b_2,c_2;a_3,b_3,c_3]$,笔尖在数位板坐标系下的坐标为$[x_0,y_0]$,则$T*[x_0;y_0;1]=[a_1x+b_1y+c_1;a_2x+b_2y+c_2;a_3+b_3+c_3]$,乘积的前两项就是光标在屏幕坐标系下的坐标。变换矩阵需要在实验前确定。在数位板和屏幕的映射关系中,两者的中心应重合;其余部分按照数位板和屏幕的比例关系进行缩放。根据这些原则可以计算出变换矩阵。

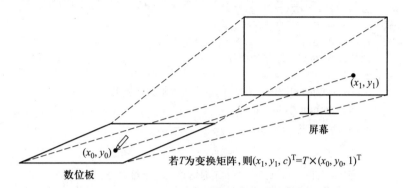

图 6.9　数位板坐标系和屏幕坐标系的映射关系

在 MATLAB 中使用数位板,需要用 PTB-3 提供的 MATLAB 与数位板的外部接口 WinTabMex.mex。外部接口中提供了可以从 MATLAB 中直接调用的函数,以实现打开、关闭数位板,从数位板读取数据等操作[7]。

主程序 TabletSimpleDemo()分为设置屏幕、设置数位板、运行范例和结束范例四个模块。子函数 trans_mat=GetTabletPara()展示了如何确定数位板到屏幕的变换矩阵。子函数中已经给出详细的算法,读者可以尝试自行推导。

```
function TabletSimpleDemo()

%--设置屏幕--%
scrPos=get(0,'MonitorPositions');%读取屏幕位置
figureHandle=figure('Position',scrPos,'ToolBar','no','MenuBar','no','Color',[0 0 0]);%打开一个全屏绘图窗口
rect=[0 0 scrPos(3) scrPos(4)];%绘图窗口的坐标范围
set(gca,'Position',[0,0,1,1],'XLim',[rect(1),rect(3)],'YLim',[rect(2),rect(4)],'visible','off');%使坐标轴刻度与像素对应
hold on;
cursorH=plot(0,0,'go','MarkerFaceColor','g','MarkerSize',6,'visible','off');
%预先设定光标形状颜色和大小

%--设置数位板--%
w=Screen('OpenWindow',0,0,[0 0 30 30]);%打开一个 PTB 窗口,用于连接数位板
WinTabMex(0,w,0);%初始化数位板,将数位板指向 PTB 窗口的句柄,并隐藏 PTB 窗口
pause(2);
```

```
WinTabMex(4,1); %改变数位板每次的采样个数,默认值为50,实验中设为1
trans_mat＝GetTabletPara();
%调用子函数,得到变换矩阵(将数位板坐标系变换为屏幕坐标系)

%－－运行范例－－%
WinTabMex(2); %数位板开始采样
trialStartTime＝tic; %记录开始时间
while toc(trialStartTime) < 20 %运行时间为20 s
    %获取数位板坐标系下的坐标
    while 1
        pkt＝WinTabMex(5); %向数位板获取最新的数据
        if ～isempty(pkt)
            break
        end
    end
    cursorPos_tab＝pkt(1:2); %pkt的输出共九个维度,取前两个维度,表示二维坐标
    %将数位板坐标系变换为屏幕坐标系;trans_mat是3行3列的变换矩阵,需要提前计算得到
    cursorPos_scr＝trans_mat * [cursorPos_tab(1:2);1];
    %更新屏幕显示的光标位置
    set(cursorH,'XData',cursorPos_scr(1),'YData',cursorPos_scr(2),'visible','on');
    drawnow;
end;

%－－结束范例－－%
Screen('CloseAll'); %关闭PTB窗口
WinTabMex(3); %数位板停止采样
WinTabMex(1); %关闭数位板
close(figureHandle); %关闭绘图窗口

%－－子函数,确定数位板到屏幕的变换矩阵－－%
function trans_mat＝GetTabletPara()

scrPos＝get(0,'MonitorPositions'); %读取屏幕位置
axis_scr＝[0 0 scrPos(3) scrPos(4)]; %屏幕坐标轴范围
scrPixPerMm＝get(0,'ScreenPixelsPerInch')/25.4; %屏幕每毫米的像素个数

tabSize＝[487.7, 304.8]; %WACOM PTK-1240数位板的长度和宽度(mm)
axis_tab＝[3, 3, 30716, 23036]; %WACOM PTK-1240数位板坐标轴的范围,[x最小值,y最小值,x最大值,y最大值]
tabPixPerMm＝[axis_tab(3)－axis_tab(1),axis_tab(4)－axis_tab(2)]./tabSize;
%数位板每毫米的像素个数

tab2scr＝scrPixPerMm./tabPixPerMm;
```

%数位板每个像素对应屏幕像素的个数,即屏幕和数位板的比例关系

center_scr=[(axis_scr(1)+axis_scr(3))/2,(axis_scr(2)+axis_scr(4))/2];
%屏幕的中心位置
center_tab=[(axis_tab(1)+axis_tab(3))/2,(axis_tab(2)+axis_tab(4))/2];
%数位板的中心位置,屏幕中心应与数位板中心重合

trans_mat=[tab2scr(1), 0,−center_tab(1) * tab2scr(1)+center_scr(1);
    0,tab2scr(2),−center_tab(2) * tab2scr(2)+center_scr(2);
    0,0,1];%确定3行3列的变换矩阵

save('TabletPara.mat','trans_mat');%保存变换矩阵

例6.19

本例是例6.18的扩展。使用WACOM数位板,被试手握笔,笔尖在数位板上完成定点到定点的运动。数位板将实时采集被试的运动轨迹,同时用光标模拟运动轨迹,呈现在屏幕上。

主程序TabletExpDemo()分为设置实验参数、设置屏幕、设置绘图元件和指导语、设置数位板、运行范例和结束范例六个模块。

```matlab
function TabletExpDemo()

%——设置实验参数——%
moveDistance=80;%运动距离80 mm
moveDirection=30;%运动方向为右前方30°
tolerance=5;%与起始点(或目标点)距离小于5 mm,视作到达目标点(或目标点)
nTrial=10;%实验试次共10次
scrPixPerMm=get(0,'ScreenPixelsPerInch')/25.4;%屏幕每毫米的像素个数

%——设置屏幕——%
scrPos=get(0,'MonitorPositions');%读取屏幕位置
figureHandle=figure('Position',scrPos,'ToolBar','no','MenuBar','no','Color',[0 0 0]);%打开一个全屏绘图窗口
rect=[0 0 scrPos(3) scrPos(4)];%绘图窗口的坐标范围
set(gca,'Position',[0,0,1,1],'XLim',[rect(1),rect(3)],'YLim',[rect(2),rect(4)],'visible','off');%使坐标轴刻度与像素对应
hold on;

%——设置绘图元件和指导语——%
cursorH=plot(0,0,'go','MarkerFaceColor','g','MarkerSize',6,'visible','off');
%以绿色圆圈表示笔尖位置
startPos_scr=[rect(3)/2; rect(4)/2];%起始点为屏幕中心
targetPos_scr=startPos_scr+scrPixPerMm. * ([cosd(moveDirection),−sind(moveDi-
```

rection);sind(moveDirection),cosd(moveDirection)] * [moveDistance;0]);
%目标点在起始点右上方30°距离80 mm 处
startPointH=plot(startPos_scr(1),startPos_scr(2),'yo','MarkerFaceColor','y','MarkerSize',6,'visible','on');%以黄色圆圈表示起始点
targetPointH=plot(targetPos_scr(1),targetPos_scr(2),'w+','MarkerFaceColor','w','MarkerSize',6,'visible','off');%以白色十字表示目标点
text_AtStartPos=text(0.5 * rect(3),0.85 * rect(4),'请回到起点位置','LineWidth',5,'FontSize',24,'HorizontalAlignment','center','visible','on','color',[1 1 1]);
text_MoveStart=text(0.5 * rect(3),0.85 * rect(4),'请向目标点运动','LineWidth',5,'FontSize',24,'HorizontalAlignment','center','visible','off','color',[1 1 1]);
%设置指导语

%--设置数位板--%
w=Screen('OpenWindow',0,0,[0 0 30 30]);%打开一个 PTB 窗口,用于连接数位板
WinTabMex(0,w,0);
%初始化数位板,将数位板指向 PTB 窗口的句柄,并且隐藏 PTB 窗口
pause(2);
WinTabMex(4,1);%改变数位板每次的采样个数,默认值为 50,实验中设为 1
load('TabletPara.mat');%读入变换矩阵 trans_mat

%--运行范例--%
WinTabMex(2);%数位板开始采样
for iTrial=1:nTrial
    move_start=0;%回到起始点的标志,0:没有到达,1:到达目标点
    move_finish=0;%到达目标点的标志,0:没有到达,1:到达目标点
    while ~move_finish
        %--向数位板获取数据,转换到屏幕坐标,并更新屏幕显示--%
        while 1
            pkt=WinTabMex(5);
            if ~isempty(pkt)
                break
            end
        end
        cursorPos_tab= pkt(1:2);
        cursorPos_scr=trans_mat * [cursorPos_tab(1:2);1];
        set(cursorH,'XData',cursorPos_scr(1),'YData',cursorPos_scr(2),'visible','on');
        drawnow;

        if ~move_start
            %--准备运动阶段--%
            distanceFromStartPosition=norm((cursorPos_scr(1:2)-startPos_scr))/scrPixPerMm;%计算笔尖到起始点距离
            if distanceFromStartPosition < tolerance %判断笔尖是否位于起始点
                move_start=1;

```
                %如果笔尖到起始点距离小于tolerance,视作回到起始点
                set([startPointH, text_AtStartPos],'visible','off');
                %不显示起始点和相应的指导语
                set([targetPointH, text_MoveStart],'visible','on');
                %显示目标点和相应的指导语
                drawnow;
            end;
        else
            %--正式运动阶段--%
            distanceFromTargetPosition = norm((cursorPos_scr(1:2) - targetPos_
                scr))/scrPixPerMm;%计算笔尖到目标点距离
            if distanceFromTargetPosition < tolerance %判断笔尖是否到达目标点
                move_finish=1;%如果笔尖到目标点距离小于tolerance,视作到达
                set([targetPointH, text_MoveStart],'visible','off');
                %不显示目标点和相应的指导语
                set([startPointH, text_AtStartPos],'visible','on');
                %显示起始点和相应的指导语
                drawnow;
            end;
        end;
    end;
end;

%--结束范例--%
Screen('CloseAll');%关闭PTB窗口
WinTabMex(3);%数位板停止采样
WinTabMex(1);%关闭数位板
close(figureHandle);%关闭绘图窗口
```

例 6.20

本例使用 CodaMotion 动作捕捉系统（Charnwood Dynamics, Leicestershire, UK）[8]。该系统的核心部分是一台高速摄像机（图6.10左）,可以测量目标在三维空间中的位置,频率可达200 Hz。使用时给目标贴上一个发射红外信号的Marker,如要测量手指运动,则在指尖贴上Marker（图6.10右）,摄像机根据红外信号确定Marker的位置,Marker需要电池供电。在MATLAB中使用CodaMotion要用到MATLAB与CodaMotion的外部接口CODASETUP.dll。这是一个动态链接库,提供了可以从MATLAB直接调用的函数,以实现打开、关闭CodaMotion,以及从CodaMotion获取数据等操作。

本例中,我们用CodaMotion动作捕捉系统实时采集被试手指在桌面上的运动,同时用光标模拟手指,通过投影屏幕呈现给被试。呈现方式为平面式虚拟现实（图6.11）,被试头部上方是投影屏,头部下方是半镀银镜,被试透过镜子看不到自己的手,

但可以看到投影屏幕上的光标,因此会把屏幕上反馈的虚拟光标当成自身手指的替代。

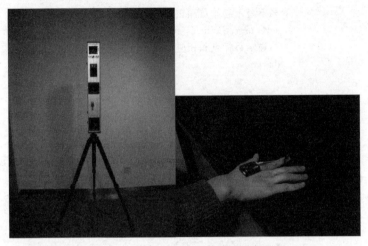

图 6.10 CodaMotion 动作捕捉系统的摄像机(左)和 Marker(右)

图 6.11 平面式虚拟现实

在运动控制领域的研究中,常通过改变视觉反馈(例如在运动中途不给反馈,或在运动末端给错误的反馈),考察被试的运动学习程度[9][10]。在本例中,给被试呈现的反馈是手指的真实实时位置。主程序 HandMovementDemo( )分为设置屏幕、设置 CodaMotion、运行范例和结束范例四个模块。

function HandMovementDemo( )

%――设置屏幕――%

```
monitorPositions=get(0,'MonitorPositions');%读取主屏幕和扩展屏幕的位置
dispScrPos=monitorPositions(end,:);%用于向被试呈现反馈的扩展屏位置
figureHandle=figure('Position',[dispScrPos(1),dispScrPos(2),dispScrPos(3)-dispScr-
Pos(1)+1,dispScrPos(4)],'ToolBar','no','MenuBar','no','Color',[0 0 0]);
%在呈现屏打开一个全屏绘图窗口
rect=[0 0 dispScrPos(3)-dispScrPos(1)+1 dispScrPos(4)];%绘图窗口的像素范围
set(gca,'Position',[0,0,1,1],'XLim',[rect(1),rect(3)],'YLim',[rect(2),rect(4)],'vis-
ible','off');%使坐标轴刻度与像素对应
hold on;
cursorH=plot(0.5*rect(3),0.5*rect(4),'go','MarkerFaceColor','g','MarkerSize',4,'
visible','off');%预先设定光标形状颜色和大小

%--设置 CodaMotion--%
CODASETUP(0,200);%打开动作捕捉系统
markerID=1;%动作捕捉系统的参数,在这里使用1号 Marker
load('CodaMotionPara.mat');
%读入变换矩阵(将动作捕捉系统坐标系变换为屏幕坐标系)

%--运行范例--%
trialStartTime=tic;%记录开始时间
while toc(trialStartTime) < 20 %运行时间为 20 s
    %获取手指在动作捕捉系统坐标系下的三维坐标
    cursorPos_coda=(CODASETUP(1,1,markerID))';
    %将动作捕捉系统坐标系下的(x,y)坐标变换为屏幕坐标系下的二维坐标;trans_mat
    是2行3列的变换矩阵,需要提前计算得到
    cursorPos_scr=trans_mat * [cursorPos_coda(1:2)';1];
    %更新屏幕显示的光标位置
    set(cursorH,'XData',cursorPos_scr(1),'YData',cursorPos_scr(2),'visible','on');
    drawnow;
end;

%--结束范例--%
CODASETUP(-1);%关闭动作捕捉系统
close(figureHandle);%关闭绘图窗口
```

例 6.21

本例使用 Sensable 公司的 Phantom Desktop 力反馈系统(Geomagic,Cary,NC;图 6.12,以下简称 Phantom)[11]。Phantom 仿照人体手臂设计,有 3 个转轴,提供 6 个自由度的运动;内部传感器可以读出最末端转轴的位置。同时,在转轴内部装有马达,可以向外界输出三维方向上的力,提供触觉反馈。因此可以用 Phantom 制作一个虚拟物体,模拟这个物体的大小、形状、位置,以及物体表面的硬度和黏度[12]。使用者手持 Phantom 末端的笔尖部分,通过触觉上的反馈感受虚拟物体。

图 6.12　Phantom Desktop 力反馈系统

本例中,被试手持 Phantom 末端笔尖,在三维空间内运动。我们将模拟一个立方体房间,周围有六面墙壁,碰到墙壁时将感受到触觉反馈。同时在屏幕上绘制立方体房间(图 6.13),用光标模拟被试的运动。本例需要用到 MATLAB 和 Phantom 的外部接口 Prok Phantom。该接口由 Roman A. Prokopenko 编写,在 Google Code 公开[13]。接口提供了可以从 MATLAB 直接调用的函数,以实现从 Phantom 获取位置数据,向 Phantom 写入力的数据等操作。

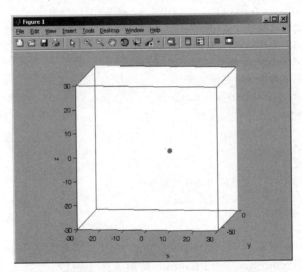

图 6.13　用光标模拟 Phantom 笔尖在立方体房间内的运动

主程序 PhantomDemo() 分为设置虚拟房间、呈现虚拟房间、设置 Phantom、运行范例和结束范例五个模块。

```
function PhantomDemo()

%――设置虚拟房间――%
bound_pht=[-30 -30 0;30 30 60];
% 房间在 Phantom 坐标系下的边界,三列代表 x、y、z 三个方向,两行代表下界和上界
trans_mat=[1 0 0;0 0 1;0 -1 0];
%变换矩阵,将 Phantom 坐标系转换为屏幕绘图坐标系
bound_scr=bound_pht * trans_mat;%房间在屏幕坐标系下的边界
k=0.5;%设置墙壁反弹力的系数

%――呈现虚拟房间――%
figure;%打开绘图窗口
hold on;%打开叠绘
% vert 为 8 行 3 列的矩阵,8 行代表立方体 8 个顶点的三维坐标
vert=[bound_scr(1,1) bound_scr(1,2) bound_scr(1,3);bound_scr(1,1) bound_scr(2,2) bound_scr(1,3);
    bound_scr(2,1) bound_scr(2,2) bound_scr(1,3);bound_scr(2,1) bound_scr(1,2) bound_scr(1,3);
    bound_scr(1,1) bound_scr(1,2) bound_scr(2,3);bound_scr(1,1) bound_scr(2,2) bound_scr(2,3);
    bound_scr(2,1) bound_scr(2,2) bound_scr(2,3);bound_scr(2,1) bound_scr(1,2) bound_scr(2,3)];
% face 为 6 行 4 列的矩阵,6 行代表立方体的 6 个面;每行代表这个面由 vert 中的哪 4 个顶点围成
face=[1 2 3 4;2 6 7 3;4 3 7 8;1 5 8 4;1 2 6 5;5 6 7 8];
h=patch('Faces',face,'Vertices',vert,'FaceColor','w');%根据顶点和面画出立方体
set(h,'FaceAlpha',0.25);%设置立方体的透明度
view(8,8);%设置视角,从斜前方看正方体
axis equal;%保持坐标轴比例一致
cursorH=plot3(0,0,0,'g.','MarkerSize',24);%预先设定光标形状颜色和大小

%――设置 Phantom――%
h=actxserver('Prok.Phantom');%激活 ProkPhantom 接口
h.connect;%连接到 Phantom

%――运行范例――%
input('Press ENTER when ready to start');%按回车键开始范例
tic;%记录开始时间
while toc < 20 %运行时间为 20 s
    h.flush;%将新的数据填充进入队列
    cursorPos_pht=h.read(1);%读取笔尖位置
    %检查是否碰到墙壁
    if cursorPos_pht(1) < bound_pht(1,1) %左边界
        %若碰到墙壁,笔尖将施加一个反方向的力,大小与笔尖和墙壁的距离成正比
```

```
            force=-k * [cursorPos_pht(1)-bound_pht(1,1) 0 0];
        elseif cursorPos_pht(1) > bound_pht(2,1) %右边界
            force=-k * [cursorPos_pht(1)-bound_pht(2,1) 0 0];
        elseif cursorPos_pht(2) < bound_pht(1,2) %下边界
            force=-k * [0 cursorPos_pht(2)-bound_pht(1,2) 0];
        elseif cursorPos_pht(2) > bound_pht(2,2) %上边界
            force=-k * [0 cursorPos_pht(2)-bound_pht(2,2) 0];
        elseif cursorPos_pht(3) < bound_pht(1,3) %后边界
            force=-k * [0 0 cursorPos_pht(3)-bound_pht(1,3)];
        elseif cursorPos_pht(3) > bound_pht(2,3) %前边界
            force=-k * [0 0 cursorPos_pht(3)-bound_pht(2,3)];
        else
            force=[0 0 0];
        end;
    h.write_force(force); % Phantom 输出力
    cursorPos_scr=cursorPos_pht * trans_mat;
    %将 Phantom 坐标系转换为屏幕绘图坐标系
    %更新光标位置
set(cursorH,'XData',cursorPos_scr(1),'YData',cursorPos_scr(2),'ZData',cursorPos_scr(3),'Visible','on');
    drawnow;
end

%--结束范例--%
h.disconnect; %结束连接 Phantom
close all; %关闭绘图窗口
```

除了与虚拟现实的设备接口,MATLAB 可以越来越多地与心理学、认知科学的科学仪器兼容。比如,作为一个电子原型平台,Arduino 为心理学工作者设计新的仪器提供了很大空间。在我们的网站里,附上了 MATLAB 与 Arduino 联合应用的原理和例子,有兴趣的读者可以进一步参考。

引用资料及说明

[1] http://learning.eng.cam.ac.uk/Public/Wolpert/WebHome
剑桥大学感知运动实验室的主页。该实验室借助平面式虚拟现实,研究人脑如何根据感知信息发出适当的运动指令。

[2] http://www.cog.brown.edu/research/ven_lab/
布朗大学虚拟环境导航实验室的主页。该实验室借助头戴式虚拟现实研究人类的行走行为,以及人的空间导航能力。

[3] http://www.recveb.ucsb.edu/
加州大学圣巴巴拉分校虚拟环境与行为研究中心的主页。该实验室借助头戴式虚拟现实研究社会心理学相关领域,以及视觉、空间认知能力等。

[4] http://www.vrphobia.com/
美国虚拟现实医学中心的主页。该中心借助头戴式虚拟现实研究和治疗各种心理障碍。

[5] http://en.wikipedia.org/wiki/Transformation_matrix
变换矩阵的维基百科词条,清晰地介绍了坐标变换的基本知识。

[6] http://www.wacom.com/zh-cn/products/pen-tablets
Wacom 数位板的官方介绍。

[7] PSYCHTOOLBOXROOT\PSYCHTOOLBOX\PsychContributed\WinTab\TabletDemo.pdf
PTB-3 提供的 MATLAB 与数位板的外部接口 WinTabMex.mex 的说明文档。

[8] http://www.codamotion.com/systems/indoor-3d-motion-capture.html
CodaMotion 动作捕捉系统的官方介绍。

[9] van Beers, R. J., Wolpert, D. M., & Haggard, P. (2002). When feeling is more important than seeing in sensorimotor adaptation. Current Biology, 12(10), 834—837.
该论文借助平面式虚拟现实,研究视觉和本体感觉在感知运动控制中如何整合。

[10] Wei, K., & Körding, K. (2009). Relevance of error: what drives motor adaptation? Journal of Neurophysiology, 101(2), 655—664.
该论文借助平面式虚拟现实,研究运动过程中的错误信息如何影响运动适应。研究中用到了动作捕捉系统和 Phantom 力反馈系统。

[11] http://geomagic.com/en/products/phantom-desktop/overview/
Phantom Desktop(现已更名为 Touch X)力反馈系统的官方介绍。

[12] Ernst, M. O., & Banks, M. S. (2002). Humans integrate visual and haptic information in a statistically optimal fashion. Nature, 415(6870), 429—433.
该论文借助平面式虚拟现实,研究人类如何整合视觉和触觉信息。研究中使用 Phantom 力反馈系统模拟一个物体。

[13] http://prok-phantom.googlecode.com(链接失效,安装包请见我们的网站)
Roman A. Prokopenko 编写的 MATLAB 和 Phantom 的外部接口 Prok Phantom 的网页。

7

利用 PSYCHTOOLBOX 编写视听刺激

预备知识
- 心理学实验中的组内、组间设计
- 纯音刺激生成与播放，声道与音量控制
- PSYCHTOOLBOX 中 Screen 函数的使用以及按键反应记录的实现
- MATLAB 中随机化函数的使用
- MATLAB 编程基础：循环、判断等基本逻辑的实现

本章要点
- 视听感觉通道交互实验程序的框架
- 听觉刺激的处理：添加包络，产生声强变化的纯音刺激
- 使用 PsychPortAudio 函数实现声音刺激的精确播放
- 动态视觉刺激的播放：视听觉刺激的同步呈现，PSYCHTOOLBOX 时间戳技术
- 随机种子
- 利用 MATLAB 中随机化函数实现试次的随机化
- 实现完整实验程序：全局变量，将实验程序各部分拆分为独立的函数

　　日常生活中，我们无时无刻不在利用视觉、听觉等感觉通道接收外界刺激，并通过大脑对其进行知觉组织以及认知加工，从而抽取出有意义的信息。这一过程的完成非常迅速和自然，以至于我们在大多数情况下忽略了视听感觉通道信息加工背后的工作机制，以及多种感觉通道之间可能存在的复杂的相互影响和交互过程。大量证据表明，在纷繁复杂的认知任务中，视听刺激的同时呈现将显著影响人们对视听信息的知觉。例如，在经典的麦格克效应里（McGurk & MacDonald, 1976），当人们观看一段以特定口型发音的视频时，我们对音节的知觉受到了视觉信息的影响。如果一边听到"ba"这一音节，一边看到视频中某人做出发"ga"音的口型，则最终在听觉上知觉到的很可能是"da"音。当然，视觉和听觉刺激两者亦有相互促进的效果，如 Busse 等人（2005）发现针对某一特定客体，当人们注意其传达的视觉信息时，对其发放的听觉信息的关注亦会加强，即使听觉信息与实验任务没有直接关联。Van der Burg 等人（2010）在实验中确证了"pip and pop"效应，即在复杂的视觉场景中搜索特定的目标时，呈现与视觉刺激某

一属性同步变化的听觉刺激,可以显著促进对目标的搜索和识别。总而言之,无论来自经验还是严谨的实验证据,视觉、听觉刺激在同一任务中的相互影响和相互促进已得到广泛认可,并成为当前心理学研究的热点问题之一。

对于想要利用 MATLAB 和 PTB 完成心理学实验程序设计的读者来说,在任何一个实验中呈现给被试的主体部分——当然也是研究者需要详细编写和调试的部分——就是实验材料(包括图像、声音)的呈现,收集按键反应,以及如何让这些元素以研究者预想的方式在呈现时间上同步。值得庆幸的是,随着对 MATLAB 和 PTB 的学习和理解的加深,截至本章,现有的知识已经足够支持我们设计出一个完整的、在时间上匹配的视听刺激实验程序。本章中,我们将以 Van der Burg 等人(2010)的"pip and pop"效应的实验研究为例,说明在编写一个完整的视听交互实验程序的过程中需要考虑和解决哪些问题。

7.1 视听交互实验程序框架

深入到具体范例之前,我们先来考虑一个更加普遍的问题:在编写任何一个程序时,需要对程序的功能和框架有清晰的规划和认识。当我们想要编写一个包含视听刺激并要求被试做出反应的实验程序时,这样的程序一般有哪几个部分,有没有一个指导性的框架能帮助我们在动手编程前确定哪些问题需要先考虑清楚?图 7.1 给出了一个值得参考的流程。

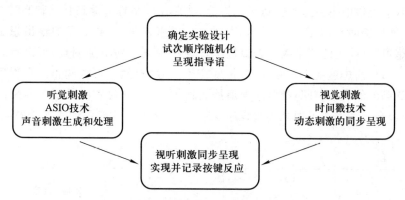

图 7.1 视听双通道交互实验程序的框架

当然,在编写程序前研究者必须有一个清晰的实验设计思路,即确定实验操作中所使用的刺激和实验具体流程,包括所有必需的刺激参数和实验程序逻辑等。假设实验设计已经明确,接下来我们需要回答上文提到最重要的几个方面的问题,即实验流程、图像、声音的编制和按键反应。

(1) 实验的组内、组间变量是什么？分别有多少个水平？每个组间变量需要多少名被试？组内变量的每个水平要重复多少次？试次的呈现顺序是否随机？如何做到在不同被试间平衡，以消除特定试次顺序对实验结果的影响？为此，读者需要掌握实现试次顺序随机化的基本方法。

(2) 播放听觉刺激时需要尽可能地消除呈现听觉刺激的迟滞。Windows 系统下对音频文件标准的先进先出(first in first out，FIFO)缓存，以及声卡本身的限制，都是听觉刺激呈现时产生迟滞的原因。声卡、驱动、操作系统、软件和实验程序的不同，又使得不同试次中的迟滞的时长明显不同。可以想象，在一个要求被试对声音刺激做出迅速反应或是视听刺激需要精确同步呈现的实验中，长达几十甚至几百毫秒的声音播放延迟是不能接受的。又由于迟滞时间极大的变异性，实验中也无法预估迟滞时间并修正。但借助 PTB 中的 Audio Stream Input and Output 技术(下文简称 ASIO)，实验程序在生成、暂存和播放声音刺激时直接调用底层硬件而不再通过 MATLAB 或者操作系统生成和调用声音文件，可以顺利地解决这一问题。同时 PTB 中保证时间精度播放音频的函数也是必须掌握的。

(3) 对于声音刺激，实验中需要有一些常用的信号处理。除了之前章节介绍过的，还有对声强的控制，或者周期性地(如正弦波或方波形式)改变声音刺激的强度和频率等。

(4) 我们已经知道，视觉刺激的呈现可通过 Screen 函数实现。但要达到视觉和听觉刺激的精准同步，仅仅设置两组刺激并播放是远远不够的。硬件层面上，为了校正视觉和听觉刺激呈现时的时间差异，可以在显示屏上设置光敏电阻，记录视觉刺激呈现时间，对音频输出端的电信号直接送至示波器，从而比较呈现视觉和听觉刺激时的固有时间差异。软件层面上，如图 7.2 所示，直观上可以将视频、音频信息的输出想象为分别在两条"跑道"上前进的两个人。若直接呈现视听觉刺激而不加调整，可以看到两人出发时间不一致，前进速度不一致，跑道长度亦不一致，自然不可能同步。在程序内修正视觉、听觉刺激的启动时间，调整两通道播放速度一致，并对刺激长度不匹配的位置用空白刺激补全。如此便可保证实验程序运行时，视觉和听觉刺激能实现精确同步。

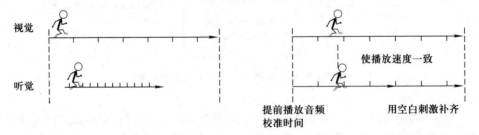

图 7.2 校正前(左)与校正后(右)的视觉、听觉刺激同步呈现效果示意图

具体到在 MATLAB 中的实现方法，一方面，对于需要播放动态的、和声音刺激精

确同步的视觉刺激,为了保证准确和恒定的播放速度,需要借助 PTB 在呈现视觉元素时的时间戳技术,准确地反馈和指定每一帧画面播放的时刻。另一方面,当呈现视觉刺激,尤其是动态的视觉刺激时,需要事先生成每一帧画面需要呈现的信息。

(5) 每一帧画面除了完成对视觉刺激的刷新和听觉刺激的持续播放,实验程序同样还要监测被试的按键反应,并且在做出按键时准确记录被试的按键时间并记录反应时。前一章已经介绍了实现记录鼠标或键盘按键反应的具体函数。另外还需考虑一些可能的问题,例如按键反应时间过短或过长,以相应地调整实验进程。

在确定了实验的主体部分后,以下一些细节会使整个程序更加高效、友好和稳健:

(6) 指导语的呈现是否明晰易懂?是否通过载入图片或文本文件的方式来呈现指导语?是否需要加入适当的练习试次,直到确认被试理解了实验过程和操作方法?

(7) 为避免对内存中计算资源的浪费和占用大量计算时间,考虑在进入实验阶段前,程序就已经完成对视听刺激的生成和试次的随机化,对内存进行了预分配,从而提高程序效率。

(8) 在试次间是否预留了合理的时间间隔?一些实验中,为了避免被试产生预期,这个时间间隔也需要在一定范围内随机。

(9) 程序是否友好,即是否易读和易于修改?这一点要求程序的编写者有良好和专业的编程风格。因此实验程序既要有清晰的注释和分段,又要对实验变量做出系统和易懂的命名。否则在实际编程中很可能因程序过于复杂、难懂,以及编程风格的不统一使得调试阶段变得费时费力,尤其在编写复杂和大规模的实验程序时更是如此。

下面,我们尝试在上述框架下以"pip and pop"效应的实验研究为例,详述在实验程序编制中需要解决哪些问题,最终写出一个完整的验证"pip and pop"效应的程序。

具体来说,"pip and pop"效应考虑的是这样一个问题:一个视觉搜索任务,被试从一定数量的干扰线段中识别出"目标线段"(这条特定的目标线段朝向为水平或者竖直,其他干扰线段都与水平或者垂直方向偏差了±3°)。与此同时,一些看似与实验任务无关的视听刺激也在同步呈现,例如,每条线段周围被一个明度以特定频率变化的光环环绕,同时在听觉上呈现一个声强以同频率变化的纯音刺激。表面上这些刺激对完成视觉搜索任务并无帮助,但实际上,仅有目标线段外的光环亮度变化与纯音刺激的声强变化同步(即相位差为 0,同时达到最强和最弱),干扰线段外光环与纯音刺激变化均存在相位差时,被试最有可能发现目标线段从众多干扰刺激中"跳"了出来,说明看似无关的听觉刺激对视觉搜索任务的影响。

有了这一假设之后,下一步需要设计出完整的验证实验方案。在具体的实验方案中,必须设置实验组、对照组,以及明确的实验材料参数。例如声音刺激的属性,目标与干扰线段(原文献中均称作"bar")的大小和数量,声强和光环亮度的变化周期,等等。在这里,我们参考 Van der Burg 等人(2010)原始文献中的方法(Method)部分。

图 7.3 给出了一个具体试次中的刺激样例。考虑到视听刺激都在不断变化,读者

可以参考我们网站中提供的实验视频(来自 Van der Burg 等,2010),更直观地理解这一实验设计中所谓"正弦波/方波"和"同步/反相"两种条件的含义。

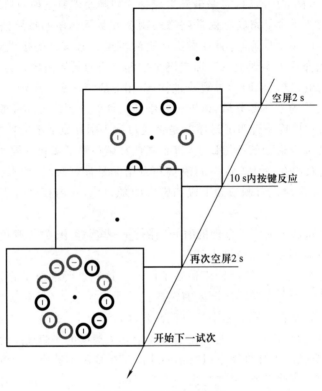

图 7.3 实验试次流程图

参考图 7.3,这里给出该实验的具体设计(相比原始文献有一定的简化):本次实验的自变量共有 4 个,均为组内变量,分别为线段数目("5 干扰+1 目标"或"10 干扰+1 目标")、目标线段方向(水平或竖直)、亮度与声强变化形式(正弦波或方波)和声音刺激呈现方式(同步,相位差为 0°;反相,相位差为 180°;无声,该试次不播放声音刺激)。具体来说,所谓亮度和声强的变化是指,每个试次中光环和声音刺激的强度变化都以相同频率变化,且存在两种方式(见图 7.4):其一为正弦波变化,即颜色以 0.72 Hz 的正弦波形式周期性地在[77,77,77] 到 [255,255,255]之间变化(RGB 颜色系统下,相当于范围在 30%白色与纯白色之间),声音刺激以同频率的正弦波形式在 0~20 dB 之间变化;其二为方波变化,即明度以 0.72 Hz 的方波形式周期性地在[77,77,77]到[255,255,255]之间变化。声音同理。

对于声音刺激呈现方式,本实验要验证的一个问题是:在呈现与视觉刺激同步的声音刺激时,完成视觉搜索任务的速度是否提升。显然,必须设置不呈现声音刺激的对照

图 7.4　左为正弦波图样，右为方波图样

组，比较两者的结果。本实验还设置了"反相"组，即声强与光圈亮度的变化刚好相反（相位相差 180°），当目标圆环的光圈最亮时，声音刺激的强度恰好达到最弱，从而与同步组和无声组进行比较。

对于具体的实验参数设置，默认视距为 57 cm。每个试次包含一个位于屏幕中央的注视点，其半径视角为 0.25°。每个试次中，屏幕黑色背景上呈现 6 条或 11 条白色线段，其半径视角为 0.7°。其中一条目标线段方向为水平或竖直，其余线段相比水平方向或竖直方向随机偏转±3°。每条线段外被一个明度变化的圆环包围。整个圆环的半径视角为 1.1°，宽度视角为 0.4°。非目标线段的圆环同样以 0.72 Hz 的频率变化亮度，但相位与目标线段的相差为±50°，±70°，±90°，±110°或±310°（在只有 6 个圆环的试次中，只取正数，11 个圆环时正负都取）。此外，每个试次中除了呈现视觉刺激，还可能伴有 500 Hz，44.1 kHz 采样率的 16 位且强度变化的声音刺激。被试需要在凝视着注视点的条件下，尽快判断每个试次中的目标线段是水平（按 z 键）还是竖直（按 m 键）朝向。以图 7.3 中呈现"5 干扰+1 目标"的试次图样为例，一旦发现屏幕左下角有一条水平线段，就立刻按 z 键。被试需在 10 s 内做出反应，否则程序提示"too slow"，并强制等待 3 s。在不超时的情况下，等待 2 s 后进入下一试次。所有试次的顺序随机，每个特定条件下的试次重复次数为 trialeach（可根据需要调整，一个参考方案是 trialeach=8）。

到目前为止，我们可以对前述编程框架内提出的问题做明确回答。此外，对于实验流程、图像、声音和按键反应，需要考虑以下几个方面：

（1）刺激的随机化安排。实验的组内、组间变量是什么，分别有多少个水平，每个组间变量需要多少被试，组内变量的每个水平又要重复多少次？确认之后，我们将在后文介绍按需实现试次随机化的方法，除了我们已经掌握的 MATLAB 中的随机化函数，亦可采用 genTrials 函数直接生成。

（2）声音刺激的修饰。实验中呈现的是 500 Hz，16 位，44.1 kHz 采样率的纯声刺激，其强度以 0.72 Hz 的正弦波或方波变化，因而我们需要实现将正弦波/方波叠加至纯音刺激的步骤，并且给方波加上包络（否则在强度骤增骤减的时刻会出现爆音）。此外，为了实现声音刺激的精准播放，我们需要借助 ASIO 技术，使用 PsychPortAudio 函数控制声音刺激的播放和停止。

(3)视听刺激的同步。为了实现圆环亮度以 0.72 Hz 的方波/正弦波形式变化并与声音刺激同步的效果,我们需要先生成每一帧呈现圆环的样式,并借助 PTB 的时间戳技术实现视听刺激的精确同步。

(4)记录按键时间和试次控制。每一帧除了完成对视觉刺激的刷新和听觉刺激的持续播放,实验程序同样还要监测被试的按键反应,并且在做出按键时及时终止当前试次,准确记录被试的按键时间。另外,10 s 内不做出反应,则自动结束该试次并提示被试集中注意力迅速反应。

此外还有一些细节:

(5)正式实验阶段前呈现详细的指导语。

(6)视听刺激的生成和试次的随机化工作可以在进入实验阶段前就完成,在具体试次中只要调用即可。这样可以避免重复生成实验刺激的计算过程。

(7)两试次间的时间间隔为 2 s,除非被试超时则强制延迟 3 s 并给出文字提醒"too slow!"。

(8)实验程序既要有清晰的注释和分段,又要对实验变量做出系统和易懂的命名。

接下来,我们将陆续解决上述提到的几个关键问题,介绍和讨论其中必要的编程思路和技术手段。读者可以据此尝试一步一步完成对这一实验程序的编写,在任何需要参考实验参数和了解实验流程的时候,都可以回到这一部分或者参阅网站中的刺激演示录像。在这里,我们附上实验主程序 mainexp.m 的框架示意及其中调用的子函数(图 7.5)。

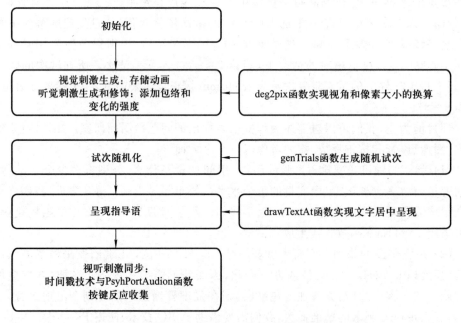

图 7.5　实验主程序(mainexp.m)框架及其调用的子函数

7.2 声音刺激的构造和修饰

已知实验所需的是 500 Hz, 44.1 kHz 采样率的 16 位且强度变化的纯音刺激, 由于试次最长不超过 10 s, 先考虑生成一个长达 10 s 且声强不变的纯音刺激, 这一点读者已经非常熟悉:

```
tsound=linspace(0,10,10*44100);
originalsound=sin(2*pi*500.*tsound);
```

接下来, 我们尝试让这一纯音的声强发生变化。纯音刺激 originalsound 向量中元素的值总在[−1,1]之间变化, MATLAB 在播放声音刺激时, 会将该向量等比例地压缩至[0,1]区间内, 即实现音量在静音到 100% 音量间变化。数字音频中 0 dB 是最大的音量, 若想缩小音量至一个特定分贝, 则可使用如下语句:

```
wav=wav * 10^(db/20);
```

这一句实际将 wav 降低为 db 分贝(db<0)。但实际呈现声音刺激时情况会复杂很多, 例如设备本身发声强度和运行实验程序时系统音量大小, 以及被试是通过耳机还是音箱接收听觉刺激, 这些因素都会影响实际播放的声音的物理强度。

在这里我们不做这一层面的严格要求, 对于正弦波变化, 我们只要实现在最大音量和静音之间变化的效果即可。换言之, 将图 7.4 所示的正弦波与声音刺激向量相乘:

```
ff=0.72;    %基准频率
newsound(1,:)=originalsound.*(1/2*(sin(2*pi*ff.*tsound)+1));
newsound(2,:)=originalsound.*(1/2*(-sin(2*pi*ff.*tsound)+1));
newsound(3,:)=zeros(1,10*44100);
```

其中 zeros 函数生成特定长度和维度的零向量。这里我们将生成的声音刺激保存为 newsound(1,:), newsound(2,:), newsound(3,:), 三者分别是声音刺激同步、反相和无声条件下播放的正弦波变化的纯音刺激。对于正弦函数加 1 后乘以 1/2 的处理保证这一叠加在纯音上的波形落在[0,1]。

对于方波刺激, 需要额外考虑的一个问题是声强的骤变会造成破音现象, 因而我们在生成方波之后, 还要对其叠加一个包络之后才能与纯音刺激相乘, 即为原本陡变的声音刺激加上一个平缓上升和下降的坡度。事实上对于实验中播放的任意声音刺激, 都可以考虑在其初始和末尾加上包络, 防止播放和终止时出现"咔嗒"声, 我们首先对这一点给出说明。

一般在实验中播放声音刺激时, 都要考虑对声音刺激实现淡入淡出的问题, 即所谓的"包络"。尤其是在声音刺激时间较短, 两刺激的时间间隔也很短且大量播放时, 如果不在播放时实现淡入淡出, 声音的爆破会非常严重。如图 7.6 所示, 在纯音刺激的开头

和结尾处加上一个时间非常短暂的包络,可以使纯音刺激在播放时自然地淡入淡出。具体实现如下:

```
sr=44100;  %采样率
t=0.1;%纯音刺激时长
f=200;%纯音刺激频率
tmp=linspace(0,t,sr*t);
tone=sin(2*pi*f*tmp);%初始声音刺激
gatedur=.01;%声音门控时长
gate=cos(linspace(pi, 2*pi, sf*gatedur));
gate=(gate+1)/2;%生成声音刺激开头的门控
offsetgate=fliplr(gate);%生成结尾处的门控
sustain=ones(1, (length(tone)-2*length(gate)));
envelope=[gate, sustain, offsetgate];%生成包络
smoothed_tone=envelope.*tone;
    %生成平滑处理后的声音刺激。播放 tone 和 smoothed_tone 可以比较两者差异
```

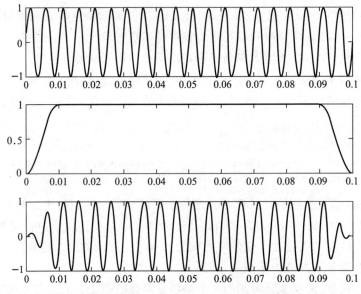

图 7.6　由上至下分别为 tone、envelope 与 smoothed_tone 的波形

而在本实验中,我们希望消除播放方波时每一次波形转折时可能的爆破(图 7.4 方波中骤然上升和下降处),并尝试 smooth 函数实现包络的生成,这是 MATLAB 自带的一个对数据实现平滑处理的函数,相比手动编写循环体从而在每一个转折点上实现平滑效果,使用 smooth 函数更为方便和简洁:

```
newsound(4,:)=originalsound.*smooth((sin(2*pi*ff.*tsound)>0),300)';
```

```
newsound(5,:)=originalsound.*smooth((sin(2*pi*ff.*tsound)<0),300)';
newsound(6,:)=zeros(1,10*44100);
```

生成方波用到一个简单的判断语句,确保一半时间其取值为 1,另一半时间为 0。smooth 函数自变量中的第一个参数是要做光滑处理的向量名,第二个参数决定了平滑处理的强度。读者可以尝试改变这一参数比较生成的波形的差异,以及作为声音刺激播放时听觉上的区别。与上文一致,这里的 4,5,6 三组 newsound 向量分别对应方波变化时同步、反相、无声三种呈现条件。这样我们便生成了实验所需的全部听觉刺激。

当涉及具体声音刺激的播放时,推荐使用 PsychPortAudio 函数。在支持这一技术的声卡设备上,使用 PsychPortAudio 可以极大降低播放声音刺激时的迟滞,精确地设定声音刺激播放的启动时间,且在 Mac OS/X 和 Windows 等平台上都可使用。以 Windows 系统为例,其标准的声音子系统的时间精度和播放启动速度达不到视听交互实验的基本要求,尤其是在要求严格的声音图像刺激同步的条件下,使用 MATLAB 播放刺激时读者很可能会感觉到明显的迟滞或异步,且这种异步是相对混乱和无规律的,可能达到几十甚至数百毫秒的误差,显然超出了实验允许的范围。为了能在 Windows 系统上实现无迟滞的声音播放或是对声音刺激精准的时间控制,PTB 利用 ASIO 技术(需要声卡支持这一技术才可实现)来减少系统对音频流信号的延迟,并增强声卡硬件的处理能力。

总之,我们先通过例 7.1,直观感受 Snd 函数等之前使用的播放声音刺激的函数可能造成怎样的延迟。

例 7.1

```
f=1000;% 频率,以赫兹为单位
d=1;% duration,声音刺激时长 1s
sr=44100;% sample rate,采样率
beep=MakeBeep(f,d,sr);
%根据上述参数生成纯音刺激
tic;
Snd('Play',beep);
toc;
%记录从运行 Snd 语句到运行完毕开始播放声音刺激所用的时间
```

编者尝试在 MATLAB 中运行上述脚本数次,返回的 tic/toc 间的时长大约在 0.4~0.6 s。凡对声音刺激的播放精度有要求的实验都很难接受这样的迟滞。怎样利用 PsychPortAudio 函数解决这一问题呢? 我们参考下面这一修改后的范例。需要读者掌握的是,使用 PsychPortAudio 下的函数实现声音刺激播放时,通用的步骤是先启动和初始化 PsychSound,再创建句柄并写入将要播放的声音刺激,之后通过控制句柄来控制声音刺激的播放与关闭。其中,句柄的使用与 Screen 函数类似,读者已经比较熟悉。具体实现过程如例 7.2 所示。

例 7.2

```
InitializePsychSound;
%启动 PsychSound
pahandle=PsychPortAudio('Open',[],[],[],sr,1);
%生成一个供 PsychPortAudio 操作声音刺激的句柄 pahandle
PsychPortAudio('FillBuffer',pahandle,beep);
%将欲播放的声音刺激 beep 写入 pahandle 中,用于之后的播放和停止操作
tic;
PsychPortAudio('Start',pahandle);
%用 Start 语句播放 pahandle 中的声音,即 beep
toc;
```

这一次,尝试运行后发现迟滞时间降至 1 ms 左右。读者可以自行尝试和比较这两个例子,从而体会 PsychPortAudio 函数在时间控制上的显著优势。另外,读者也可尝试循环播放 500 次,记录每次的迟滞时间并绘图和比较,可以发现使用 PsychPortAudio 迟滞时间的变异性也明显降低。

事实上,Start 语句可以指定刺激播放的精确起止时间,例如程序若运行:

```
PsychPortAudio('Start',pahandle,[],GetSecs+1,[],GetSecs+3,[]);
```

那么声音刺激将在 1 s 后开始播放,且只播放 2 s 便停止(GetSecs 语句返回当前系统时间)。

Stop 语句可以实现停止播放当前音效的功能:

```
PsychPortAudio('Stop');
```

也可以指定特定音频刺激停止播放:

```
PsychPortAudio('Stop',pahandle);
```

由此,只要对函数中的参数做出具体设置,PsychoPortAudio 函数便能实现对声音刺激播放和停止的精确时间控制。对此有疑问的读者可以运行

```
PsychPortAudio Start?
PsychPortAudio Stop?
```

等命令,了解每个参数的具体意义及设置方法,实现对声音刺激在时间上更自如的控制。

7.3 视觉刺激

为了呈现动画,我们需要生成每一帧静止的画面,再依据精确的时间控制技术按照预定的步骤逐帧播放和刷新,在视觉上形成动态的效果。换言之,我们既要确定每一帧

持续的时长,也要了解计算机实现一次扫屏(每一次刷新)消耗的时间,并且通过 PTB 指示计算机在确定的时间刷新出下一帧画面,并不断循环下去,从而实现动画效果。

为此,读者需要简单了解 PTB 在视觉刺激呈现中的时间流程和时间戳技术。在之前使用 Screen 函数时,我们只是要求程序在运行这句代码时实现刷新,也没有特意保存 Screen 函数返回的每次刷新完成的时间,但事实上这些数值并非没有意义,想要生成逐帧播放的动画,程序必须知道这一帧刷新完成的时间,从而推算出下一次刷新开始的时间并且依次操作下去。事实上,Screen 函数的 flip 语句总是会返回本次翻转完成后的时间作为时间戳,同时亦可以在自变量中制定一个时间戳作为本次翻转开始的时间(而不总是在读到这一句就开始刷新)。读者可以尝试运行例 7.3,实现以每帧 0.02 s 的速度使屏幕从暗变亮的动画效果。

例 7.3

```
screenNum=0;
[wPtr,rect]=Screen('OpenWindow',screenNum);
time_interval=0.02;
vbl=Screen('Flip',wPtr);
tic;
for i=1:255
Screen('FillRect',wPtr,[i i i]);
vbl=Screen('Flip',wPtr,vbl+time_interval);
end
toc;
Screen('CloseAll');
```

首先,

vbl=Screen('Flip',wPtr);

这一句为 vbl 这一变量赋初值,即第一次刷屏完成的时间。对于其中关键的一句:

vbl=Screen('Flip',wPtr,vbl+time_interval);

vbl+time_interval 这个参数指定了 Flip 语句运行的时间,即读到这一行时,如果系统时间早于 vbl+time_interval,那就等到这个时刻再开始刷屏。并且把本次刷屏完成的时间更新到 vbl 变量中。从而循环体实现了按 0.02 s 的间隔不断更新的过程。

读者应当已经留意到,程序中特意留出了 tic 和 toc 语句,为了让大家查看实际上这一动画持续了多久。尝试运行过后会注意到,这段时间明显长于预计时间(255×0.02=5.1),问题出在哪里呢?

想象计算机 CRT 显示器在进行不断刷新和扫屏的过程,事实上,即便系统时间已到达 vbl+time_interval 这个时间点,纯平显示器中的电子束并不一定扫描至终点,只有等一轮扫描完毕后才会真正开始下一次的翻转。我们不知道每一帧翻转时电子束的具体位置和可能造成的延迟,但平均来看,我们可以想象每次电子束总是运行至屏幕中央,因而平均每一帧总有半个刷新周期的延迟。现在的问题是,怎样得到这个刷新周期的具体时间,再把它从时间戳当中减去作为对刷屏耗时的补偿?读者可以参考修改后的例7.4。

例7.4

```
screenNum=0;
[wPtr,rect]=Screen('OpenWindow',screenNum);
time_interval=0.02;
refresh=Screen('GetFlipInterval',wPtr); %GetFlipInterval 命令能使 Screen 函数返回当
    前设置下完成一次刷屏(即一帧)所需时长
refresh;
vbl=Screen('Flip',wPtr);
tic;
for i=1:255
   Screen('FillRect',wPtr,[i i i]);
   vbl=Screen('Flip',wPtr,vbl+time_interval-0.5*refresh);
end
toc;
   Screen('CloseAll');
```

其中,

refresh=Screen('GetFlipInterval',wPtr);

一行,实现了对当前每帧刷新时长的获取。程序之后将 refresh 的具体数值显示在 MATLAB 的命令窗口中,读者可以在尝试运行之后进行确认。Flip 语句同样做了修改,减去了半个刷新周期:

vbl=Screen('Flip',wPtr,vbl+time_interval-0.5*refresh);

尝试运行后,读者可能明显感觉到动画的时间缩短,tic/toc 语句返回在命令窗口的时长亦接近预期。当然,具体的时间受到硬件及刷新频率的设置等因素的影响,在不同电脑上运行的结果亦不同。

明确了绘制动画的原理后,我们尝试生成"pip and pop"效应实验所需要的视觉刺激,再使用时间戳原理进行逐帧播放。实验中使用的视觉刺激只有线段和变化亮度的光圈两种,前者在每帧调用 Screen 函数的 DrawLine 命令绘制即可,后者实际只有正弦波/方波变化两种形式,但每条线段周围的圆环变化的相位都是不同的(除了目标线段与声音的相位一致,其他圆环相差±50°、±70°、±90°、±110°或±310°)。因此,需要生成的实际上是一组正弦波和一组方波,每组各有 11 个固定相位差的波形,根据这些波形可以确定每个圆环在 10 s 内的每一帧中的亮度。范例如下:

例 7.5

```
% 首先,必要的设置和参数
screenNum=0;
[wPtr,rect]=Screen('OpenWindow',screenNum);
wx=rect(3);
wy=rect(4);
KbName('UnifyKeyNames');
keyz=KbName('z');
keym=KbName('m'); % 两个按键反应,z 或 m 分别代表目标线段是水平或者竖直
HideCursor; % 实验中隐藏鼠标指针

ff=0.72; %基准频率
INCH=14; % 显示屏大小
vdist=80; % 注视距离,单位厘米

Rline=deg2pix(0.7,INCH,wx,vdist);
Rcircle=deg2pix(1.1,INCH,wx,vdist);
Rcirclew=deg2pix(0.4,INCH,wx,vdist);
Rroute=deg2pix(4.9,INCH,wx,vdist);
Rfix=deg2pix(0.25,INCH,wx,vdist);
% 以上分别是目标线段、目标圆环的内径、外径、目标圆环中心到屏幕中央的距离和注视
点的半径,单位均是像素。deg2pix 函数实现将视角转化为像素大小的功能

refresh=Screen('GetFlipInterval',wPtr);
t=linspace(0,10,10/refresh);

%首先,规定每一帧的时长实际上就等于刷新周期(当然也可以是别的值,例如上面范例
中的 time_interval=0.02),那么,10 s 总共会播放的帧数是 10/refresh

phase=[50 70 90 110 310 -50 -70 -90 -110 -310 0];

%phase 向量按序保存上文所述的相位差。其中 phase(11)代表目标线段对应的圆环,它
与声音刺激的相位差是 0,在每个具体的试次中,每个圆环的相位差将随机生成,通过下面
生成的 thistrial 这一随机排列实现。对生成的具体过程的解释请参考之后的说明

for i=1:11
    wave(i,:,1)=1/3+1/3*(sin(2*pi*ff*t+phase(i)/180*pi)+1);
    wave(i,:,2)=1/3+2/3*(sin(2*pi*ff*t+phase(i)/180*pi)>0);
end
%生成的方波和正弦波保存在 wave 这个三维矩阵中。wave(1,:,1)到 wave(11,:,1)保存
正弦波,而 wave(1,:,2)到 wave(11,:,2)保存方波,其中 1~11 的相位差分别对应 phase
向量中的第 1 到第 11 元素。需要注意的是,明度是 1/3 到 1 之间变化,任何时刻光圈都不
会黯淡至黑色
```

%下面我们实现某个试次的视觉刺激的呈现,并且当被试做出按键反应或是超时,当前试次立刻中断,等待3 s后进入下一个新生成的试次。已经提到实验中包含4个组内变量,每个试次中线段的个数,呈现方波还是正弦波变化等因素都各不相同。这里我们假设一个名为triallist的四维向量已经包含了该试次的具体参数。4个元素的意义分别是线条个数(6或11)、目标线段方向(0为水平,1为竖直)、波形(0为正弦波,1为方波)和声音刺激类型(1为同步,2为反相,3为无声)

```
triallist=[6 0 1 1];
```
%读者也可以尝试设置为别的具体数值,比如[11 1 0 2]等

```
num=triallist(1);linetype=triallist(2);
wavetype=triallist(3);soundtype=triallist(4);

thistrial=randperm(num);
```
%生成一个1~6或1~11的随机排列,存入thistrial,表示这个试次中所有圆环的顺序(每个圆环的具体相位差的值由phase中的对应元素决定)

```
if num==6
    thistrial(find(thistrial==6))=11;
end
```

%当只有6个元素的时候,将之前thistrial中值为6的元素赋值为11,因为由phase向量我们知道11总是对应目标线段的圆环。总之,无论本试次中有6个还是11个圆环,thistrial中11所在的位置就是本次目标线段所在的位置

```
firsttouch=0;
timeout=0;
```
%在之后记录按键反应和超时情况时可以用到

% 生成图像刺激点的坐标参数

```
for i=1:num
    centerx(i)=wx/2+Rroute * sin( ( (0.5+i) /num) * 2 * pi);
    centery(i)=wy/2+Rroute * cos(((0.5+i)/num) * 2 * pi);

    if thistrial(i)==11 %这是目标线段
        sx(i)=centerx(i)+Rline/2 * cos(linetype * pi/2);
        ex(i)=centerx(i)−Rline/2 * cos(linetype * pi/2);
        sy(i)=centery(i)+Rline/2 * sin(linetype * pi/2);
        ey(i)=centery(i)−Rline/2 * sin(linetype * pi/2);

    else % 非目标线段
        templine1=rand()>.5;templine2=2 * ((rand()>.5)−0.5);% 随机决定该线段是接近水平还是竖直(templine1)以及偏转+3°还是−3°(templine2)
```

```
        sx(i)=centerx(i)+Rline/2*sin(templine1*pi/2+templine2*3/180*pi);
        ex(i)=centerx(i)-Rline/2*sin(templine1*pi/2+templine2*3/180*pi);
        sy(i)=centery(i)+Rline/2*cos(templine1*pi/2+templine2*3/180*pi);
        ey(i)=centery(i)-Rline/2*cos(templine1*pi/2+templine2*3/180*pi);
    end
end

% 开始描绘图像
Screen('FillRect',wPtr,[0 0 0]);
t0=GetSecs;   % t0 记录试次开始的时间
timeout=0;
vbl=Screen('Flip',wPtr);   % vbl 赋初值


for i=1:wavesize
    for j=1:num
        Screen('FrameOval',wPtr,wave(thistrial(j),i,wavetype+1)*[255 255 255],[centerx(j)-Rcircle,centery(j)-Rcircle,centerx(j)+Rcircle,centery(j)+Rcircle],Rcirclew);
% 画圆环
        Screen('DrawLine',wPtr,[255 255 255],sx(j),sy(j),ex(j),ey(j),3);   % 画线
    end
     Screen('FillOval',wPtr,[255 255 255],[wx/2-Rfix/2,wy/2-Rfix/2,wx/2+Rfix/2,wy/2+Rfix/2]);   % 画注视点

    vbl=Screen('Flip',wPtr,vbl+0.5*refresh);   % 依据时间戳刷新
        [keyIsDown, secs, keycode]=KbCheck;    % 检查按键
      if (keycode(keyz) || keycode(keym))
            rt=secs-t0;
            firsttouch=1;
            choice=(linetype==0 && keycode(keyz)) || (linetype==1 && keycode(keym));
           break;
      end
      if GetSecs-t0>10    % 超时则直接跳出
            timeout=1;
            rt=10;choice=0;
           break;
      end
end
```

最后对上述程序做两点补充说明：

(1) 仅从代码来看，有读者可能对此处 thistrial 向量的意义，以及为什么要将其中的 6 改为 11(如果仅有 6 个元素，即"num==6")感到困惑。如图 7.7 所示，thistrial

实际上决定了相位差分别为 50°,70°,90°,110°,310°,－50°,－70°,－90°,－110°,－310°,0°的圆环的位置,根据 thistrial 向量某个元素的值,可以确定这个位置上圆环变化的相位差是多少,也可以确定该位置的线段是不是目标线段(只有目标线段的相位差为 0°)。

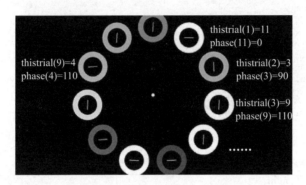

图 7.7　某个试次中可能的 thistrial 与 phase 值

(2) 调用 deg2pix 函数时,我们提到了视角这一概念,即视觉刺激在被试视网膜上成像的立体角大小,也就是被试最终知觉到的主观刺激的大小。本次研究指定了被试知觉到的视觉刺激的视角大小,但显然被试距离屏幕的距离不同,或是显示器的尺寸与分辨率不同时,同样视角的刺激所对应的像素大小显然是不同的。deg2pix 函数能在给定所有条件的情况下算出这一视角实际对应的像素值大小,便于之后实现视觉刺激的绘制。

7.4　试次的随机化

在之前的章节中已经提到,试次顺序的随机化实际是为了避免特定的试次顺序以及被试的练习效应可能带来的影响。在被试数量足够时,有时会考虑各种试次所有可能的顺序,并将每名被试赋予其中一种顺序。例如,若该组内变量有 4 个水平,那么在每个水平仅尝试一个试次的条件下,共有 $4\times3\times2\times1=24$ 种顺序,因而可以考虑招募 24 名被试,每名被试分别按照其中某种顺序经历这些试次。这一方法的缺陷在于随着组内变量水平的增多及每个水平需要完成试次数目的增加,实验试次数量会以阶乘速度增长。除了使用拉丁方设计等经典方法来平衡顺序效应外,实际操作中更简单和普遍的做法是,对于任何一名被试,随机生成一种试次顺序,通过此种随机化来抵消特定试次的顺序效应。这也是本章在编写"pip and pop"效应实验时采用的处理方法。

读者已经掌握了 rand,randi,randn,randperm 等 MATLAB 中的随机化函数,事实上这些知识已足够完成本研究中试次随机化过程的编写。但在此之前,读者需要明白计算机所能实现的随机过程,本质上都是通过特定的算法加上特定的起点(种子)而得出的"伪随机"结果,它由一套特定的随机数算法和一个特定值的 trigger(相当于对这个随机数算法的一个自变量)构成,尽管在使用随机函数的时候我们很少意识到其生成的随机数,只是一个"随机种子"(即输入)决定的计算机在一套固定算法(即函数)下生成的结果(即输出)。一方面,选择特定的种子可以使得随机函数每次都返回一致的结果;另一方面,尽可能地使得每次实验中的随机种子不同,也可以进一步确保每名被试经历的试次顺序都是均衡且不同的。读者可以参考下面几个简短的例子(在不同计算机上运行所得的具体数值可能有出入,此处仅是一例)。

例7.6

```
>>rand
ans=
    0.8147
>>rand
ans=
    0.9058
```

在开启 MATLAB 程序后立即运行两次 rand 函数。可以看到,再次运行 rand 函数,得出的结果并不相同。如果想要重复得到之前的随机数或者随机序列,可以考虑用 rng 函数重置程序的随机种子。

例7.7

```
>>rng default
%重置随机种子
>>rand
ans=
    0.8147
>>rand
ans=
    0.9058
```

再次运行 rand 函数,发现得到的结果与刚启动程序时的结果一致。

例7.8

```
>>randseed=rng
%这一步,我们将此刻的随机种子通过 rng 函数返回到名为 randseed 的变量中
randseed=

  Type: 'twister'
  Seed: 0
  State: [625x1 uint32]
%接下来,用 randperm 函数得到两个随机排序后的序列
```

```
>>randperm(7)
ans=
    4    1    5    6    3    2    7
>>randperm(7)
ans=
    7    2    5    6    4    1    3
```

```
>>rng(randseed)
```
%每次计算后种子会发生变化,现在我们将种子改为先前保存的 randseed,再来看看随机排序的结果

```
>>randperm(7)
ans=
    4    1    5    6    3    2    7
```
%因为种子与第一次 randperm 调用前一致,程序重复了当时的排序结果

例 7.9

```
>>rng shuffle
```
%在 rng 函数中调用 shuffle 命令,程序会依据当前的系统时间生成随机数种子。简而言之,每次运行的种子都会不同,于是 rand,randi 或者 randperm 等随机函数运行所得结果也会不同。再次调用 rand,程序不再重复之前的结果

```
>>rand
ans=
    0.9725
```

总之,在程序的开头总是运行 rng shuffle 语句,可以尽可能地保证不同被试接受的试次顺序是随机且不同的,以免每名被试因为程序的疏漏都经历了实际上一致的试次顺序。

用上文提到的随机化函数,我们先来尝试解决一个比"pip and pop"效应实验自变量更少的研究的试次生成问题——实际上生成试次随机顺序的思路总是接近和明确的。考虑进行这样一个研究,探究特定角度光栅的前适应是否会影响被试判断光栅方向的速度,只含组内自变量两个,分别是每个试次中光栅的角度(分为±10°,±7°,±5°,±2°,0°共9个水平)和前适应光栅的角度(左、中、右 3 个水平),每个特定条件的试次重复 10 次。

现在我们只考虑随机试次的生成部分。即生成一个矩阵,每一行代表一个试次,每一列代表一个变量,实验过程中,依次调用矩阵的每一行中的两个参数,即可决定这一试次中前适应和测验阶段光栅的角度。做成一个矩阵来逐行存储试次信息,是记录试次随机顺序的普遍思路,具体做法可以参考例 7.10。

例 7.10

%思路是:按顺序生成所有试次,放进一个矩阵;再生成一个随机排列,由这个随机排列决定以怎样的顺序调用这些试次
%首先生成一个 270 行,2 列的空白矩阵

```
triallist(1:270,1:2)=0;
%再生成每一行(每一个试次)的参数,先按序生成,不随机
for i=1:270
    triallist(i,1)=mod(i,9)+1;
    triallist(i,2)=mod(ceil( i/9 ), 5)+1;
end

rng shuffle;
%利用系统时间设置随机种子
%再生成一个 1~270 的随机排列 trialseq,决定 triallist 中试次以怎样的顺序呈现
trialseq=randperm(270);
for i=1:270
    %每次调用试次,都通过 trialseq 调用
    accomodation_thistrial=triallist( trialseq(i) , 2);
    angle_thistrial=(trialseq(i) , 1);
    %具体视觉刺激呈现和反应记录部分略过
end
```

回到"pip and pop"效应实验,可以想到的是,当自变量的数目、水平以及每个条件下重复试次数产生变化时,随机化试次的语句总是需要修正,上面的样例显然不能用于"pip and pop"效应的实验程序。有没有一个通用的模板或者函数能解决各种条件下随机试次生成的问题呢?我们的网站中为读者提供了名为 genTrials 的函数,可以完成任意数量、任意水平和任意重复次数的组内/组间变量的随机试次生成。使用这个函数,那么上面例 7.10 可以简化为:

例 7.11

```
>>rng shuffle;
>>triallist=genTrials(10,[9 3]);
%前两个变量依次是:组内变量的重复次数(10),每个组内变量的水平(9 和 3)

%显然,生成试次的过程变得简洁直观。同样地,生成"pip and pop"效应的随机试次列表也可以很轻松地实现
neach=[2 2 2 3]; % 定义四维矩阵 neach,表示每一变量的水平
triallist=genTrials(trialeach,neach); % 令 trialeach=8
```

有兴趣参考 genTrials 函数代码的读者请到我们的网站获取相关内容,在这里推荐读者在合适的条件下使用 genTrials 函数,省时的同时也使得整个程序变得更加易读。最后需要说明的是,并不是实验中所有关于随机化的问题都可以或者需要通过 genTrials 函数来解决。例如我们知道"pip and pop"实验中除了目标线段以外的视觉刺激随机地呈现为接近水平或竖直方向,顺时针方向偏转+3°或-3°。总之,将问题简化为产生一个能返回概率为 50% 的两点分布的随机变量的函数,如例 7.12 所示。

例 7.12

```
function [ bool ]=TestProbability(   )
    rng shuffle;
    temp=rand;
    if temp>0.5
        bool=0;
    else
        bool=1;
    end
```

7.5　实现一个完整的实验程序

最后思考尚未解决的几个问题，这能帮助我们将之前已经完成的模块串成一个完整的程序。

（1）是否考虑在程序一开始就生成并保存之后所需的视觉、听觉刺激？

（2）在实验正式开始前，是否添加了指导语？是否通过调用图片或者文本文件的方式呈现指导语？

（3）视觉、听觉刺激呈现和按键反应的侦听是否同时进行？首先，在每个试次开始呈现视觉刺激的同时需要同步播放听觉刺激。一旦当前试次结束，需要终止正在播放的视觉和听觉刺激。此外，之前几节提供的范例程序并没有实现对按键反应的记录，这也是必须补上的内容。

（4）是否考虑将每个试次的刺激呈现、按键反应记录等模块都写成独立封装的函数，主程序中只调用这些函数？这会使主程序更加易读。但意识到在被调用的函数除了输入的自变量和返回的因变量外与主程序内的信息无法直接互通，我们需要有意识地将其中一些变量设置为全局变量，即赋值前先通过 global 语句声明，如此，这些变量便可以在所有函数中调用了，比如屏幕的大小、视距、图形刺激和声音刺激的参数等。虽然这一章节附带的样例程序并未设置全局变量，或是将参数生成部分整理为单独的子函数。但对于参数条件需要单独设置或是模块较复杂的实验，拆分为子函数的做法会使得整个程序更易读也易于维护。

具体实验程序较长，读者可以参考我们网站中的样例程序。在这里，我们强烈建议读者尝试亲自编写完整的"pip and pop"效应实验程序，无论对于编程经验的积累还是对进一步理解视听交互实验的框架，都会大有帮助。若在任何一处遇到困难或是缺少明确思路，都可以回到这一章，参阅之前提到的程序框架，以及实现每个模块的具体思路和技术。

参 考 文 献

Borgo, M., Soranzo, A., & Grassi, M. (2012). MATLAB for Psychologists. New York: Springer.

Busse, L., Roberts, K. C., Crist, R. E., Weissman, D. H., & Woldorff, M. G. (2005). The spread of attention across modalities and space in a multisensory object. Proceedings of the National Academy of Sciences of the United States of America, 102(51), 18751—18756.

McGurk, H., & MacDonald, J. (1976). Hearing lips and seeing voices. Nature, 264(5588), 746—748.

Van der Burg, E., Cass, J., Olivers, C. N., Theeuwes, J., & Alais, D. (2010). Efficient visual search from synchronized auditory signals requires transient audiovisual events. PLoS One, 5(5), e10664.

研究结果的可视化：MATLAB 图形绘制

预备知识
- MATLAB 中随机函数的使用
- MATLAB 矩阵构造和变换基础
- MATLAB 编程基础：基本数据类型、循环、逻辑判断与索引

本章要点
- 熟悉常规的绘图步骤：数据分析、数据变换、绘图、自定义图像参数、存储
- 熟悉二维图像常用的绘图函数
- 熟悉三维图像、极坐标图像、动画等特殊图像的绘图方法
- 熟悉可用于展示或出版的高质量图像的制作方法

8.1 MATLAB 绘图环境介绍

可视化不仅有助于研究者对数据产生一种直观的感性认识，还可以更为生动有趣地传达研究中最有意义的信息。一方面，我们可以借助图像从多种角度了解实验中获取的数据，从而用不同方式挖掘数据藏匿的信息，并提出相应的新的研究假设，然后用假设检验的统计方法对数据进行严格分析。另一方面，我们还需要将数据分析的结果以直观、清晰的方式呈现出来。汇报结果时所用的图像还需要做到美观，能够吸引其他研究者的兴趣。

用在研究报告和论文里的图像，可以是图片、流程图、仪器的示意图或照片等。不同的期刊对于图像的分辨率有不同的要求，一般要求至少 600 dpi 的分辨率。在正式写论文时，图注和图形需要分开。在图 8.1 中，虽然直方图的绝对数值相同，但第二张图的显示效果更好。我们对纵坐标的取值范围做了调整，这样看起来数值之间的差异更加明显。除了在图形的表达方式上有讲究外，美国心理学会（APA）还规定了三线图的作图原则，以及使用什么样的图形，合理（合适）地显示实验数据。例如，折线图一般用于连续变量，而直方图或柱状图仅用于离散变量的表达。

MATLAB 不仅是非常强大的数值处理工具，它的图像处理能力也非常强大。

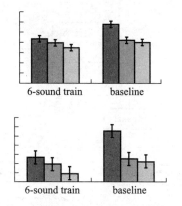

图 8.1 在不同纵坐标标尺下的直方图

MATLAB 设有大量函数和命令来绘制各种各样的图形,具有强大的绘图功能。棒图、折线图、误差棒图等常用的图像可以通过简洁的语法轻而易举地画出来。我们还可以用类似的语法画诸如茎叶图、面积图等比较特殊的二维图、极坐标图以及立体图[*]。

本章中,我们首先从熟悉 MATLAB 的图像窗口(Figure)开始,逐步学习如何为绘图准备数据、如何用多种图像从不同角度探索数据中可能存在的模式、如何将数据分析的结果通过图像以合理的方式呈现出来。其次我们还会简单了解极坐标下的绘图方法、三维坐标下的绘图方法、动画的制作方法以及其他特殊的绘图命令。最后,我们学习图像修饰,使图像更加美观、清晰,从而令图像更加符合展示或出版等正式科研场合的使用要求。

8.1.1 图形对象与图形句柄

图形窗口、线条、曲面和注释等都被看作是 MATLAB 中的图形对象,所有这些图形对象都可以通过一个被称为"句柄值"的东西加以控制。例如可以通过一个线条的句柄值来修改线条的颜色、宽度和线型等属性(图 8.2)。这里所谓的"句柄值"其实就是一个数值,每个图形对象都对应唯一的句柄值,它就像一个指针,与图形对象一一对应。例如可以通过命令"h=figure"返回一个图形窗口的句柄值。

获取当前对象的句柄的方式有以下几种:
- gca,返回当前坐标系的句柄(get current axes);
- gcf,返回当前图形窗口的句柄(get current figure);
- gco,返回当前被选定的图形对象的句柄(get current object),先用鼠标选中感兴趣的对象。

比如,例 8.1 演示绘制一条直线,并返回其句柄值赋给变量 h。

---

[*] http://www.mathworks.com/help/MATLAB/creating_plots/figures-plots-and-graphs.html

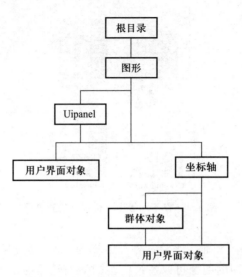

图 8.2　句柄式图形对象继承关系图

例 8.1

>> h=line([0 1],[0 1])
h=
　　0.0149
%获取句柄值为 h 的图形对象的所有属性名及相应属性值
>>get(h)

DisplayName=
　　Annotation=[（1 by 1）hg.Annotation array]
　　Color=[0 0 1]
　　LineStyle=－
　　LineWidth=[0.5]
　　Marker=none
　　MarkerSize=[6]
　　MarkerEdgeColor=auto
　　MarkerFaceColor=none
　　XData=[0 1]
　　YData=[0 1]
　　ZData=[]

　　BeingDeleted=off
　　ButtonDownFcn=
　　Children=[]
　　Clipping=on
　　CreateFcn=

DeleteFcn=
BusyAction=queue
HandleVisibility=on
HitTest=on
Interruptible=on
Parent=[171.001]
Selected=off
SelectionHighlight=on
Tag=
Type=line
UIContextMenu=[]
UserData=[]
Visible=on

8.1.2 设置图形对象属性值

需要指出的是，MATLAB 以每年发布两个新版本的频率进行软件更新，最近引入了众多图像处理的新功能。MATLAB 的图形界面自 R2012b 版本引进了新的功能区(Ribbon)界面，与 Microsoft Office 2010 引进的界面有很大的相似性。本章中，我们截图实例的功能区界面，以 MATLAB R2012b 版本的界面为主。本章介绍的所有知识点不仅对高于 R2012b 版本的 MATLAB 适用，也适用于低于 R2012b 的版本。另外，需要注意的是，MATLAB 在 R2014b 与 R2015a 版本中均加强了其图像处理功能，引入了新的颜色映射(ColorMap)，调整了诸如图像背景格子颜色、线条粗细默认值等参数，使得 MATLAB 画出来的图像更加美观。然而，由于 MATLAB R2014b 引入的图像处理系统是基于面向对象的编程方式(Object Oriented Programming，与 MATLAB 程序中常见的过程式编程有较明显的区别)来实现，因此关于图像的函数的向后兼容性较差，即基于低于 R2014b 版本的 MATLAB 编写的程序和工具包中调用图像相关的函数部分可能需要修改才能正常使用，尤其是心理学研究中常用的工具包，如统计参数映射工具包(Statistical Parametric Mapping，SPM，多用于脑成像数据的分析)不能正常使用，所以我们在本章中不会重点介绍 R2014b 版本新引入的面向对象的图像处理构架。即便如此，本章中所有内容均适用于 R2014b 和 R2015a 等版本。

大部分图像可以直接通过单击选择工作空间(Workspace)中的变量，然后从绘图(Plots)标签页中选择相应的图来制作，得到图像窗口(Figure)中的图像。图像窗口(Figure)提供很多功能，可以通过鼠标点击和选择等操作来对图像进行进一步探索和修改。下面我们主要介绍如何用工作空间中的变量制作图像，并用图像窗口进行进一步修改。首先，定义需要画的变量，在命令窗口分别定义 x 与 y：

x=-pi:0.01:pi;
y=sin(x);

然后，按住键盘的上档键(Shift)的同时从 MATLAB 的工作空间中分别点击选择我们定义的变量 x 和 y。接着，从功能区标签页中选择绘图(Plot)，从不同种类的图像中单击选择第一项(plot)，得到 x 与 y 在直角坐标系中的图像，即从横轴 $-\pi$ 到 π 区间内的正弦函数图像(图 8.3)。

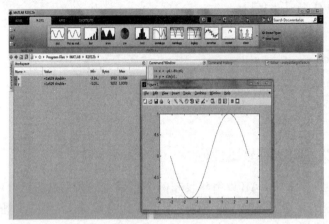

图 8.3　通过工作空间绘图步骤

通过图像窗口(图 8.3 中窗口名为 Figure 1)，我们还可以放大、缩小、平移、旋转图像，也可以用数据点指针工具选择图像中的点来查看该点的坐标。不仅如此，我们还可以插入颜色映射、图例。通过点击最右边的图像工具(图 8.4)，我们可以对图像进行更具体的修饰，如调整图像颜色、线条类型、线条粗细、坐标轴等。建议读者自行尝试图像窗口中不同的按钮，来体验这些工具的功能，尤其是图像工具。这样读者可以更加容易

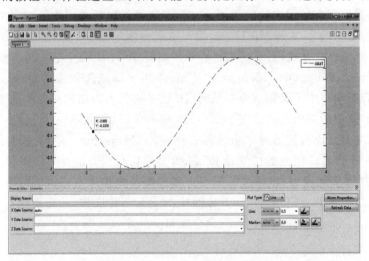

图 8.4　从图像窗口(Figure)中单击最右侧工具按钮来激活图像工具

地了解本章接下来的内容。

8.2 图像窗口简介:二维图形的绘制

本节介绍的函数
- figure
- close
- subplot
- hold on
- plot

MATLAB 中,所有图形相关的功能都可以通过图像窗口(Figure)来实现。譬如,我们在上一节介绍的绘图过程中,图像是呈现在图像窗口内。图像窗口不仅可以用来呈现图像,也可以用来呈现动画,可交互图形界面(包括需要用鼠标点击的操作,如按钮等)。因此,图像窗口是 MATLAB 中非常基本的且支持众多图形界面相关功能的对象。

本节,我们主要涉及如何在图像窗口中作图,并简单介绍如何制作动画。此外,图像窗口也可以支持图形界面的制作。如果您对图形界面的设计感兴趣,可以在命令窗口(Command Window)输入命令 guide 来进行探索。下面我们来认识一下图像窗口的创建、关闭以及对其中呈现的图像的一些基本控制操作(图 8.5,图 8.6,图 8.7)。

图 8.5 GUIDE 快速启动界面

绘制图表的基本步骤为:
(1) 准备图表数据。
(2) 设置显示图表的位置。
(3) 绘图并设置相应的参数,如线型、颜色和数据点型。
(4) 设置坐标轴属性。

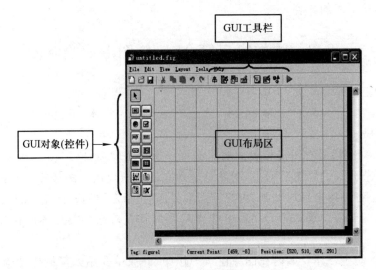

图 8.6　GUIDE 编辑界面

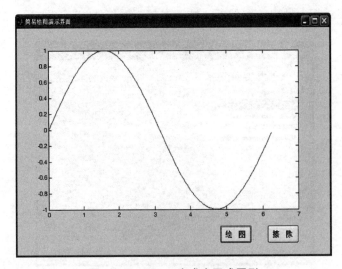

图 8.7　uicontrol 生成交互式图形

（5）添加图形注释。

GUIDE 工具栏（GUI）的项目包括对齐工具、菜单编辑器、Tab 键顺序编辑器、工具栏编辑器、程序编辑器、属性查看器以及对象浏览器。

GUI 配套的 m 文件包括 m 文件基本框架，对象回调函数，数据传递。GUI 对象（控件）包括触控按钮，单选按钮（Radio Button），文本编辑框（Edit Text），下拉菜单

(Pop-up Menu),切换按钮(Toggle Button),坐标系(Axes),按钮组(Button Group),滑动条(Slider),复选框(Check Box),静态文本(Static Text),列表框(Listbox),表格(Table),面板(Panel)和 ActiveX 控件(ActiveX Control)。各个控件的使用说明暂略,请读者参考相关教材和资料。以下举例如何通过编程建立 GUI(例 8.2)。

表 8.1 GUIDE 界面常用函数

函数名称	调用格式	备注
figure	h=figure('PropertyName',propertyvalue,…)	
axes	h=axes('PropertyName',propertyvalue,…) function GUIExamp2	简易绘图演示界面
uicontrol	handle=uicontrol(parent,'Name',Value,…)	
get	>> get(h) >> get(h,'PropertyName')	
set	>>set(H,'PropertyName',PropertyValue,…)	
findobj	h=findobj('PropertyName',PropertyValue,…)	

例 8.2

```
    fig=figure('units','normalized',...
        'position',[0.2 0.2 0.6 0.6],...
        'menubar','none',...
        'name','简易绘图演示界面',...
        'numbertitle','off',...
        'color',[0.925 0.914 0.847],...
        'tag','PlotTest');
axes('pos',[0.1 0.2 0.8 0.7],'tag','axes1');
uicontrol('style','push',...
        'units','normalized',...
        'pos',[0.65 0.05 0.1 0.08],...
        'fontsize',12,...
        'fontweight','bold',...
        'string','绘    图',...
        'tag','PlotButton',...
        'callback',...
        ['x=0:0.05:2*pi;',...
        'y=sin(x);',...
        'plot(x,y);']);
uicontrol('style','push',...
        'units','normalized',...
```

```
'pos',[0.8 0.05 0.1 0.08],...
'fontsize',12,...
'fontweight','bold',...
'string','擦    除',...
'tag','ClearButton',...
'callback','cla;');
```

MATLAB 中提供了 plot,loglog,semilogx,semilogy,polar,plotyy 等 6 个非常实用的基本二维绘图函数,下面重点介绍 plot 函数的用法。plot 函数的调用格式如下:

```
plot(Y)
plot(X,Y)
plot(X1,Y1,X2,Y2,...)
plot(X1,Y1,LineSpec,...)
plot(...,'PropertyName',PropertyValue,...)
plot(axes_handle,...)
h=plot(...)
```

表 8.2 线型、描点类型、颜色参数表

色彩字符	说明	线型字符	说明	描点类型	说明	描点类型	说明
r	红	—	实线（默认）	.	点	<	左三角形
g	绿	— —	虚线	○	圆	s	方形
b	蓝	:	点线	×	叉号	d	菱形
c	青	—.	点画线	+	加号	P	五角星
m	品红			*	星号	h	六角星
y	黄			V	下三角形		
k	黑			∧	上三角形		
w	白			>	右三角形		

在调用 plot 函数绘制多条曲线时,如果不指定"曲线颜色"选项,系统将按照蓝、绿、红等颜色顺序自动给每条曲线指定颜色加以区分。下面我们来画一下正弦函数和余弦函数在区间$[-\pi,\pi]$中的图像。

例 8.3

```
x=-pi:0.01:pi;
y1=sin(x);
y2=cos(x);
plot(x,y1);   %以 x 与 y1 作为横纵坐标画出正弦函数的图像(图 8.8)
```

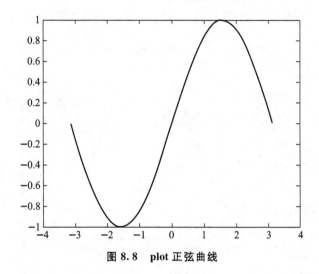

图 8.8 plot 正弦曲线

当我们第一次调用绘图命令时(如 plot)，MATLAB 会自动创建一个图像窗口，并将图像呈现在该窗口中。如果我们继续调用绘图命令(比如再调用一次 plot 画余弦函数的图像)，那么我们会发现原来的图像被覆盖了。例如：

```
plot(x,y1);   %在上一个例子的基础上，再画余弦函数的图像
```

这是因为我们每次调用绘图命令时，MATLAB 会在最后一次用过的图像窗口中直接呈现图像，覆盖原先的图像。为了避免第二次调用的绘图命令覆盖前一个图像，我们可以用 figure 命令手动新建一个图像窗口。

```
figure;
plot(x,y1);
figure;
plot(x,y2);
```

下面的例子(例 8.4)展示的是标准正态分布的密度函数图像(图 8.9)的画法。

例 8.4

```
%产生一个从-3到3,步长为0.25的向量
>> x=-3:0.25:3;
%计算 x 中各点处的标准正态分布的密度函数值
```

```
>> y=normpdf(x,0,1);
>> plot(x, y, '-ro',...
            'LineWidth',2,...
            'MarkerEdgeColor','k',...
            'MarkerFaceColor',[0.49, 1, 0.63],...
            'MarkerSize',12)
>> xlabel('X');   ylabel('Y');     %为X轴,Y轴加标签
```

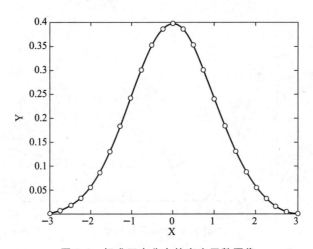

图 8.9　标准正态分布的密度函数图像

　　前面介绍了在两个不同的图像窗口绘制(正弦函数和余弦函数的图像)。那么,如何将正弦函数和余弦函数的图像同时呈现在同一个图像窗口中呢？我们可以用两种不同的方法实现这项操作。第一,把正弦函数和余弦函数都画在同一个图像窗口中的同一个坐标轴内;第二,把两个图像都呈现在同一个图像窗口,但要用两个独立的坐标轴。为此,我们需要了解一个新对象:子图。

　　子图(Axes)是属于图像窗口的一个对象。一个图像窗口可以有多个子图。下面我们分别用两个例子来学习使用子图。

　　为了将正弦函数和余弦函数在同一个图像窗口中的同一个坐标轴呈现出来,我们需要用 hold 命令。hold 命令是控制子图的开关。hold on 表示下次的绘图直接呈现在最后一次的子图中(图 8.10)。hold off 是默认值,在此状态下绘图将会直接覆盖最后一次的图像。单独使用 hold 命令则会将此开关从原来的状态调到另一个状态。例如:

```
figure；%新建一个图像窗口
hold on；%打开hold开关,将每次图像都画在同一个子图的坐标轴上
plot(x, y1);
plot(x, y2)；%注意这次并未覆盖或重新创建新的图像窗口
hold off；%关闭hold窗口,恢复到默认值
```

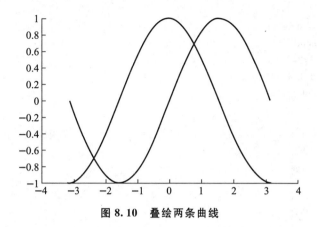

图 8.10 叠绘两条曲线

我们建议每次用 hold on 命令打开 hold 开关绘图时,完成后马上用 hold off 命令关闭开关将其恢复到默认值。这样可以避免误把其他图像继续画到原来的子图轴里。我们还可以将这两个图像分别画在两个独立的坐标轴上,而这两个坐标轴都在同一个图像窗口中。子区(subplot)可以帮助我们在图像窗口中创建多个子图对象。我们可以用"subplot(m,n,p)"命令来把图像窗口划分为 m×n 的方格区域,并选择第 p 个区域绘图:

```
subplot(m,n,p);
subplot(m,n,p,'replace');
subplot(m,n,p,'align');
subplot(h);
subplot('Position',[left bottom width height]);
```

子区是根据行优先来排序的,如左上角的区域是第一个子区,其右侧的是第二个子区,以此类推(图 8.12)。例如:

```
subplot(1,2,1);%创建一行二列的子区,并选择第一个子区(左上)
plot(x,y1);
subplot(1,2,2);%选择第二个子区
plot(x,y2);
```

图 8.13 展示的是将第 1、2 个子图重新合并为一个子图的例子,可以用如下语句实现子图的合并:

```
xs=[0:0.2:6];
figure;
subplot(2,2,[1 2]);
plot(xs,sin(xs));
title('Sine');
```

```
subplot(2,2,4);
plot(xs,cos(xs));
title('Cosine');
subplot(2,2,3);
plot(rand(1,30));
title('Random');
```

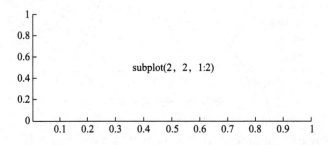

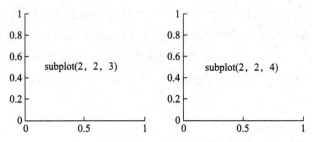

图 8.11　子图的编排

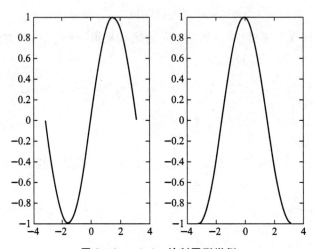

图 8.12　subplot 绘制图形举例

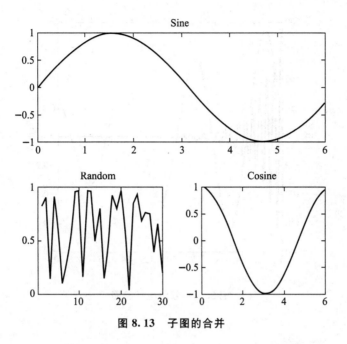

图 8.13 子图的合并

最后,我们可以用 close 命令关闭图像窗口。直接调用 close 函数时,将会关掉最后一次活动的图像窗口,如最后一次画图的图像窗口,或用户用鼠标(焦点)点击选择的图像窗口等。我们还可以用 close all 命令来关闭所有图像窗口。另外,我们还可以用图像的句柄来关掉特定的图像窗口。例如,我们可以用"close(2)"命令来关掉窗口名为 Figure 2 的图像窗口。

接下来的两节中,我们将学习如何用 MATLAB 制作心理学研究中常用的图像,以及简单了解可以用 MATLAB 制作的一些特殊图像。最后,我们会进一步学习如何控制图像窗口、子图以及子区的属性,来修饰图像,使得图像更加清晰美观。

在实际应用时,我们有时会遇到这种情况:实验数据得到测量同一研究对象的两个不同因变量,在报告中,需要作图将两个因变量显示在同一张图中。在 MATLAB 中可以使用 plotyy 函数,即用双纵坐标绘图来实现(图 8.14)。

例 8.5

```
>> x=0:0.01:20; %定义横坐标向量
>> y1=200*exp(-0.05*x).*sin(x); % 纵坐标向量
>> y2=0.8*exp(-0.5*x).*sin(10*x); % 纵坐标向量
>>ax=plotyy(x,y1,x,y2,'plot'); xlabel('X');
>> set(get(ax(1),'Ylabel'),'string','Left Y'); %左 Y 轴标签
>> set(get(ax(2),'Ylabel'),'string','Right Y'); %右 Y 轴标签
```

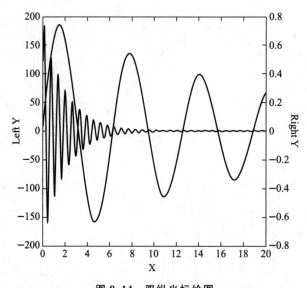

图 8.14 双纵坐标绘图

8.3 深入了解图像窗口及其子对象

本节介绍的函数

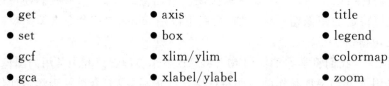

- get
- set
- gcf
- gca
- axes
- axis
- box
- xlim/ylim
- xlabel/ylabel
- title
- legend
- colormap
- zoom

  二维图形可以通过 MATLAB 命令对图形进行修饰和添加注释,也可以通过图形窗口的菜单项和工具栏完成这些工作。后者通过鼠标点击操作,相对比较简单,下面仅对相关命令进行介绍。

  用 MATLAB 可以制作常用于展示结果的误差棒图和带误差棒的折线图,然而,不经过进一步修饰,这些图无法直接用于正式场合中。至少还需要给图添加图名、横纵坐标的意义、横纵坐标刻度的标识、颜色或线条样式的图例、调节图像大小、字体大小等。

  我们在本节中学习如何精细控制图像窗口(Figure)和子图对象(Axes)中不同的属性,并修饰前一节做的图,并以高精度存储到硬盘中,供在正式场合直接打开展示结果。

  首先,我们来了解一下图像窗口的具体层次构架。图像窗口是直属 MATLAB 根(root)对象的一个基本对象,包括可用鼠标点击的按钮等组成的 Uipanel(如图像窗口中工具栏)和子图对象(空的图像窗口中默认以灰色呈现)。子图对象还可以包括能够互动的图形界面对象(如通过 GUI 界面自定义创建的图形界面)。每一层对象都对应唯一的句柄。该句柄其实是 MATLAB 默认的数值类型(双精度,即 double)的变量。我们可以用 get 和 set 函数来获取和设置对象的不同属性。需要注意的是,自 MAT-LAB 的 2014b 版本以来,该句柄为一种 MATLAB 对象(面向对象的编程的一部分)而不是双精度数值,并且还可以用与结构体变量类似的方式获取并设置属性。为了维持兼容性,我们继续沿用 get 和 set 函数,并学习如何获取或设置不同的图形对象的属性。

我们分别用函数 gcf 和 gca 来获取图像窗口和子图对象的句柄。我们还可以用 get(gcf,'children')来获取当前子图对象的句柄,因为子图对象是属于图像窗口的子对象。

我们可以画一个简单的图(图 8.15),来学习一下其图像窗口和子图对象的属性都有哪些,如(建议亲自运行以下代码浏览一下详细的属性列表和属性所对应的值):

```
plot(x, y1);
fh=gcf;
ah=gca;
disp('图像窗口的属性');
get(gcf);
disp('子图对象的属性');
get(gca);
```

这些属性中,图像窗口常用的属性有颜色(Color)、纸张大小(PaperSize)、纸张大小单位(PaperUnits)、纸张方向(PaperOrientation)、纸张大小类型(PaperType)、可见性(Visible)等属性。可以发现图形对象的属性与所画的图像并没有直接的关系。而我们可以通过子图对象的属性精细地控制每一张图像。常用的子图对象属性见表 8.3。

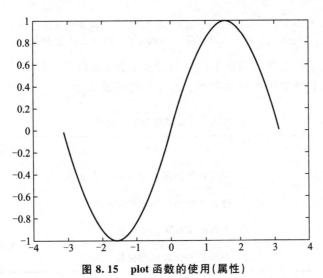

图 8.15　plot 函数的使用(属性)

表 8.3　常用的子图对象属性列表

属性名称	属性意义	属性名称	属性意义
Box	坐标轴外是否存在框	XGrid/XMinorGrid	X 轴背后的格子
FontName	字体名称	YGrid/YMinorGrid	Y 轴背后的格子
FontSize	字体大小	XLim	X 轴区域
FontUnits	字体大小的单位	YLim	Y 轴区域
FontWeight	字体样式	XTick	X 轴刻度
GridLineStyle	格子线条样式	XTickLabel	X 轴刻度标识
LineWidth	线条粗细	YTick	Y 轴刻度
Units	单位	YTickLabel	Y 轴刻度标识
NextPlot	下一次子图属性	XScale/YScale	坐标轴度量，如线性
GridLineStyle	格子样子	MinorGridLineStyle	次级格子样式
MarkerEdgeColor	数据点标记外围颜色	MarkerFaceColor	数据点标记内部颜色
MarkerSize	数据点标记大小		

我们可以用 get(h, 'Name') 的方式获取句柄为 h 的对象(如图像窗口)中名称为 Name 的属性。类似地，可以用 set(h, 'Name', Value) 来给句柄为 h 的对象中名称为 Name 的属性用 Value 赋值，如：

set(gcf, 'Color', [1 1 1]); %将图像窗口默认的背景颜色从灰色调到白色
set(gca, 'FontSize', 18); %将字体大小调节为 18 pt(默认为 10 pt)

图像窗口和子图对象的属性不仅可以用 get 函数来设置，MATLAB 还提供了一系列便捷的函数给设置常用的属性提供了方便。请见表 8.4。

表 8.4　常用图像修饰函数

函数名	功能
hold	开启和关闭图形窗口的图形保持功能
axis	设置坐标系的刻度和显示方式
grid	为当前坐标系添加网格
title	为当前坐标系添加标题

续表

函数名	功能
xlabel 和 ylabel	为当前坐标轴添加标签
xlim 和 ylim	为横纵坐标设置区间
text	在当前坐标系中添加文本对象(text 对象)
gtext	在当前坐标系中交互式添加文本对象
legend	在当前坐标系中添加图例
annotation	在当前图形窗口建立注释对象

8.4 探索性数据分析可视化

本节介绍的函数
- plot
- lsline/refline/refcurve
- plotmatrix
- scatter
- hist
- image
- line
- histfit
- boxplot

探索性数据分析是以数据可视化等方式来汇集数据集的主要特征的一种统计方法。探索性数据分析可以帮助我们发现数据中原始假设之外的一些特征，并且可以直观地检查下一步我们所需要进行的统计检验的基本假设（如常见的正态性假设）是否成立，也可以发现一些异常的数据点，从而帮助我们进一步审查这种异常数据点的模式和原因。因此，探索性数据分析在数据处理中占据至关重要的地位。

在探索性数据分析中，我们经常需要选择合理的可视化方法把原始数据中尽可能多的信息呈现出来，即相比于将被试在每个试次中的数据用均值汇总，再进一步用均值汇总这些被试在不同实验条件下的值，我们需要的是尽可能把每个被试的数据呈现出来，甚至具体到每个被试在每个试次中的数据，试图发现隐藏在数据背后的模式，从而与我们原先持有的实验假设进行对比。

需要强调的是，调用关于图像窗口的命令相对于其他数值处理操作而言耗时较长。因此，我们建议分开进行绘图操作、原始数据的整理和预处理、数据分析等数值处理操作。比如，我们可以创建新的矩阵或元胞变量，把我们希望绘图的数据根据一定的规律存储下来，最后进行一次性绘图，而不是首先创建一个空的图像窗口，然后通过 hold on 等方式一步一步把每一个被试的数据添加到该图像窗口上。这样可以大大减少执行程序的时间成本。

首先我们生成模拟的实验数据，接下来的可视化方法均用此数据集。设想我们在研究颜色的启动是否能够影响形状的辨认能力。自变量为颜色的启动方式（8个水平，红、橙、黄、绿、蓝、靛、紫和无色）和两种形状类型（圆形和正方形）。因变量为反应类型（正确与错误）以及反应时。典型的实验试次如下：首先呈现用一种颜色涂好的形状（如圆形），然后再用不同或相同的形状呈现一种颜色。被试需要判断目标形状是否与标准刺激的形状相同，用键盘按键做出反应，记录为 0 或 1（0 表示目标刺激的形状与标准刺激不同）。我们再研究该认知过程中是否存在性别差异。

我们用 PTB 提供的 BalanceFactors 函数生成实验条件，并用随机数函数生成被试反应。然后，将被试的反应数据对应到每个试次中，并记录到 Trials 矩阵中。建议将这块代码保存为 m 文件：GenData4ShapeColor.m，方便在数据分析等相关章节中再次使用。

例 8.6

```
% GenData4ShapeColor.m
rng(0); %初始化随机数生成器,使得所生成的伪随机数是相同的
nTrialsPerCond=10; %每个条件重复次数
shapeTarget=1:2; %目标刺激的形状类型
shapeCue=1:2; %启动线索的形状类型
colorTarget=0:7; %目标刺激的8种颜色类型
colorCue=0:7; %启动线索的8种颜色类型
genders=1:2; %两种性别类型
isShuffle=1; %随机化试次

%生成试次
[fullShapeTarget fullShapeCue, fullColorTarget, fullColorCue, fullGenders]=BalanceFactors(nTrialsPerCond, isShuffle, shapeTarget, shapeCue, colorTarget, colorCue, genders);
allConditions = [fullShapeTarget fullShapeCue, fullColorTarget, fullColorCue, fullGenders]; %每行代表一个试次,记录该试次中所有不同条件的类型

%针对每个试次和被试,随机产生反应数据
nSubs=6; %被试数量
nTrials=size(allConditions,1); %总试次数
%生成每个试次中被试的反应时,假定服从 N(70,20)的正态分布
RT=500+300 * randn(nTrials, nSubs);
%生成每个试次中的反应类型,假定完全随机
Response=round(rand(size(RT)));
%假定被试1可能由于硬件故障,反应类型总是被记录为1
Response(:,1)=ones(size(Response,1), 1);
%假定被试2所报告的反应时存在 2 s 的延迟
RT(:,2)=RT(:,2)+2000;

%这里被试反应数据统一记录在同一个矩阵中,如反应时数据在 RT 矩阵
%而真正的实验数据是根据不同被试分开的,如被试1的数据将会是：
```

```
Trials1=[allConditions  RT(:,1)  Response(:,1)];
%所有被试的数据放在一起后,将会是:
Trials=[repmat(allConditions, nSubs, 1) RT(:) Response(:)];
```

下面,我们主要围绕以上的假定研究问题,通过生成模拟数据集,来学习MATLAB中常用于探索性数据分析的可视化方法。

用normrnd函数产生1000个标准正态分布随机数,并做出频数直方图和经验分布函数图。

```
%产生1000个标准正态分布随机数
>> x=normrnd(0, 1, 1000, 1);
>> hist(x, 20);%绘制直方图
>> xlabel('样本数据');%为x轴加标签
>> ylabel('频数');%为y轴加标签
>> figure;%新建一个图形窗口
>> cdfplot(x);%绘制经验分布函数图
```

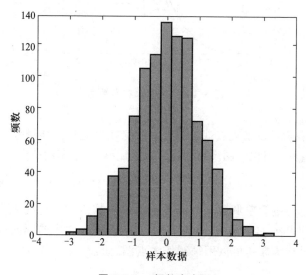

图8.16a 频数直方图

MATLAB中最基本的二维绘图函数是plot函数。我们在上一节中已经使用plot函数画了由特定函数(三角函数)定义的图像。plot函数也可以用来画散点图和折线图等,并且提供类型多样的参数用来控制线条和散点的形状。我们来画一下前4个被试的反应在前10个试次中的反应时。

```
figure;
hold on;
for i=1:4
```

```
        plot( RT(1:10, i));
end
hold off;
```

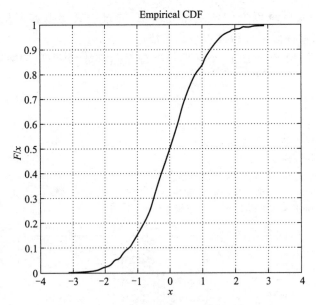

图 8.16b　经验分布函数图

从图 8.17 中我们可以发现被试 1 的反应时存在普遍的上移趋势。接下来我们会用不同方法审查该趋势。对以上图像我们还可以不用循环,只调用一次 plot 函数实现。

```
plot(RT(1:10,1:4));%同时画前 4 个被试的前 10 个试次的反应时折线图
```

这样不仅可以通过简单调用一个函数画出所有被试的反应时数据,也能够避免为每个被试单独调用一次 plot 函数,从而在提高代码时间效率的同时减少代码冗余,使程序更加简洁。plot 函数还可以用来制作散点图,如:

```
plot(RT(1:10,:),'+');%用+表示每个数据点
```

适当使用 plot 函数不仅可以同时画出多条线段,也可以根据不同条件对数据进行分类。比如,我们用实线和虚线来表示比较刺激和目标刺激的形状是否相同,并用红色线条表示被试 4,这对于把图片用于正式的期刊非常有帮助(图 8.18)。

```
flagSameShape=fullShapeCue==fullShapeTarget;%对形状相同性编码,0 表示不同形状
sameShapeRT=RT(flagSameShape,:);%相同形状下反应时
diffShapeRT=RT(~flagSameShape,:);%不同形状下反应时
figure;
hold on;
plot(sameShapeRT(1:10, [1 2 3 5 6]),'k-');%黑色实线
```

plot(diffShapeRT(1:10, [1 2 3 5 6]), 'k--'); %黑色虚线
plot(sameShapeRT(1:10, 4), 'r-o'); %红色实线表示被试4,用圆圈表示数据点
plot(diffShapeRT(1:10, 4), 'r--o'); %红色虚线表示被试4,用圆圈表示数据点
hold off;

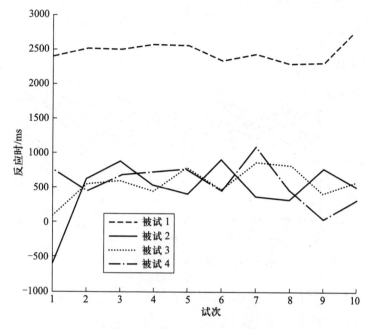

图 8.17 被试反应时的折线图

plot 函数的用法不仅限于此。我们会在以下章节继续介绍 plot 函数的不同用法。下面我们来学习探索性数据分析中其他几个常用的作图方法。

虽然 plot 函数可以画散点图,但是 MATLAB 也提供了专门用于画散点图的函数 scatter。scatter 函数可以更加具体地控制散点图中每个点的属性,其基本用法如 "scatter(X, Y, S, C)",其中 X, Y 分别对应所需要画的每个数据点的横纵坐标,S 和 C 为与 X, Y 相同长度的数组,分别对应每个散点的大小和颜色。下面我们画一下被试 2 在前 100 个试次中的反应时数据的散点图(图 8.19),并用散点大小来表示目标和标准刺激的形状是否相同(相同则用较大的散点),用散点的颜色来表示目标刺激的颜色(注:由于 0 不能用大小或颜色来表示,所以需要加 1 等方法去掉编码中的 0)。

```
%通过加1将逻辑变量变成数值变量,消除0,并用50放大散点大小
S=50*(1+flagSameShape(1:100));
C=fullColorTarget(1:100)+1;
scatter(1:100, RT(1:100,2), S, C);
```

我们可以用 lsline 函数给散点图添加基于最小二乘法的回归线,lsline 函数可以自

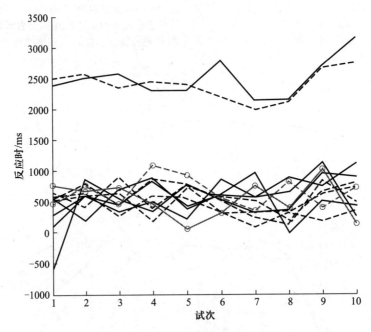

图 8.18 不同条件下的反应时分布

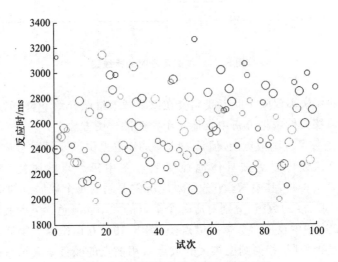

图 8.19 单个被试的反应时分布散点图

动对每个散点集分别回归拟合出一条线,如图 8.20 所示。

```
figure;
hold on;
scatter( 1:100, RT(1:100, 1), [], 'k');  %用黑色散点画出被试1的反应时数据
```

scatter(1:100, RT(1:100, 2), [ ], 'r'); %用红色散点画出被试1的反应时数据
hold off;
lsline;

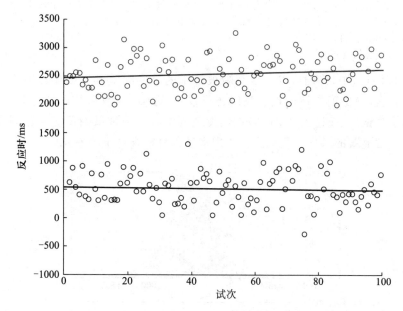

图 8.20　某被试不同条件下的反应时分布以及绘制回归线

需要注意的是，图 8.20 两条回归线是在 hold 开关关闭后用 lsline 函数画出来的。也就是，我们之前介绍的 plot，scatter 等函数在 hold 开关关闭时会覆盖最后一次的图，而 lsline 函数不覆盖，反而会在原有的图像基础上直接进一步画图。常用的这类辅助性函数（直接可在原有的图基础上画图）还有 line，refline，refcurve。line 函数的用法和功能与 plot 函数类似——"line(X，Y)"用来在原有的图像上连接横纵坐标为 X 和 Y 的点，形成一条线。当 X 和 Y 为矩阵时，可以同时添加多条线。"refline(K，B)"会在原有图像上添加一条函数表达式为 y＝kx＋b 的直线，即斜率和截距分别为 K 和 B 的一条直线。直接调用 refline 而不提供任何参数则效果与 lsline 相同。类似地，refcurve(P) 函数可以用来画系数数组为 P 的多项式，如

$$y = p(1) * x^d + p(2) * x^{(d-1)} + \ldots + p(d) * x + p(d+1)$$

直接调用 refcurve 而不提供任何参数则会添加直线：y＝0。refcurve 函数通常与多项式拟合函数 polyfit 结合使用。

频率分布直方图也是探索性数据分析中的一个有力工具。频率分布直方图可以直观地呈现出数据整体的分布趋势。我们可以根据直方图初步形成关于数据是否服从正态性假设等数据分析的前提的感性认识。我们可以用 hist 函数来画频率分布直方图，其用法是："hist(Y，m)"会画出数组 Y 的频率分布直方图，并用 m 个"箱子"划分 Y 所

占的区间。不提供 m 时,默认取值为 10,如:

```
figure;
subplot(2,1,1);%分别把第一个被试和所有被试的反应时分布画出来
hist(RT(:,1));%还可以用 histfit 函数画出拟合曲线,用法相同
subplot(2,1,2);
hist(RT,100);
```

从图 8.21(a)中,我们可以初步判断被试 1 的反应时基本上处于均值为 700 附近的正态分布上,满足正态性假设。我们还可以用 histfit 函数来画出拟合曲线(留给读者亲自动手尝试)。通过图 8.21(b)我们发现其中有一个被试的反应时数据分布跟总体分布有非常显著的差异。我们进一步用多种方法审查这里的差异。

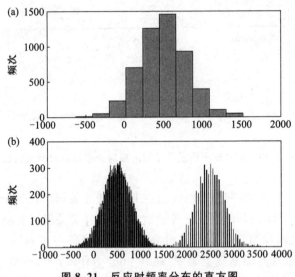

图 8.21 反应时频率分布的直方图

((b)图的区间分得更细)

结合散点图和直方图,可以查看数据之间可能存在的相关关系。我们可以用 plotmatrix 函数来观察 6 名被试的反应时数据之间是否存在相关关系。若存在相关关系,则很可能说明反应时数据在被试之间并不满足独立性假设,且可能意味着内在的因素影响不同类型的反应时数据,即存在个体差异,如:

```
plotmatrix(RT);
```

图 8.22 中每个方格分别对应以第 i 个被试和第 j 个被试的反应时数据作为横坐标和纵坐标来画的散点图和频率分布直方图。比如,第 2 行第 2 列的直方图为第 2 个被试的反应时数据。通过观察该图对应的横坐标,我们发现此直方图的均值(2000 以上)显著大于其他直方图的均值(1000 以下)。这也是我们前一个频率直方图中分布与其

他被试显著不同的数据集,即与被试 2 的情形一致。另外,根据不同被试之间的反应时数据分别作为横纵坐标所画出来的散点图来看,数据分布均为椭圆形或圆形,而不存在明显的线性模式。因此,我们可以初步假定被试之间反应时数据独立,且不存在明显的内在变量以区分个体差异。

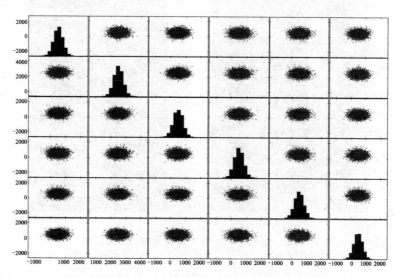

图 8.22　plotmatrix 绘制 6 名被试反应时的相关关系

请读者用 plotmatrix 函数审查被试反应类型数据 Response 和实验设计矩阵 allConditions。反应类型是否存在明显的异常模式?实验设计是否随机且实验中是否存在不平衡的条件?

有时我们可以直接审查数据来发现数据中存在的模式。由于我们对以数值方式表达的大小并不敏感,可以借助将数据映射为颜色的方法来审查数据。为此,我们可以用 image 或 imagesc 函数。"image(C)"将矩阵 C 作为图片呈现出来。当 C 为 m×n 大小的矩阵时,image 会把 C 的值与颜色之间建立映射。C 还可以是 m×n×3 大小的矩阵,而第三个维度的三个数值分别对应 RGB 颜色值(这种情况下多与图片文件的读取函数"C=imread(file)"结合使用)。imagesc 函数与 image 函数的功能类似,且可以进一步根据数据中最大值和最小值拉伸数据(对数据进行标准化),达到更大的色差效果,如(图 8.23):

```
figure;
subplot(1, 2, 1);
imagesc(RT);
subplot(1, 2, 2);
imagesc(Response);
```

这里我们非常直观地发现被试 2 的反应时数据模式异常,而被试 1 的反应类型数据存在异常(即与其他被试的数据模式不同)。

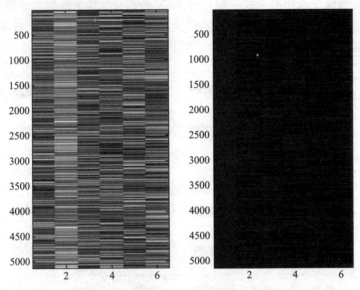

图 8.23　反应时(左)与反应类型(右)的模式图

被试 1 的反应类型数据只存在 1,即唯一的按键反应类型。这很可能是由于硬件故障或程序中记录被试反应的逻辑上存在错误。如果我们在做完被试 1 的实验后尚未发现并解决这种问题,那么接下来收集到的所有数据很可能会没有任何意义。根据频率分布直方图和此色差图,我们可以发现被试 2 的反应时数据存在异常。而在频率分布直方图中我们可以发现这是一种系统性异常:数据分布的形状并没有差异(也是呈正态分布且标准差与其他被试的分布类似),然而系统性地变大。这可能是由于硬件或软件层面上存在问题,记录反应时存在系统延时所导致的,而不是被试 2 的个体差异。同样地,如果在进行后续实验之前没能及时发现并排除这种问题,那么后续收集的数据会被系统误差严重污染。

探索性数据分析中常用的可视化方法还有箱图(boxplot)。箱图是探索性数据分析方法的倡导者约翰·图基(John Tukey)于 1978 年提出的。箱图不仅能够方便而直观地呈现数据的整体分布趋势,也能够呈现数据的基本描述性统计,如中值和四分位数。MATLAB 中可以用"boxplot(X)"函数画出数组 X 的箱图。更方便的是,还可以用"boxplot(X, G)"的方式将数据集 X 根据变量 G 分类并画出多个箱图,方便进行初步比较。需要注意的是,X 与 G 的行数需要一致,为此我们首先创建变量 id 表示被试序号。下面我们把反应时数据根据被试和反应类型进行分组,并画出相应的箱图(图 8.24):

```
X=Trials(:, 6); %反应时数据
id=repmat(1:nSubs, nTrials, 1);
```

```
%生成nTrials行nSubs列的矩阵,每行都相同,表示被试序号
id=id(:);    %将矩阵根据列展开拉伸,使其长度与X相同
G=[id Trials(:,7)];%用被试序号和反应类型作为分类变量
boxplot(X,G);
```

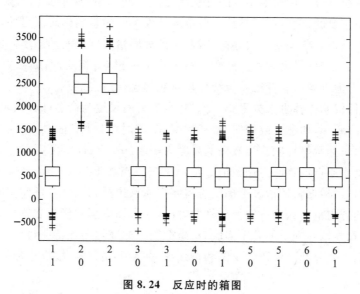

图 8.24 反应时的箱图

(横坐标为被试号 1~6,相应的反应类型 0 和 1;纵坐标为反应时(单位:ms))

箱图的纵坐标表示反应时,而横坐标分别表示被试序号和反应类型的组合。我们可以发现被试 1 只存在反应类型 1,而其他被试均有两种反应类型。我们还可以发现被试 2 的两种反应类型的反应时均远大于其他被试在任意反应类型下的反应时。根据每个箱子中表示中值的线段的位置,我们还可以发现中值在其他两个四分位数中间,并不存在偏态分布的趋势。

接下来的章节中,我们着重介绍心理学研究中常见的汇报实验结果的可视化方法。

8.5 结果展示的可视化

8.5.1 结果展示方法基础

本节介绍的函数
- bar
- errorbar

探索性数据分析过程可以帮助我们从不同角度更充分地理解数据,并发现数据中可能存在的模式,接下来需要对数据进行统计分析,并用假设检验的方法验证该分析结

果是否符合研究最初的假设,以此得到研究结果,这一步骤就是数据分析。我们会在下一章详细介绍在 MATLAB 中如何进行不同的数据分析。数据分析后我们还需要把分析结果用合理的方式展现出来,常用的方法有三线表或带误差棒的折线图或棒图。

与探索性统计分析过程中用到的可视化方法不同的是,这里我们需要清晰而直观地展示结果中重要的信息,而不是从多种角度呈现尽可能多的信息。另外,我们需要特别注意图像不该带有欺骗性或误导性,需要保持对原始数据忠实的态度。比如,当数据不满足正态性假设时,尽可能将原始数据的分布呈现出来;相反的,如果数据满足正态性假设,可以考虑以均值和标准差等统计量对数据进行适当汇总。

另外,坐标轴的选择也十分重要。比如,当数据的尺度为命名(nominal,如形状、性别等)、顺序(ordinal,如态度或偏向、教育程度等)型时,尽量用它们所表示的含义而非编码后的数值来标示坐标轴。当数据的尺度为等距(interval,如温度、年份等)时,避免在坐标轴上画出原点或将原点用数值 0 标示出来。当数据尺度为等比(ratio,如年龄、高度、时间等)时,根据具体情况考虑是否需要把原点包括到图中。任何情况下,尽量避免把坐标轴的方向从公认的方向换到别的方向(如横轴应从左指向右侧),而且,非常重要的是,在文章中汇报同类的几个实验时,坐标轴的刻度需要保持一致。

下面我们主要介绍如何制作棒图和折线图,并加上误差棒、横纵坐标的标示和数据标示。

首先,我们用以上实例研究中的数据,根据比较刺激和标准刺激的形状和颜色是否相同这一标准来对被试的反应时数据进行描述统计,求出均值和标准差。然后用棒图将此统计结果呈现出来。

我们可以用 accumarray 函数对数据进行统计处理,其完整用法为:

```
A=accumarray(SUBS, VAL, SZ, FUN, FILLVAL)
```

其中,A 是将数据点 VAL 根据 SUBS 索引存储到矩阵 A 中,并且当同一个索引位置上存在多个数据点 VAL 时,用函数 FUN 来处理这些拥有相同索引位置的数据点。SZ 为矩阵 A 的大小,默认情况下是 SUBS 中每个索引项的最大值。FILLVAL 是用来定义当索引位置中并不存在相应数据点时,用来填补的数值。比如我们可以根据目标刺激颜色和形状计算第一个被试的反应时:

```
% 颜色编码中用到 0 表示不存在颜色,即透明。但是由于 accumarray 函数的第一个参数
是指索引,而 MATLAB 中索引从 1 开始,所以我们手动加 1 对颜色重新编码
mRTSub1=accumarray([1+fullColorTarget(:,1) fullShapeTarget],  RT(:,1),[8 2],
@mean);
```

类似的功能可以通过调用 MATLAB 的统计工具箱(Statistics Toolbox)中 grpstats 函数来实现。我们在下一章中详细介绍该函数的用法。相比而言,accumarray 是 MATLAB 自带的函数,而不是任何工具箱的一部分。

以上用法中，[8 2]对应颜色和形状的水平，即求均值后所得到的矩阵是8行2列的矩阵，分别存储不同颜色和形状条件下的反应时数据。我们也可以用空矩阵[]代替矩阵大小，让accumarray函数自动计算输出矩阵的大小。下面我们用类似的方法对全体被试进行统计：

```
flagTargetShape=Trials(:,2);
flagTargetColor=Trials(:,4)+1;%重新编码目标刺激的颜色，使索引中不存在0
fullRT=Trials(:,6);%反应时数据
fullMean=accumarray([flagTargetShape flagTargetColor], fullRT, [], @mean);
fullStd=accumarray([flagTargetShape flagTargetColor], fullRT, [],@std);

rng(0);
%由于我们的原始数据是随机数，这里求平均后得到的值基本相同
%为了给图像中不同组引入一定的差异，我们加上相同大小的随机数，其标准差为300
fullMean=fullMean+300*rand(size(fullMean));
fullStd=fullStd.*(0.2*rand(size(fullStd)));
```

我们用bar函数画出棒图：

```
bar(fullMean);
```

再用errorbar函数给棒图加上误差棒。常用的语法是"errorbar(X，Y，E)"，其中X与Y分别为误差棒中心的横纵坐标，X可以省略。而E为上下区间，一般用数据的标准差或置信区间等描述数据离散度的统计量来取值。这里我们用标准差来画误差棒：

```
hold on;
errorbar(fullMean, fullStd);%动手运行看看这是否是我们想要的结果
```

可以发现通过以上方法画出来的误差棒是不对的。因为误差棒的横坐标是根据纵坐标的序列值自动生成的，而我们想要的误差棒的横坐标不是2个值，而是14个独立的值，分别对应棒图上每个箱子的横坐标值。errorbar函数作为底层函数，并不能自动将数据显示在棒图上。为此，我们只需要通过调用获取属性值的get函数获取棒图中每组箱子的横坐标即可。完整代码如下：

```
hold on;
h=bar(fullMean);%画出棒图并存下图像窗口的句柄，可用来获取属性
for i=1:numel(h)
    x=get(get(h(i),'children'),'xdata');%获取棒图中每组箱子的横坐标
    barsX(1:2, i)=mean(x, 1);
end
h=errorbar(barsX, fullMean, fullStd,'k.');
hold off;
```

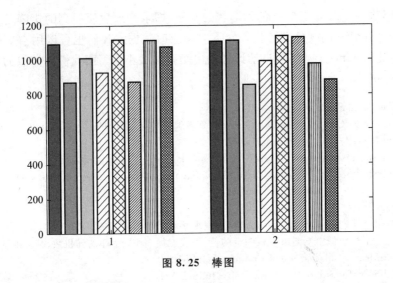

图 8.25 棒图

我们还可以用相同的数据集绘制带误差棒的折线图。需要注意的是,折线图一般用于横坐标是等距变量或等比变量的情况(即连续变量的情况)。我们这里的横坐标则是颜色类型,并不符合常规的折线图的标准。在此仅作为代码实现的实例。我们可以直接调用 errorbar 函数。在不提供线条样式参数的情况下,errorbar 函数会默认用 plot 函数的规则区分不同的线条。当 errorbar 函数的参数为矩阵时,将会把每一列当作一条线的数据。因此,我们只需要转置一下均值和标准差矩阵即可。

  errorbar(fullMean', fullStd');

  为了使以上误差棒图和带误差棒的折线图更加完整,我们还需要用 title、xlabel、ylabel、legend 等函数给图像添加主题、横纵坐标标注以及图注来表示线条的意义。另外,我们还需要用设置横轴刻度标识所表达的意义(而不是直接用数值)。在下一节我们会详细介绍如何添加这些标识,并用黑色实线和虚线来区分两条折线图(提示:用 hold 开关两次调用 errorbar 函数),使得图像更加清晰、完整。

  在 Mathworks 公司旗下的 File Exchange 网站上[*],世界各地的 MATLAB 爱好者分享了丰富的代码,其中有大量的有助于实现可视化的代码,比如轻松而便捷的画出误差棒图,而不需要手动提取棒图中每个棒的横坐标值。建议有条件的读者从 File Exchange 免费下载相应代码(比如可以用 barwitherr 函数实现本节主要介绍的误差棒图[**])。

---

  * http://www.mathworks.com/MATLABcentral/fileexchange/
  ** http://www.mathworks.com/MATLABcentral/fileexchange/30639-barwitherr-errors-varargin

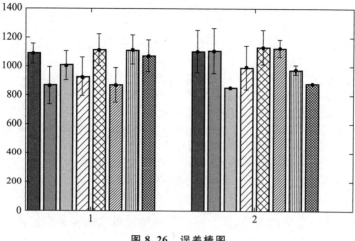

图 8.26 误差棒图

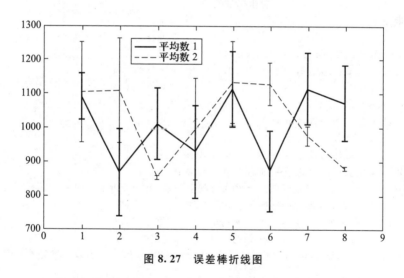

图 8.27 误差棒折线图

8.5.2 图像参数的精细修饰

我们继续使用上一节画的两个可用来汇报数据分析结果的图像,来进一步学习如何调节图像的不同属性,获得修饰后的清晰而美观的图像。

我们来给图 8.26 添加相应标注。title 用来给图像添加主题。xlabel 和 ylabel 函数分别用来添加横纵坐标的名称。用 legend 函数可以添加图例,并控制其呈现位置和方式(是否在框内)。由于 MATLAB 默认用的颜色映射方案 jet 并不能与实验中不同颜色较好匹配,我们用 colormap 函数重新定义所调用的颜色映射关系到 hsv(对应于自然光谱）。

```
            hold off;
            xlabel('形状');
            ylabel('反应时（单位：ms）');
            legend('无','红','橙','黄','绿','蓝','靛','紫','Location','BestOutSide');
            legend boxoff;%legend boxon 呈现图例外围的框
            %这是实验中使用的颜色,而图中并未对应上
            colormap([1 1 1;hsv(7)]);%用 hsv 映射关系,更加接近实验中所使用的三色类型
            title('不同形状和颜色的目标刺激下反应时');
            box off;%去掉坐标轴左侧和上侧的框;box on 则会呈现框
            set(gca,'XTick',[1 2]);%横轴的刻度中只显示整数部分
            set(gca,'XTickLabel',{'圆形','正方形'});%定义横轴的刻度标识
```

为了突出不同的颜色之间的差异，我们可以将纵轴的最大值和最小值调节一下：

```
            ylim([700 1300]);%纵轴的最小值和最大值分别为 700 ms 和 1300 ms
            set(gca,'Layer','top');%将坐标轴提前
            figure;
            hold on;
            errorbar(fullMean(1,:)',fullStd(1,:)','k-o');
            errorbar(fullMean(2,:)',fullStd(2,:)','k--<');
            hold off;
            xlabel('形状');
            ylabel('反应时（单位：ms）');
            legend({'圆形','正方形'});
            legend boxoff;%legend boxon 呈现图例外围的框
            %这是实验中使用的颜色,而图中并未对应上
            colormap([1 1 1;hsv(7)]);%用 hvs 映射关系,更加接近实验中所使用的三色类型
            title('不同形状和颜色的目标刺激下反应时');
            box off;%去掉坐标轴左侧和上侧的框;box on 则会呈现框
            set(gca,'XTick',1:8);%横轴的刻度中只显示整数部分
            set(gca,'XTickLabel',{'无','红','橙','黄','绿','蓝','靛','紫'});%定义横轴的刻度标识
```

此外，我们还可能希望在图像中添加注释。为此我们可以用 text 函数。"text(x, y,'string')"会在当前子图对象中横纵坐标分别为 x 和 y 的位置添加字符串 string(因此不需要预先打开 hold 开关)。我们还可以直接用"gtext('string')"函数在图像的任意位置添加字符串 string，只需用鼠标点击需要添加的位置。我们还可以用 ginput 函数，通过鼠标点击操作来获取图像中任意点的坐标，然后结合 text 函数添加注释。

subplot 函数可以把图像区域规则地划分为若干个子区域。当我们希望更灵活地控制图像的具体位置，如把一个图像嵌入到另一个图像中时，subplot 函数就不适用了。为此，我们可以直接用 axes 函数（注：并不是以前介绍的 axis 函数）定义一个新的子图对象并直接继续画图。下面用傅立叶分析的例子，把原始波形和频率特征值画在同一

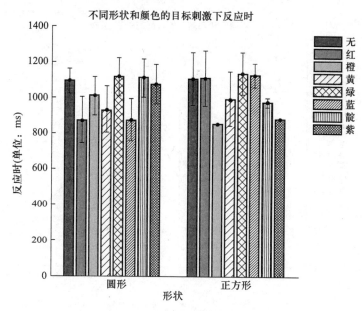

图 8.28　反应时的误差棒图

（原图用不同颜色标识,此处为示意图）

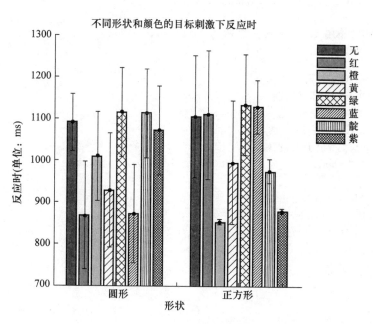

图 8.29　反应时的误差棒图

（原图用不同颜色标识,调节了纵轴的显示范围）

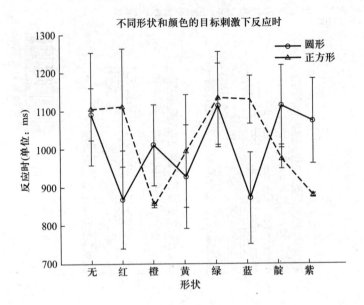

图 8.30　反应时的分布

（此处为示意图）

个图像对象中，并用 axes 函数创建新的子图对象。例如：

```
%生成正弦波信号
Fs=1000;%采样率
T=1/Fs;%采样周期
L=1000;%信号长度
t=(0:L-1)*T;%时间
%合成两个正弦波:振幅为 0.7 频率为 50 Hz,振幅为 1 频率为 120 Hz
y=0.7*sin(2*pi*50*t)+sin(2*pi*120*t);

%做傅立叶分析求出特征频率
NFFT=2^nextpow2(L);
Y=fft(y,NFFT)/L;
f=Fs/2*linspace(0,1,NFFT/2+1);
%画原始信号
plot(Fs*t(1:50),y(1:50));
title('两种正弦波的合成');
xlabel('时间（单位:ms)');
%画出特征频率和振幅
axes('position',[.1.6.3.9]);
stem(f,2*abs(Y(1:NFFT/2+1)));
title('频谱图');
```

```
xlabel('频率(Hz)');
ylabel('|Y(f)|');
```

8.6 特殊绘图方法

8.6.1 极坐标和参数绘图

本节介绍的函数

- polar
- ezplot/ezpolar
- ezcontour/ezsurf
- stem
- semilogx/semilogy/loglog
- plotyy
- rose
- compass
- quiver

我们在前一节学习了如何绘制心理学研究中常见的几类图像。下面我们来了解用法相对特殊的图像,如参数方程的作图、极坐标中几种常见类型的作图等。

当因变量 y 与自变量 x 的关系不能方便地用 y=f(x)的形式表达时,恰当引入参数 t 来分别表示 x 与 y,能够表达变量之间的关系。如椭圆的一般方程为:

$$a^2 b^2 = b^2 x^2 + a^2 y^2$$

其中 x 与 y 分别在区间[−a,a]和区间[−b,b]中,而 a 与 b 分别是椭圆的长轴和短轴的长度。如果希望用 MATLAB 绘制椭圆,通过此方程确定椭圆上每个点的横纵坐标然后用 plot 函数画出来有些困难。我们还可以参考椭圆的参数方程:

$$x = a\cos(t)$$
$$y = b\sin(t)$$

其中 t 在区间[0,2π]中取值。根据此方法,我们用形如"plot(f(t),g(t))"的语法就可以画出椭圆了,例如:

```
t=0:0.01:2*pi;
a=5;
b=3;
plot(a*cos(t),b*sin(t));
```

与直角坐标系相比,极坐标系可以更方便地描述与角度有关的或有周期性的变量之间的关系,如方向辨认任务中方向与反应时之间的关系等。MATLAB 中可以用 polar 函数绘制在极坐标上的图像。polar 用法与 plot 类似,在极坐标上用角度 theta 和半径 r 来作图。我们不妨把上面的椭圆用极坐标方程画一下:

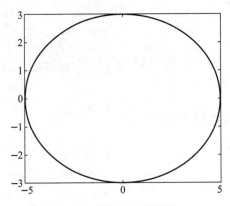

图 8.31　极坐标系作图例一

```
e=sqrt(a^2-b^2)/a;
p=b^2/a;
theta=0:0.01:2*pi;
r=p./(1-e*cos(theta));%椭圆的极坐标方程
polar(theta,r);
```

正如我们在上面介绍的,polar 函数的功能和用法与 plot 函数的功能和用法相对应,分别用来在极坐标轴和直角坐标轴上根据坐标轴上的坐标(极坐标 theta 和 r 或直角坐标 x 和 y)来绘图。相应地,rose 函数相当于直角坐标下的绘制频率分布直方图的 hist 函数。在极坐标和直角坐标系之间进行转换时,也可以考虑用 pol2cart 函数,其用法是"[x,y]=pol2cart(theta,r)",其中 theta 用弧度制来表示(而不是角度制)。

MATLAB 的符号处理工具包(Symbolic Math Toolbox)还提供两个类似且用法便捷的函数 ezplot 和 ezpolar 来实现以上的功能。ezplot 或 ezpolar 函数可以直接根据字符串类型的表达式或符号方程(用 syms 来定义符号类型的变量;由于这属于符号运算的范畴,感兴趣的读者可以查看文档进一步学习。本书主要针对数值运算)来轻松方便地画图,而不需要用户从横纵坐标取值来定义每个点的坐标,例如:

```
%注意并没有定义 x 或 y(与上面参数坐标的图形有何区别?)
ezplot('5^2*3^2=3^2*x^2+5^2*y^2');
```

符号处理工具包提供的可以用来快速方便画图的函数都以 ez 开头,常用的还有用来绘制三维坐标图像的 ezmeth、ezcontour 和 ezsurf 等,我们会在下一节做详细介绍。

与角度等有关的图像还有罗盘图和矢量图,分别用 compass 函数和 quiver 函数来绘制。二者区别是:compass 函数可以用来画以原点为起点的向量(组),而 quiver 函数可以自定义向量的起点。下面我们用 compass 函数来画竖直方向上的知觉学习在不同角度上的泛化:

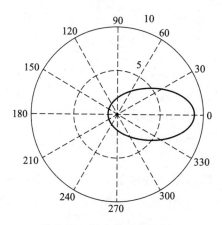

图8.32 极坐标系作图例二

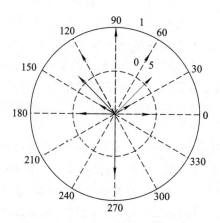

图8.33 极坐标与直角坐标的转换

```
Orientation=[180 150 135 120 90 60 45 30 0 -90];%实验中的不同方向,以角度为单位
Orientation=Orientation * pi/180;%转换为弧度制
Generalization=[.4 .2 .6 .8 1 .8 .6 .2 .4.7];%学习的泛化强度
noise=0.05 * rand(size(Generalization));%给泛化强度加入随机噪声
[x y]=pol2cart(Orientation,Generalization);%从极坐标表示方法转换为直角坐标
compass(x,y);
```

有时用对数坐标轴能够更直观地描述数据之间的关系。费希纳在韦伯定理的基础上提出的心理物理函数关系——费希纳定律,也称为对数定律,就可以用对数坐标轴来描述。它预测心理量和物理量之间呈对数关系。这类绘图函数有semilogx,semilogy和loglog,分别将横轴、纵轴和横纵轴的刻度从线性转换成对数轴。

8.6.2 三维绘图

本节介绍的函数

- plot3
- surf
- contour
- mesh
- meshgrid
- alpha
- view
- cylinder
- shading
- light
- lighting
- material
- bar3/bar3h

前几节我们用大量的篇幅详细介绍了 MATLAB 中如何绘制各式各样的平面图像。本节中我们会学习 MATLAB 图像处理的另一个强大功能——三维图像处理，即如何制作立体图像。

三维坐标系中的图像直观地捕捉一个因变量受两个自变量的变化而变化的情况。当其中一个自变量为非连续变量时，我们还可以把三维坐标系中的图像根据该非连续变量的不同水平拆分为多个二维坐标系的图像。然而，当两个自变量都是连续变量，或拆分为多个平面图像并不能很直观地呈现变量之间的关系时，三维坐标系中制作图像将会是不错的选择。虽然如此，需要强调的是三维坐标下的图像只有在能够通过鼠标等方式互动以从不同的角度查看时才会有最好的效果。所以一般情况下，我们正式场合中都尽量避免用三维坐标系下的图像，如在正式发表的期刊文章中尽量避免用立体图像。

为了制作立体图像，我们需要对每个横坐标和纵坐标组合(x, y)都找到一个纵坐标值 z，建立起三维坐标(x, y, z)。需要注意的是，同一个横坐标值 x 需要与多个纵坐标值 y 组合，然后每个这样的组合(x, y)都会有一个 z 值，从而得到一组三维坐标。这一系列横纵坐标的组合可以用 MATLAB 中提供的 meshgrid 函数生成。其一般用法为：[x, y] = meshgrid(xList, yList)。其中，xList 和 yList 分别是横坐标和纵坐标中的每个数据点值，如 xList=1:10；yList=1:5；而 x 与 y 是大小相同的二维矩阵，其行数和列数分别是 xList 和 yList 的长度。x 中，每行的值都相同（同一个列队值保持不变），而每行的值便是 xList。类似地，yList 则是每列的值都是相同的二维矩阵。我们用这两个矩阵 x 和 y 来生成纵坐标值，就可以制作立体图像了。

下面以 Gabor patch 为例，生成三维坐标。

```
psi=0; % Gabor 的相位，可以从区间[0, 2π]中取值
xyList=-pi:0.2:pi; %横纵坐标用同一个坐标数列，即准备生成方形区域
[x,y]=meshgrid(xyList,xyList); % 也可以用 meshgrid(xyList)
z=exp(-.5*(x.^2+y.^2)).*cos(2*pi*x+psi); % 生成 Gabor
```

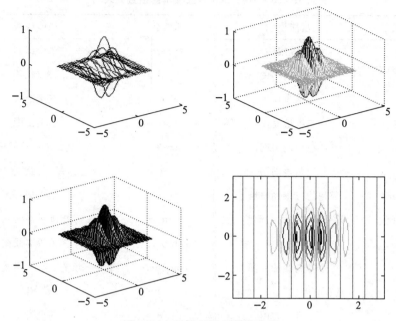

图 8.34 三维制图函数的使用

(以上从左到右,从上自下,分别用 plot3,mesh,surf 以及 contour 绘制子图)

有了三维坐标,我们便可以用三维制图函数画立体图像了。常用的三维制图函数有 plot3,mesh,surf 和 contour,分别用来画三维线图、三维网络图、三维表面图和等高线图。等高线图严格而言并不是三维图像。但是,由于等高线图是通过等高线来把三维坐标在平面中呈现出来,我们也在这里做简单介绍。这些函数的用法都类似,可以直接用形如"surf(x, y, z)"等形式的语法就可以画 z 关于 x 和 y 的三维表面图,例如:

```
figure;
subplot(2, 2, 1);
plot3(x, y, z);
subplot(2, 2, 2);
mesh(x, y, z);
subplot(2, 2, 3);
surf(x, y, z);
subplot(2, 2, 4);
contour(x, y, z);
```

MATLAB 提供了丰富的三维制图函数。表 8.6 中列出了一些三维制图函数的名称和功能。当需要时,可以用 doc 命令查看相应文档,学习如何使用这些函数。

表 8.6　MATLAB 中三维制图函数列表

函数名	功能说明	函数名	功能说明
plot3	三维线图	sphere	单位球面
mesh	三维网格图	ellipsoid	椭球面
surf	三维表面图	quiver3	三维箭头
fill3	三维填充图	pie3	三维饼图
trimesh	三角网格图	bar3	竖直三维柱状图
trisurf	三角表面图	bar3h	水平三维柱状图
ezmesh	易用的三维网格绘图	stem3	三维火柴杆图
ezsurf	易用的三维彩色面绘图	contour	矩阵等高线图
meshc	带等高线的网格图	contour3	三维等高线图
surfc	带等高线的面图	contourf	填充二维等高线图
surfl	具有亮度的三维表面图	waterfall	瀑布图
hist3	三维直方图	pcolor	伪色彩图
slice	立体切片图	hidden	设置网格图的透明度
cylinder	圆柱面	alpha	设置图形对象的透明度

8.6.3　动画

本节介绍的函数

- comet
- getframe
- movie

动画或视频可以用来演示实验刺激或实验程序。MATLAB 中制作动画仍是围绕图形窗口的操作。当希望制作的动画是简单的（如线条），例如我们可以用 comet 或 comet3 函数制作彗星图，其用法与 plot 或 plot3 类似，而图像并不是一次性呈现出来，而是随着一个点在线条上移动而留下来的轨迹。建议亲自动手用 comet 和 comet3 函数画一下彗星图，观察其动画效果和最终结果与 plot 函数的不同。

我们在心理学研究中对实验刺激是什么、如何呈现刺激、如何用实验程序实现等问题更加感兴趣。这些可以用刺激示意图和实验程序流程图直观地呈现出来。不过，制作一个动画，并在展示场合或作为研究报告的附件使用，可以更加真实而生动地呈现这些信息。MATLAB 中制作这种动画是通过多次记录图像窗口中的图像，然后把它们合成为动画视频来实现的。其中记录图像窗口中的图像可以用 getframe 函数来实现,且可以用 movie 函数将这些记录的对象合成为视频以供随时播放。我们最终用 movie2avi 函数把动画对象导出为 avi 格式的视频文件存到硬盘,可以在 MATLAB 外用视频播放器播放。下面我们制作一个 Gabor 动画,其中 Gabor 的相位随时间而变化,例如:

```
%产生 Gabor 的数据
xyList=-pi:0.2:pi;  %横纵坐标用同一个坐标数列,即准备生成方形区域
[x,y]=meshgrid(xyList,xyList);  %也可以用 meshgrid(xyList)
%制作动画
for psi=0:360    % Gabor 的相位取值为 0°~360°
    z=exp(-.5*(x.^2+y.^2)).*cos(2*pi*x+psi*pi/180);  %生成 Gabor
    surf(x,y,z);    %去掉此句便可以制作三维 Gabor 动画
    imagesc(z);     %将 Gabor 数据作为图片绘制
    colormap gray;  %选择灰度梯度来表示数据大小
    F(psi+1)=getframe;  %开始记录动画
end

movie(F);  %重新播放动画 F
movie2avi(F,'myMovie.avi');  %从动画 F 导出文件名为 myMovie.avi 的视频文件
```

我们还可以用 PTB 提供的 PsychVedioCapture 功能来记录屏幕并导出为视频文件。类似地,我们也需要把每次要记录的屏幕作为一个 PTB 的对象,然后再导出。具体用法可以参见 help VedioCapture 文档中的详细介绍。

MATLAB 支持的图像类型不仅是以上章节中介绍的图。表 8.7 是比较全面的 MATLAB 所支持的各种图像以及所对应的函数名称。读者可以根据需要和实际情况选择使用,这里不再展开叙述。

表 8.7　MATLAB 支持的各种图像类型以及对应的函数名

函数名	功能说明	函数名	功能说明
hist/hist3	二维/三维频数直方图	cdfplot	经验累积分布图
histfit	直方图的正态拟合	ecdfhist	经验分布直方图
boxplot	箱线图	lsline	为散点图添加最小二乘线
probplot	概率图	refline	添加参考直线
qqplot	q-q 图(分位数图)	refcurve	添加参考多项式曲线
normplot	正态概率图	gline	交互式添加一条直线
ksdensity	核密度图	scatterhist	绘制边缘直方图

续表

函数名	功能说明	函数名	功能说明
fplot	绘制函数图	comet	彗星图
ezplot	隐函数直角坐标绘图	feather	羽毛图
pie	饼图	rose	玫瑰图
stairs	楼梯图	errorbar	误差柱图
stem	火柴杆图	pareto	Pareto(帕累托)图
bar	柱状图	fill	多边形填充图
barh	水平柱状图	patch	生成 patch 图形对象

8.7 图像的读取和存储

本节介绍的函数
- imread
- imwrite
- image
- print

用 MATLAB 制作的图像可以通过单击图像窗口上的存储按钮直接存储到硬盘中。默认存储格式是后缀为 fig 的文件，即 MATLAB 的图像窗口对象。当存储为 fig 文件后，我们还可以用 MATLAB 打开该图像作为图像窗口，对该图像进行进一步处理，比如改变线条颜色、粗细等。我们还可以通过图像窗口中的存储按钮将图像另存为其他通用的图片文件格式，如 png，tiff 等。如果所存储的图像有丰富的色彩(如照片)，那么应该考虑另存为 jpeg 文件格式。

图片文件可以用 imread 函数来读取，其常用语法是：

$$A = imread(FILENAME, FMT)$$

其中 FILENAME 为所需要读取的图片文件名(需要在当前目录或 MATLAB 路径变量内目录下存在，也可以提供全部路径名称)，FMT 为所需要读取的图片文件格式，如 'png' 为 png 文件。读取后的矩阵 A 根据图片文件以及具体参数的不同而不同，通常是 $m \times n$ 或 $m \times n \times 3$ 的用来存储每个像素颜色值的矩阵(详见 doc imread)。我们可以接着用 image(A) 把读取的图片文件呈现在图像窗口中。

与 imread 函数相对应的是 imwrite 函数。我们可以用：

$$imwrite(A, FILENAME, FMT)$$

来将矩阵 A 作为以 FMT 格式的图片文件存储到 FILENAME 文件中。但需要注意的是，通常我们需要把图像窗口中制作完成的图像，而非是一个矩阵，作为图片文件存储下来。正如前面介绍的，我们可以用图像窗口中另存为功能来达到此目的。然而，很容易发现通过图像窗口以鼠标操作存储的图像与 MATLAB 中我们所看到的图像有比较明显的差异，如线条粗细、明暗、字体大小等都会有一定的区别，并且这区别根据所保存的文件格式的不同而不同。因此，我们最常用的是 print 函数，是专门把图像窗口中的图像导出到图片文件的函数。print 函数的用法很简单，一般可以用类似于以下例子的语法：

print MyFigure.png －dpng －r300；%300 为分辨率，以 png 格式存储 MyFigure 文件

下面我们用拟合心理物理曲线的例子来学习如何使用 print 函数存储清晰而美观的图像。

x = [2100 2300 2500 2700 2900 3100，3300 3500 3700 3900 4100 4300]';
n = [48 42 31 34 31 21 23 23 21 16 17 21]';
y = [1 2 0 3 8 8 14 17 19 15 17 21]';

这里，每一个 y 值是在相应的 n 个试次中成功探测到刺激的次数，x 为该系列试次中的刺激强度。我们用 Logistics 回归拟合出心理物理曲线。

b = glmfit(x,[y n],'binomial','link','logit')；%拟合模型
yFit = glmval(b,x,'logit','size',n)，
yMid = 0.5 * ones(size(x))；
plot(x, y./n,'ok',x,yFit./n,'-r', x, yMid, '--k')；
legend('观测值','拟合值','阈限', 'Location', 'SouthEast')；
xlabel('刺激强度')；
ylabel('正确率')；
title('心理物理曲线')；
box off；

运行上述程序后，图 8.35 是我们在图像窗口中看到的图像。接着我们用 print 函数把此图像导出为 png 文件，如：

print('example', '-dpng', '-r600')；

并用图片查看器打开图片 example.png，会发现我们保存的图片与本来在图像窗口中看到的图片并不完全相同（清晰度上有明显的失真，虚线并不容易发现等）。

为了使我们最终保存的图像清晰、美观，我们需要用上一节学到的知识点来自定义图像的各种参数。其中，图像的宽和高、线条粗细、坐标轴粗细、字体大小和数据点标识符号大小等都需要自定义调节，有必要时还需要自定义画布大小、子图在画布中的位置、字体类型、坐标轴的区间等。部分常用参数的值可以参考表 8.8，并根据具体情况

多次尝试和微调。

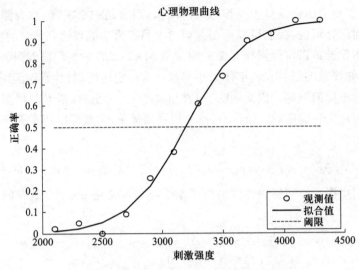

图 8.35　用 logit 方法进行心理物理曲线拟合

表 8.8　图像保存的参数设置*

参数	默认值	论文	展示文稿
宽(Width)	5.6	据情况而定	据情况而定
高(Height)	4.2	据情况而定	据情况而定
坐标轴粗细(AxesLineWidth)	0.5	0.75	1
字体大小(FontSize)	10	8	14
线条粗细(LineWidth)	0.5	1.5	2
符号大小(MarkerSize)	6	8	12

我们通过下面的例子学习如何设置以上图形的参数,并保存。

```
%为论文准备图像
width = 3;%宽和高默认以英寸为单位
height = 3;%高
alw = 0.75;%坐标轴粗细
fsz = 14;%字体大小
```

----

* 此表中宽和高的单位为英寸,其他为默认单位或无单位。英寸与厘米的换算关系为 1 in=2.54 cm,全书同。

lw = 1.5；%线条粗细
msz = 8；%数据点标识符号大小

我们来创建图像窗口。图像窗口的大小用位置(Position)属性来设置。这有助于在 100 dpi 的显示器上查看,且并不影响所保存的图像的分辨率。接着设置子图对象的默认字体大小和坐标轴粗细(与图像的线条粗细不同)。制作图像时,我们直接在 plot 中设置线条粗细和数据点标识符号的大小、颜色等参数。图例的字体大小、图例框的粗细、坐标轴名称和图像名称的字体大小均将自动从子图属性中继承。

```
%创建图像窗口和子图对象,并设置其默认参数
figure;
pos = get(gcf,'Position');%图布大小
set(gcf,'Position',[pos(1), pos(2), width*100, height*100]);%设置图布大小
set(gcf,'Color',[1 1 1]);%图布背景颜色(不影响导出图片文件)
set(gca,'FontSize', fsz,'LineWidth', alw);%设置字体大小、坐标轴线条粗细

%制作图像
plot(x, y./n,'ok', x, yFit./n,'-r', x, yMid,'--k','LineWidth', lw,'MarkerSize', msz);
xlim([min(x) max(x)]);

legend('观测值','拟合值','阈限','Location','SouthEast');
legend boxoff;
xlabel('刺激强度');
ylabel('正确率');
title('心理物理曲线');
box off;
%我们保存此图像大小,避免保存时自动被缩放
set(gcf,'InvertHardcopy','on');%设置图布为白底背景,而黑色为默认颜色
set(gcf,'PaperUnits','inches');%图布单位用英寸
papersize = get(gcf,'PaperSize');%获取图布大小
left = (papersize(1)- width)/2;%左侧坐标
bottom = (papersize(2)- height)/2;%底部坐标
myFigureSize = [left, bottom, width, height];%保存作图像大小
set(gcf,'PaperPosition', myFigureSize);%图布中图像大小(可去除周围空白区域)

%保存为 png 文件
print('improvedExample','-dpng','-r300');
```

我们用图片查看器打开图片文件 improvedExample.png,可以发现图像变得更加美观、线条更加清晰而没有模糊等现象。

最后,还需要强调的是,MATLAB 的图像导出功能中存在较多不一致：① 通过图像窗口中另存为按钮存储的图像与用 print 函数存储的图像不完全相同(这一点已经

在本节充分展示);② print 函数以不同图片文件格式所导出的图片文件也不尽相同;
③ 同一种图片文件格式用不同的分辨率等参数所生成的图也不尽相同(不同图片文件格式所支持的参数类型参考 doc print);④ 通过不同的渲染引擎(包括位图的默认渲染引擎 OpenGL,矢量图的默认渲染引擎 painter 和 ZBuffer)生成的图像之间以及不同的渲染引擎导出的图片文件之间都存在不同。其中位图(常见有 png,jpeg,tiff,bmp 等)类型与矢量图(常见有 eps,svg,pdf 等)类型的生成结果之间的区别更加明显一些。比如,矢量图一般生成的图片文件与图像窗口中所看到的图像更加类似,能够保留字体大小的比例,并且图像外围的空白区域较小。

准备正式发表论文所需的图像时,一般不仅要求制作较高分辨率的位图,有些期刊推荐提交矢量图类型的图片文件。常用的通用矢量图文件格式是 svg 文件。MATLAB 自 2014b 版本开始支持用 print 函数直接生成 svg 文件格式的矢量图文件。而大部分主流浏览器支持查看 svg 文件,且 svg 能够方便插入 doc 文档或 LaTex 文档中。另一个通用的矢量图文件格式是 eps 文件。早期的 MATLAB 版本就已经支持用 print 函数生成 eps 文件(笔者测试最低版本为 R2007a)。然而由于 eps 文件不能够直接用图片查看器或主流浏览器来打开查看,而只能在打印后查看,所以在论文起草过程中使用 eps 文件并不方便。最终提交图片文件时,可以考虑将论文中所有图片以 eps 文件格式生成并打印出来审阅,然后提交。

MATLAB 中保存图片有很多方法。除了如上介绍的通过图像窗口的另存为操作和 print 函数外,我们还可以用 imwrite 或 saveas 函数。然而,这些函数之间以及函数中不同参数之间存在较大的不一致性,使得导出的图片往往并不是我们在屏幕上所见到的。这是因为 MATLAB 把屏幕上呈现的图像大小和打印到纸张(或保存到文件)的图像大小分开处理,并做一些自动化处理。为了使得我们导出的图像尽可能与在屏幕上见到的图像保持一致,我们可以在绘图之前用如下命令使这两种图像大小机制同步起来:

    set(0,'DefaultFigurePaperPositionMode','auto');
    % 图像在纸张内大小默认与屏幕上呈现成比

为了更好地解决这一问题,我们还可以用 File Exchange 上广受欢迎的项目:export_fig。export_fig 函数力图使导出的图像与屏幕上所显示的图像保持一致。借用 GhostScript 和 Xpdf 软件处理矢量图格式(eps,pdf),去除图像边缘的大范围空白区域,并且支持做一些反锯齿、阿尔法透明度渲染、背景透明等特殊的渲染。感兴趣的读者可以免费下载并学习使用 export_fig[*] 来导出图像文件。

---

 * http://www.mathworks.com/MATLABcentral/fileexchange/23629-export-fig

参 考 文 献

Robert,M.,Tukey,J. W.,Larsen,W. A.(1978). Variations of box plots. The American Statistician,32(1),12—16.

* 专业术语的翻译根据以下资料:http://reverland.org/python/2012/09/07/matplotlib-tutorial/

作业和思考题

1. 生成一组向量 x,其中 x 的取值范围为 0 到 10,步长为 0.1。以 x 为横坐标,生成两组向量 y1 和 y2 作为纵坐标,其中 y1 为一个幅度为 5,周期为 4,相位随机的正弦函数,y2 为一个均值为 5,标准差为 2 的正态分布。按如下要求作图:
(1) 分别画出两张图,横坐标为 x,纵坐标为 y1 或 y2,其中 y1 对应的图形为红色,y2 为蓝色,并且标上横坐标"x"和纵坐标"y1"或"y2"。两张图的标题为"Sin function"和"Gaussian distribution";
(2) 画出一张有双纵坐标的图,将 y1 和 y2 画在同一个坐标系内。其中左侧的纵坐标对应 y1,右侧的纵坐标对应 y2,y1 和 y2 的颜色以及横纵坐标的名称同(1),图的标题为"Two functions";
(3) 将(1)和(2)中的一共三张图画在一个窗口内,其中(1)中的两张图水平并列,(2)中的图放在(1)中两张图的正下方(即占据两个子图的位置)。

2. 生成一组 1000 维的向量 x,其中 x 中的每个值都是从一个 $\lambda=2$ 的泊松分布里随机抽样出来的。按如下要求进行作图(函数提示:poissrnd, poisspdf):
(1) 将 x 等分成 15 个区间,并且画出 x 的频数分布直方图(绿色)和经验分布函数图(红色),标上合理的横纵坐标和图标题;
(2) 计算出 x 在上述 15 个区间内的平均值和标准差,并且分别通过杜状图(青色)和折线图(粉色)画出不同区间的平均值图,标上误差线(黄色),并且标上合理的横纵坐标和图标题。

3. [编程题]实验流程:实验开始前屏幕呈现指导语,告诉被试接下来的实验流程和被试的实验任务。实验包括多个 runs,每一个 run 分为两个阶段。第一阶段为前适应阶段,在这段时间内给被试呈现一个特定朝向的光栅,呈现时间为 20 s。第二阶段包含 50 个 trials,每一个 trial 包含:① 5 s 的补充适应,呈现与之前朝向相同的光栅;② 0.5 s 的空屏;③ 0.2 s 的光栅测试刺激;④ 1 s 的空屏等待被试反应。待被试反应完之后进入下一个 trial,如此直到实验结束。实验中一直呈现位于中央的注视点,所有刺激都呈现在中央位置。被试的任务是在第二个阶段的④中判断③中呈现的测试刺激的朝向是向左倾斜还是向右倾斜,实验采用迫选法,实验过程中要求被试始终盯着注视点(实验流程如图 8.36 所示)(函数提示:meshgrid, sin, cos, imshow)。

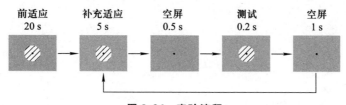

图 8.36 实验流程

实验参数:根据前适应阶段的光栅朝向的不同,实验包括两种条件的 runs。前适应阶段的光栅朝向包括两种类型:① 无倾斜,即 0°;② 向右倾斜 30°。第二个阶段中测试刺激的光栅朝向在 +6,+3,0,-3,-6(+6 表示向右倾斜 6°,其他类似)中随机选择,选择时需保证在每一个 block 中不同朝向出现的次数相同,皆为 10 次。上述所用的光栅的直径均为 2.5°(视角大小),每 1°视角有两个完整的周期,对比度均为 100%,每次出现光栅的时候相位必须随机。需要注意的是,在前适应阶段和补充适应阶段呈现光栅的时候,每隔 250 ms 刺激的相位必须反转一次。所有光栅都出现在屏幕中央。注视点为黄色的圆点,直径为 0.3°。

实验结果记录:分别计算出适应刺激倾斜和无倾斜的时候,被试在 +6,+3,0,-3,-6 这 5 个角度值的时候将测试刺激判断为朝右倾斜的百分比,将每种条件下的 5 个数据点标记在同一个坐标系中并用光滑的曲线连接起来(用不同颜色进行区分),给每个数据点处标上正负 1 个标准误的误差线(标准误基于每种条件内不同 run 之间的差异进行计算)。坐标系的横坐标为上述 5 个度数,纵坐标为百分比。要求将两种条件(即适应刺激倾斜和无倾斜)的曲线画在同一坐标系内,用不同颜色进行区分。

编程要求:每个被试需完成适应刺激无倾斜和适应刺激有倾斜这两种条件的 runs。每种条件包括 4 个 runs(即一共 8 个 runs,顺序随机)。要求编写一段代码,一旦运行代码,即开始实验。被试每完成一个 run,即空屏等待被试休息,一旦休息完成,即按键进行下一个 run 的实验。当所有实验完成后,程序会自动保存并统计分析被试的实验结果,并且自动完成作图。

4. 写一个绘制艾宾浩斯错觉的 MATLAB 代码,绘图可以用各种方式实现,当然越聪明、越灵活(例如可以调整周边圆的个数)越好。为保证代码的可读性,请包含适当的注释。

利用 MATLAB 进行数据分析和简单数理统计

预备知识
- 描述统计和推论统计基础
- MATLAB 作图
- MATLAB 矩阵和数据类型

本章要点
- MATLAB 环境下数据的获取和导入
- grpstats 分类统计
- 用 MATLAB 进行参数估计与假设检验
- 用 MATLAB 进行曲线拟合和模型比较

数据分析是科学研究中十分重要的一步。根据研究假设和实验设计的不同,我们需要有针对性地用适当的方法整理原始数据,并进行相应的统计分析,检验理论假设。数据分析的基本步骤包括:
- 获取数据并对数据进行初步整理,比如查看数据的分布情况,去除极端值,以及标准化的变换。
- 对数据进行描述统计。
- 对数据的结果进行推论统计。
- 根据需要进行数据作图以及数据拟合,并进行拟合优度的比较。

9.1 数据的获取和导入

数据的获取方式根据研究的问题不同而有不同的形式。如当需要研究社交网站中的信息共享等问题时,我们便可以通过一些自动化脚本从网站中抓取数据;用 MATLAB 和 PTB 做的行为实验的数据可以直接读取;脑电或核磁实验的原始数据则需要用特定的软件进行转换后,读取到 MATLAB 中;问卷调查等得到的数据可以整理成 Excel 文件,或者首先导出到 csv 文件(如从 SPSS 另存为逗号分隔文件)来读取,再导入 MATLAB。下面我们介绍几种常用的数据导入方法。
- load 函数

  load 函数可以用来读取 MATLAB 的数据文件到工作空间中，常用形如

    load('filename.mat')

等方式来读取 filename.mat 文件中所有的变量到 MATLAB 的工作空间中。我们也可以继续提供一些参数来读取该文件中特定的变量，如

    load('filename.mat', 'x')

会从数据文件中只读取变量 x 到当前工作空间中。当该数据文件中存在较多变量或我们并不清楚其中有哪些变量时，容易不慎用新读取的变量覆盖原来在工作空间中存在的同名变量。为了避免这种情况，我们还可以用

    s=load('filename.mat')

读取数据文件中的变量作为结构体变量 s 的不同的域，避免覆盖原有变量，并且可以直观地看到我们从该文件读进了哪些变量。

有些软件采用".mat"之外的后缀名来存储 MATLAB 的数据文件（如 CW6 近红外脑成像技术的软件 Homer2）。此时，我们可以用"'-mat'"参数强制将该文件看作".mat"文件，如

    load('data.nirs', '-mat')

会将 data.nirs 作为标准 mat 文件导入工作空间中。
- xlsread/xlswrite 函数

  处理 Excel 电子表格文件（一般以 xls 或 xlsx 为后缀名）时，我们可以分别用 xlsread 和 xlswrite 函数读取和写入 Excel 文件。用法如

    [Num, Txt, Raw]=xlsread('file.xls', nSheet)

将会读取 file.xls 文件的第 nSheet 个工作表，将其中数字类型存储到矩阵 Num 中，文本类型存储到元胞 Txt 中，并且把未进行转化处理的原始数据输出为元胞 Raw 中。
- dlmread/csvread 函数

  类似地，我们还会经常遇到逗号分隔或换位符（Tab，用'\t'表示）分隔的 ASCII 纯文本文件，其内容可能是文字，也可能是一系列数据。读取纯文本文件根据其内容的不同，需要选用不同的函数，具体而言，当我们需要读取逗号分隔或换位符分隔的纯文本文件时，可以用 dlmread 函数，如

    dlmread('filename.txt', '\t')

和

>   dlmread('filename.txt', ',')

可以分别用来读取 filename.txt 中数据为 MATLAB 的矩阵变量。其中逗号分隔的纯文本文件（通常以 csv 为后缀）是一个通用的表格数据存储格式，很多软件支持将其数据以 csv 文件导出来。因此 csv 文件可以作为不同软件之间分享表格数据的理想的文件格式。为此，MATLAB 还提供了更加方便的 csvread 函数专门用来读取逗号分隔的纯文本文件，用法如

>   csvread('filename.csv')

其中，filename.csv 为文件名。相应地，我们还可以用 dlmwrite 和 csvwrite 函数分别存储以上提到的两种文件。

- textread/textscan 函数

当纯文本文件的内容为文字而不是表格式的数据时，此时我们希望按行读取文件而不是根据逗号等分隔符。为了读取纯文本文件中的文字内容，我们可以用 textread 或 textscan 函数读取文件的内容到元胞变量中。其中，textscan 函数在 MATLAB7.0 版本中引入，Mathworks 推荐使用 textscan 函数代替 textread 函数。因此，当需要从纯文本文件读取文字内容时，需要考虑用到该程序的计算机中 MATLAB 的版本，然后选择用哪个函数来读取文字内容。如果不确定，我们推荐用 textscan 函数。

- imread 函数

我们在前面章节中已经介绍了几种读取图片文件的方法。常用 imread 函数将图片文件作为 RGB 值矩阵读进来，比如

>   A=imread('file.fmt', 'fmt')

将会读取 fmt 格式的（fmt 可以是 png，jpeg 等）图片。

- importdata 函数

最后，我们还可以直接用图形界面的拖动操作将待读取的文件拖动到 MATLAB 的命令窗口中，通过向导式图形界面来读取变量。此向导将调用 importdata 函数将文件读入 MATLAB 的工作空间中。importdata 函数根据文件的后缀名判断文件类型，然后自动调用相应的数据读取函数。

需要指出的是，根据后缀名判断文件中存储的数据格式并不总是有效的。例如，逗号分隔的纯文本文件常用 csv 作为后缀名，有时也会用 txt 作为后缀名。还有很多专业软件的数据文件虽然用该软件特定的后缀名，然而通常是 xml 文件（一种纯文本格式，用来存储结构式数据）、hdf5 文件（结构式科学数据的通用存储格式）、mat 文件（如 CW6 近红外成像设备的数据 nirs 文件）等。因此，在决定用哪个函数读取文件之前，我们需要对数据格式有一定的了解。

9.2 数据的预处理

原始数据一般都需要进行相应的预处理后,才能够做统计分析。数据的预处理是为之后的统计分析服务的,因此我们需要根据后续要做的统计分析方法来进行预处理。通常,我们需要对原始数据进行如下的预处理操作:找出标记或剔除缺失值、数据的存储形式的变换(长数据形式和宽数据形式)、编码命名类或顺序类变量、数据的标准化、平滑处理等。下面我们逐一介绍如何实现这些预处理操作。

9.2.1 数据的修剪、整理和变换

异常值的处理和数据存储形式的变换、编码通常是数据预处理的第一步。我们在上一章探索性数据分析中,简单介绍了如何通过可视化的方式来寻找异常值。除此之外,还可以通过系统的统计方法(如 Jackknife 函数等)来寻找异常值。找到异常值后,可以直接剔除,并把处理后的数据存储下来在后续分析中直接使用。或者我们可以把寻找异常值和将其剔除的过程用程序实现(如用 find 函数找到相应的索引,然后去除这些索引对应的值或标记为缺失值 NaN),然后在每次数据分析中作为预处理部分单独做一遍。这样做的优点是我们可以用相同的方法处理每一个被试的数据,从而尽可能避免因研究者主观偏见而污染数据。

重新编码一般也可以通过 find 函数来实现。我们可以先找到某一编码对应的数值(若是字符串变量,则可以用 strcmp 函数)的索引,然后用新的编码值取代原来的值,见例 9.1。

例 9.1

  index3 = find(response == KbName('3'));%按键盘数字键 3(KbName 为 PTB 中函数)
  index4 = finb(response == KbName('4'));%按键盘数字键 4
  encodedResponse(index3) = 0;%用 0 来编码按键 3
  encodedResponse(index4) = 1;%用 1 来编码按键 4
  % 同样的功能可以用 PTB 中 Replace 函数更方便实现
  encodedResponse = Replace(response, KbName{'3' '4'}, [0 1]);

从以上例子中可以发现,PTB 提供的函数 Replace 可以更加便捷地编码变量。值得指出的是,Replace 函数也可以处理字符串的编码,因此不需要针对数值和字符串变量分别使用 find 或 strcmp,而直接用统一的 Replace 函数来编码就可以了。

9.2.2 长形数据和宽形数据

数据分析中通常用宽形和长形两种格式来存储数据。宽形数据的特点是每个维度代表一个变量,而同一个维度中不同的位置对应该变量的不同水平。例如我们可以用

行代表前测和后测数据,而用列代表任务类型,从而每个被试有一个 2×5 的矩阵,其中 2 是包含前测数据和后测数据的行,5 则是包含每一种任务难度下因变量数据的列数。当有 N 个被试的数据时,我们可以用 N 个矩阵或一个有 N 个元素的元胞变量或者大小为 2×5×N 的三维矩阵来保存所有被试的数据。

长形数据的特点是每一行为一个个案(如一个被试),而每一列为一个变量(可以为控制变量也可以为测量值),即以上描述的数据的长形是由被试序号(1 到 N 的整数)、测量时间(前测和后测)、任务类型和测量观测值四列组成的大小为 N×4 的矩阵。可见,通过 PTB 记录的心理学研究的数据一般是长形数据。不同的数据分析方法要求数据处于长形或宽形格式中,如当需要可视化以上数据时,plot 函数要求数据呈宽形格式,箱图函数 boxplot 却要求是长形格式(当只有单个变量时,boxplot 也可以用宽形格式),t 检验函数 ttest、相关系数的计算 corr 函数等需要数据呈宽形格式,而方差分析的函数 anova1 和 anova2 等要求数据是长形格式。因此,需要灵活变换数据的存储格式,根据所需要进行的分析准备数据。

下面我们用上文描述的例子生成模拟数据,并示范如何用 repmat,reshape,find 等函数实现在长形数据和宽形数据之间的变换。我们用到一些常用的矩阵变换相关的函数。其中,repmat 是用来重复矩阵的函数,repmat(A,[m,n])将重复矩阵 A 形成 m×n 的格子,每个格点包含矩阵 A;reshape 是用来重新组成矩阵的大小,用 reshape(A,[m,n])把矩阵 A 的所有元素重新排成大小是 m×n 的矩阵,顺序是列(MATLAB 默认的索引顺序)优先,需要重构的矩阵元素数量与原来矩阵 A 元素数量相等;numel 函数可以用来数矩阵的元素数量,相当于 prod(size(A)),即矩阵大小的积。下面我们还用到了压缩大小为 1 的维度的函数 squeeze,例如假设矩阵 A 是大小为 3×1×5 的三维矩阵,那么 squeeze(A)将自动把矩阵 A 重构为大小是 3×5 的二维矩阵,而去除原来第二个大小只是 1 的维度。

例 9.2

```
rng(0);%初始化随机数生成器
N=23;%被试数量
tests={'Pre' 'Post'};%前测与后测
levels=1:5;%任务难度水平
response=rand(numel(tests),numel(levels),N);
% 生成 2×5×23 的数据矩阵,为宽形数据
responseCell=squeeze(num2cell(response,[1 2]));% 用元胞变量存储宽形数据

%下面我们转换为长形数据
%方法一:手动用 repmat 生成变量水平
id=repmat(1:N,[1 numel(response)/N])';
Test=repmat(1:numel(tests),[1 numel(response)/numel(tests)])';
Level=repmat(1:numel(levels),[1 numel(response)/numel(levels)])';
```

```matlab
longResponse=[id Test Level response(:)];
%展开 response 后,与变量值合并到一个长形数据矩阵中

% 方法二:用 ind2sub 函数抽取每个值对应的索引值,即变量的水平
[Test, Level, id]=ind2sub(size(response), find(response));
longResponse=[id Test Level response(:)];
%展开 response 后,与变量值合并到一个长形数据矩阵中

% 方法三:从文件中读取,合并重构
% 一般每个被试的数据单独记录为一个 mat 文件,其形式便是长形数据
% 我们需要把所有被试的数据放在一起,并创建变量 id 标记不同被试
mkdir Experiment/data;  %创建数据目录(实验开始前就已经创建好了)
cd Experiment/data;  %实验中保存实验数据的目录
%这是实验中记录到的数据(此处仅作为示范手动生成一个文件)
Trials=[fullfact([numel(tests), numel(levels)]), rand(numel(tests)*numel(levels))];
save Subject1.mat
matFiles=cellstr(ls('*.mat'));
%提取当前目录下所有 mat 文件的名字并保存在元胞容器中
longResponse=[]; % 初始化
for iSub=1:numel(matFiles)
    iTrials=load(matFiles{i},'Trials');  %假设 mat 文件中数据存储在 Trials 变量中
    % 用 repmat 生成被试序号,其长度与该被试实验数据 iTrials 长度相同
    % 然后将其合并存入到长形数据中
    longResponse=[longResponse; repmat(iSub, size(iTrials,1), 1), iTrials];
end %读取所有被试数据并完成存入到长形数据


% 从长形数据转换为宽形数据
% 方法一:手动用 reshape 来进行转换
disp(longResponse); % 观察 id, Test, Level 列的变化速度,发现 Test 变化最快,id 最慢
% 维度顺序从变化最快的列到变化最慢的列
response=reshape(longResponse(:,end), [numel(tests), numel(levels), N]);
%如果长形数据从 mat 文件直接获取,则并不知道 tests 和 levels 等变量
% 可以通过 unique 来提取
%N=numel(unique(longResponse(:,1)));
% tests=unique(longResponse(:,2));
% levels=unique(longResponse(:,3));

size(response); % 大小 2×5×23 的宽形数据矩阵

%方法二:用 accumarray 快速转换
%把前面所有列当作索引重构最后一列
response=accumarray(longResponse(:,1:end-1), longResponse(:,end));
size(response); %大小为 23×2×5 的长形矩阵
```

% 再把被试序号列作为最后一个维度
response=permute(response,[2 3 1]);%把原先第一个维度换作最后一个维度

在例 9.2 中,我们比较完整地展现了如何通过不同方法实现长形和宽形数据之间的转换,同时介绍了数据变换过程中常用的几个函数。表 9.1 是一些数据预处理和数据转换中常用的函数。

表 9.1 数据预处理变换中常用的函数

函数名	功能	函数名	功能
repmat	重复和叠放矩阵	reshape	重组矩阵元素
delete	清除文件	numel	创建矩阵(和空矩阵)
find	寻找非零元素的索引	Replace	对应元素的替换
permute	交换维度顺序	squeeze	挤去单位大小的维度
flipud	矩阵上下翻转	fliplr	矩阵左右翻转
flipdim	矩阵任意翻转	rot90	矩阵直角旋转
sort	排序	sortrows	按列排序
diff	序列差(近似导数)	unique	去除重复元素
sub2ind	下标转换为索引	ind2sub	索引转换为下标
accumarray	基于索引累加矩阵	bsxfun	二元运算矢量化

9.2.3 标准化变换

当数据的内部一致性不完全相同时,可以考虑标准化一些变量。可以用:

$$Z=(X-\text{mean}(X))./\text{std}(X)$$

把变量 X 标准化为变量 Z。为此也可以用:

$$[Z, mu, sigma]=\text{zscore}(X)$$

实现相同的功能,其中 Z 为标准化后的值,mu 和 sigma 分别为用于标准化的均值和标准差。还有一种常用的减少数据内部差异(如不同被试之间的个体差异)的方法是用关于均值的比例来求相对的值以实现标准化,如:

$$Y=X./\text{mean}(X)$$

这些方法都能够从不同的角度对数据进行标准化。我们需要根据研究假设和变量的意义来选择适当的方法进行标准化。在例 9.3 中我们用 zscore 标准化一下。

例 9.3

%调用 rand 函数产生一个 10 行,4 列的随机矩阵,每列服从不同的均匀分布

```
x=[rand(10,1), 5*rand(10,1), 10*rand(10,1), 500*rand(10,1)];
%调用 zscore 函数对 x 进行标准化变换(按列标准化),返回变换后矩阵 xz,以及矩阵 x 各
列的均值构成的向量 mu,各列的标准差构成的向量 sigma
[xz,mu,sigma]=zscore(x);
std(x);    %求标准化前矩阵 x 各列的标准差
std(xz);   %求标准化后矩阵 xz 各列的标准差
```

9.2.4 平滑处理

对于时间序列数据,通常需要进行一定的平滑处理。平滑处理后得到的平滑曲线可以用来找曲线的极点、拐点等一些特殊的点,也能够把通常含有噪声污染的数据去除噪声的干扰,从而进行统计分析时结果相对稳定可靠。心理学研究中常见的时间序列数据有脑电(EEG)数据、运动轨迹数据等。

● smooth/smoothts 函数

通常使用的平滑处理函数为曲线拟合工具箱(Curve Fitting Toolbox)提供的函数 smooth,也可以使用金融工具箱(Financial Toolbox)提供的 smoothts 函数来对时间序列数据进行平滑处理。以下我们以 smooth 函数为例,用不同的平滑处理方法对模拟生成的数据进行平滑处理。

例 9.4

```
%生成时间序列
t=linspace(0,2*pi,500)';    %产生一个从 0 到 2*pi 的向量,长度为 500
y=100*sin(t);    %产生正弦波信号
%产生 500 行 1 列的服从 N(0,15)分布的随机数,作为噪声信号
noise=normrnd(0,15,500,1);
y=y+noise;    %将正弦波信号加入噪声信号


methods={'moving'...    %移动平均法
'lowess'...    % lowess 方法(线性拟合)
'loess'...    % loess 方法(二次曲线拟合)
'sgolay'...    % Savitzky-Golay 法
'rlowess'...    %健壮 lowess(线性拟合)
'rloess'};    %健壮 loess (二次曲线拟合)

figure;    %新建一个图形窗口
set(gcf,'Color','white','Position',[0 0 1024 768]);
hold on;
plot(t,y);    %绘制加噪波形图
xlabel('t');    % 为 X 轴加标签
ylabel('y=sin(t)+噪声');    % 为 Y 轴加标签

for i=1:numel(methods)
```

```
y_smooth=smooth(y,30,methods{i});
subplot(2,3,i);
hold on;
plot(t,y,'.k');        %绘制加噪波形图
plot(t,y_smooth,'r','linewidth',3);    %绘制平滑后波形图
hold off;
xlabel('t');           %为X轴加标签
ylabel(methods{i});    %为Y轴加标签
legend('加噪波形','平滑后波形');
end
```

- medfilt 函数

平滑处理的方法很多。我们可以根据需求选择不同的滤波方法,如 medfilt 函数可以用来做中值滤波。Y=medfilt(X,N) 将在 X 中的连续 N 个数据点中求中值(默认是 3 个数据点),然后用该中值取代当前值得到平滑后的数据 Y。当需要进行更加严格的平滑处理时,可以考虑对数据进行傅立叶分析,然后取出高频部分(低通滤波)。

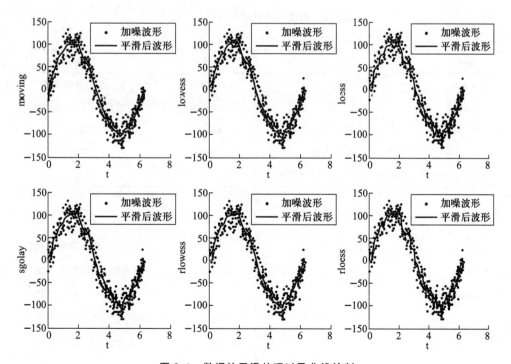

图 9.1 数据的平滑处理以及曲线绘制

9.3 描述统计与分类统计

9.3.1 单变量描述统计——集中趋势和离散度

描述统计可以有效地把数据的整体特征以几个统计量表示出来,有助于了解数据的总体趋势。这种量化的认识结合探索性绘图方法的直观表达,能够快速了解数据的整体模式,有利于我们发现数据的模式。

描述统计量分为集中趋势统计量和离散度统计量。集中趋势统计量包括均值(算术平均数、几何平均数、调和平均数等)、众数、中数等。离散度统计量包括区间、标准差、方差、四分位数等。数据是否呈正态分布、异常值的数量和大小等都会影响这些统计量。描述集中趋势的中数和描述离散度的四分位数等受异常值的影响较少(因此被称为健壮*统计量)。数据呈较严重的偏态分布时,描述集中趋势的统计量中的几何平均数、调和平均数能够较好地反映偏态分布数据的集中趋势。

表 9.2 描述性统计常用函数及其功能

集中趋势			
函数	功能	函数	功能
mean	均值	nanmean	均值(可处理缺失值)
median	中值	nanmedian	中值(可处理缺失值)
prctile	分位数	mode	众数
goemean	几何平均数	harmmean	调和平均数
trimmean	去边平均数(剔除两端)		
离散度			
函数	功能	函数	功能
min	最小值	nanmin	最小值(可处理缺失值)
max	最大值	nanmax	最大值(可处理缺失值)
range	范围	mad	均值/中值绝对偏差
std	标准差	nanstd	标准差(可处理缺失值)
var	方差	nanvar	方差(可处理缺失值)
iqr	四分位数		

---

* 即 robust,也译为鲁棒。

当数据中存在缺失值(NaN)时,需要先处理这些缺失值,然后才能够进行相应的统计分析。如当求均值时,缺失值的数量会影响样本的大小从而将会反映到均值中,然而由于我们无法对含有缺失值的数据求和,因此求均值只需要考虑非缺失值部分的数据。MATLAB 中有一系列这类考虑到对缺失值的特殊处理的统计函数,均与其相应的不考虑缺失值的函数相对应,并有前缀 nan-,如 nanmean 用于对存在缺失值的数据求均值。

例 9.5

```
rng(0);
N=50;%样本量
sampleNormal_mu=3;
sampleNormal_sigma=6;
sampleChi2_k=3;%卡方分布中,随机样本的均值和方差分别是 k 和 2k
sampleNormal=normrnd(sampleNormal_mu, sampleNormal_sigma, [N, 1]);
%正态分布中抽样
sampleChi2=chi2rnd(sampleChi2_k, [N, 1]);%卡方分布中抽样,是偏态(左偏)分布
[mean(sampleNormal) median(sampleNormal) std(sampleNormal)]
[mean(sampleChi2) median(sampleChi2) std(sampleChi2)]
%注意标准差与 sqrt(2*k)之间的差异
[std(sampleChi2)   std(sampleChi2)-sqrt(2*sampleChi2_k)]

trimmean(sampleNormal, 10);
%去除最小和最大的各 5%的数据再求均值(注意与均值的关系)

%集中离散度的指标
%注意这些离散度的指标受偏态分布影响的大小
[std(sampleNormal) range(sampleNormal) mad(sampleNormal) iqr(sampleNormal)]
[std(sampleChi2) range(sampleChi2) mad(sampleChi2) iqr(sampleChi2)]
```

当变量是命名或顺序变量时,通常需要用频率分布表进行描述统计。为此,我们可以用 tabulate 函数,其用法形如

```
table=tabulate(X)
```

我们还可以用 accumarray 函数实现频率分布表(请读者自己探索具体如何实现。提示:考虑结合使用 unique)。

9.3.2 多变量描述统计——相关度

我们可以通过多个变量之间的相关性了解这些变量间存在的关系。通常做相关分析就可以得到变量之间的相关系数,而相关系数可以作为变量之间相关性的度量。高的相关系数(绝对值接近 1,如大于 0.8)表明更强的相关性,而越接近零则表明相关性较弱。当相关系数小于零时,变量之间是负相关的。需要注意的是,有时我们需要用对

数等方法对某些变量做变换后才可以得到较高的相关系数。

- corr/corrcoef 函数

MATLAB 中可以通过 corr 函数得到变量之间的配对相关系数,其用法形如

R=corr(X, Y)

即变量 X 与 Y 之间的相关系数。如果我们有较多变量时,可以将这些变量合并为一个矩阵,得到这些变量之间的相关性系数,如

[R p]=corr([X1 X2 X3])

将会输出 3×3 的对称矩阵 R 和 p 值,其第 i 行第 j 列元素是第 i 个变量与第 j 个变量之间的相关性系数。另外,我们还可以用 cov 函数获取协方差矩阵,然后对这些变量进行标准化(存在缺失值时可以用 nancov)。当变量是顺序或命名变量时,则无法求出默认的 Pearson 相关系数。此时可以指定具体的相关系数类型,如 Kendall 的 tau 或 Spearman 的 rho,其用法形如

corr(X, Y,'type', 'Kendall')

求 Pearson 线性相关系数也可以用 corrcoef 函数,并且 corrcoeff 函数还可以求相关系数的置信区间,用法如

[R, p, RCIlow, RCIup]=corrcoef([X1 X2 X3])

其中 RCIlow 和 RCIup 分别是与相关系数 R 等大的矩阵,其相应行列的元素是对相关系数的置信区间估值的下限和上限。

例 9.6

```
rng(0);
N=100;
X=linspace(1, 5, N)'+rand(N, 1);
Y=linspace(1, 5, N)'+3*rand(N, 1); %引入标准差为 3 的噪声
Z=linspace(1, 5, N)'+5*rand(N, 1);
%引入标准差为 5 的噪声(与变量的区间[1,5]等大)

[R, p]=corr([X, Y, Z]); %三个变量之间的相关系数
[R, p, RCIlow, RCIup]=corrcoef([X, Y, Z]);
```

9.3.3 分类统计

在心理学实验中,我们通常会设计并控制不同的变量,在其多个水平下分别测量得到观测值,并对不同条件下该观测值的统计量更加感兴趣。为此,我们可以把每个被试在实验中收集到的数据(长形数据),根据这些变量的不同水平转换为宽形数据,然后在相应的维度上求所感兴趣的统计量。

例 9.7
```
% 这里需要读取先前已经保存好的实验数据
%若没有,可先使用例9.2生成的模拟数据
longResponse=load(Subject1.mat','Trials');
%观测值记录在 rowResponse 中
%有两个变量,其水平分别为 nFactorA 和 nFactorB
shortResponse=reshape(longResponse(:,rowResponse),[nFactorA,nFactorB]);
meanRespB=nanmean(shortResponse,1);%在第一个维度求平均值
meanRespA=nanmean(shortResponse,2);%在第二个维度求均值
```

我们还可以直接统计长形数据,而避免转换为宽形数据。为此,可用能够做分类统计的 grpstats 函数。grpstats 函数有两种主要的用法。下面我们通过具体的例子来学习 grpstats 的用法。

例 9.8
```
rng(0);%初始化随机数生成器
N=23;%被试数量
tests={'Pre''Post'};%前测与后测
levels=1:5;%任务难度水平
response=rand(numel(tests),numel(levels),N);%生成 2×5×23 的数据矩阵,为宽形数据
responseCell=squeeze(num2cell(response,[1 2]));%用元胞变量存储宽形数据
levelEffectsPre=linspace(3,7,numel(levels));
%前测中,测量值随任务难度而变高直到最高值7
levelEffectsPost=linspace(1,2,numel(levels));%后测中,测量值受任务难度的影响变小
effectsCoef=repmat([levelEffectsPre;levelEffectsPost],[1 1 N]);%效应系数
response=response.*effectsCoef;%将效应作用到模拟生成的数据
[Test,Level,id]=ind2sub(size(response),find(response));
longResponse=[id Test Level response(:)];
%展开 response 后,与变量值合并到一个长形数据矩阵中

%用法一:根据分组求多种统计量
%根据第二列和第三列所代表的变量前后测和任务难度水平进行分组(函数的第二个参数)
%求存储在最后一列的观测值的(函数的第一个参数)均值 M 和标准差 SD,并生成组别名
  G(用函数第三个参数来指定求哪些统计量)
% grpstats 还可以接受多种统计函数,详见文档 doc grpstats
[M,SD,G]=grpstats(longResponse(:,end),longResponse(:,[2 3]),{'mean','std',
 'gname'});

%用法二:根据分组在指定显著水平上做出对均值的估值,并做出误差棒图
%输出为不同分组下的均值、置信区间、样本量以及组别名
alpha=0.05;
[M,CI,N,G]=grpstats(longResponse(:,end),longResponse(:,[2 3]),alpha);
```

%图中可以猜测任务难度对所测量的变量在前后测中的影响呈不同的趋势

MATLAB 的统计与机器学习工具包(Statistics and Machine Learning Toolbox)提供的新数据结构类型 dateset 是一个特殊的容器类数据结构,可以看作是结构体(struct)数据结构和元胞数据结构的有效结合。dataset 数据结构中,每个列为一个变量,且每个列需要有列的名称。可以用类似于结构体的索引操作来获取某一列的值,也可以用类似于矩阵的索引方式来获取任意元素。dataset 变量非常适合存储长形数据,并且统计与机器学习工具包中有一些函数对 dataset 类型存在特殊的处理方法。例如,grpstats 除了矩阵外还可以处理 dataset 变量。值得注意的是,MATLAB R2013a 引入表格数据结构(table)作为基本数据结构类型(而不再依赖统计与机器学习工具包)替代统计与机器学习工具包中的 dataset 类型。因此,建议在新的程序中考虑使用 table 变量记录长形数据。表格数据结构可以用 table 函数来创建,用以上数据来创建表格存储长形数据。

例 9.9

```
longResponseTbl=table(id,Test,Level,response(:));%创建 table 变量
longResponseTbl.Properties.RowNames=longResponseTbl.id;
%用被试序号定义行名称
summary(longResponseTbl);%输出描述性统计
```

9.4 参数估计与假设检验

9.4.1 常用分布的随机抽样、区间估计

我们在前面已经学习用 rand 和 normrnd 函数生成呈均匀分布和正态分布的随机数。我们可以用均匀分布生成的随机数,根据目标分布的函数表达式来获取所需分布的随机数。其实统计学上常用的分布都有相应的函数来生成随机数。不仅如此,还可以在该分布上进行区间估计、求概率(p 值)等一些操作。

MATLAB 中关于分布函数的操作都是通过由两部分组成的函数名实现的:每个函数的前面是该分布的名称,而后一般是所需实现的功能对应的后缀,例如 normrnd 由 norm 与 rand 组成,其中 norm 表示正态分布(normal distribution),而 rnd 表示从该分布中抽取随机数(random)。函数的参数根据不同的分布所需要的参数(如 t 分布需要一个参数,即自由度,而正态分布需要均值和方差两个参数)而有所不同。以下是常用的统计分布的函数名前缀部分,以及可以跟在这些函数名之后用来指定所需要实现的功能的后缀列表。

9 利用 MATLAB 进行数据分析和简单数理统计

表 9.3 常见统计学分布

函数分布(前缀)	分布名称	函数分布(前缀)	分布名称
norm	正态分布	exp	指数分布
t	t 分布	gam	Γ(gamma)分布
chi2	卡方分布	logn	对数正态分布
f	F 分布	poiss	Poisson 分布
bino	二项分布	weib	Weibull 分布
beta	beta 分布		

表 9.4 统计学分布相关函数

函数后缀(X 为函数分布名称)	功能
Xrnd	生成符合 X 分布的随机数
Xcdf	X 分布的累积分布函数(可用于求 p 值)
Xpdf	X 分布的分布密度函数(可用于绘制分布图)
Xinv	X 分布上的区间估计(如 5% 显著水平上置信区间)
Xstat	X 分布上的统计量(如 z 值、t 值、F 值等)

下面以 t 分布为例,示范如何使用这一后缀。

例 9.10

```
rng(0);
N=50;% 样本量
df=3;% 自由度
X=trnd(df,[N 1]);% 抽取随机数

figure;
hold on;
ksdensity(X);% 绘制和密度图像(类似于频率分布直方图)
x=linspace(min(X),max(X),1000);% 准备制作分布密度曲线
plot(x,tpdf(x,df),'r');% 绘制真实的 3 个自由度下 t 分布图像
hold off;

t0=3;% 假设我们得到 t 值为 3
p=1-tcdf(t0,df);% 为 0.0288,即 2.88%
tCrit=tinv(0.95,df);% 在 5% 水平下自由度为 3 时的临界 t 值为 2.3534
```

9.4.2 假设检验

9.4.2.1 正态总体参数的检验

我们可以使用上一节学习的方法，根据待检验的统计量所遵守的分布来计算给定显著水平下（如 0.05）的统计量（后缀为 inv）或者观测值对应的 p 值（后缀为 cdf）来进行假设检验。同时，MATLAB 也提供了更加方便的一系列函数直接对数据进行假设检验。

检验分布的均值是否相同，常用的统计方法为 t 检验。t 检验根据总体的均值和方差是否已知，可以分为单样本 t 检验（检验分布均值是否为零）、独立样本 t 检验（检验两个分布的均值是否相同）和配对样本 t 检验（检验被试内设计的两个样本，即非独立样本的均值是否相同）。MATLAB 中我们可以用 ttest 和 ttest2 来进行 t 检验。值得注意的是，如果总样本的均值已知，那么就可以直接用 ztest 做检验了。

t 检验的用法非常广泛。当自变量只有两个水平时，为了比较因变量在这两个水平上是否存在差异，我们需要用 t 检验。当这两个水平上的数据是相互独立的（如来自不同被试的数据），那么就用独立样本 t 检验（ttest2 函数）。如果并不独立（如我们用同一个被试在自变量的两个水平上都进行了对因变量的测量），就需要进行配对样本 t 检验。例如，ttest 函数可以用来做单样本 t 检验以及配对样本 t 检验。单样本 t 检验可以使用 ttest(X, M) 形式进行，其中 X 为样本的数据，M 为总体均值。当总体均值未知时，我们也可以直接验证两个独立样本的均值是否相等而不考虑总体的均值，此时，需要用 ttest2 函数，其用法是 ttest2(X, Y)，其中 X 和 Y 分别是两个样本的数据。当这两个样本中每个个案的数据都来自同一个被试，即为被试内设计时，则需要去除被试内的个体差异。在原理上，这两个样本 X 和 Y 的均值的 t 检验相当于二者之差的独立样本 t 检验，因此我们需要用 ttest 函数（而非 ttest2 函数）进行配对样本 t 检验，即用 ttest(X, Y) 形式的语法，其中 X 和 Y 分别是两个相关样本的数据即可。还可以用 alpha、tail 等参数来修改默认的显著性值（默认为 5%）和检验的类型（默认为双尾，即 both）。

举例来说，我们研究高焦虑和低焦虑水平是否影响阅读速度，通过一个短时间需要完成的高难度数学题来诱导高焦虑。当我们采用被试间设计，每个被试随机分配到高焦虑组或者低焦虑组，然后测量其阅读速度时，得到的数据用独立样本 t 检验（ttest2 函数）。相应地，如果我们采用被试内设计，即每个被试在高焦虑和低焦虑的条件下均测试了阅读速度（需要随机化处理高焦虑和低焦虑条件下阅读速度测试的顺序），那么两组数据不再独立了，而受到被试个体差异的影响。为此，我们采用配对样本 t 检验（ttest 函数）。最终，假设根据查阅文献发现正常情况下成人的平均阅读速度常模为 M，那么我们可以检验被试群体的阅读速度是否与常模相同。此时，我们可以合并所有被试的数据，然后做一个独立样本 t 检验与常模（已知的均值）比较（ttest 函数）。

t 检验的函数的输出最多可以是四项,分别是代表虚无假设是否成立的逻辑变量 H(0 表示不能拒绝虚无假设)、p 值、置信区间 CI 以及包括 t 值、自由度 df 和标准差 SD 的结构体变量 struct。例如,下面我们通过例 9.11 对比两个被试内的样本均值是否相同。

例 9.11

```
preTestScore=[3 5 3 5 4 6 8];% 前测的成绩
postTestScore=[3 4 3 4 3 2 5];% 后测的成绩
% 如果我们假设后测成绩比前测成绩会有提高,那么单尾检验更加合适
% 因此,两个样本均值之差会偏向负值,即单尾检验的尾巴位于左侧
[H, p, CI, Stat]=ttest(preTestScore, postTestScore, 0.05, 'left');
p;% 查看 p 值
Stat.df;% 查看自由度
```

相应地,当需要检验样本的方差是否等于特定值时,可以用 vartest 和 vartest2 函数来进行卡方检验。为了检验单一样本的方差是否与某值相等,我们可以用 vartest(X, V) 来做卡方检验,来检验样本 X 的方差与 V 是否存在显著差异。当需要检验两个样本的方差是否相等时,则可以用 vartest2(X, Y) 来检验二者的方差是否存在显著差异。这两个函数的输出及其含义与 t 检验函数相同。

9.4.2.2 方差分析

当待检测的变量水平多于两个或有多于一个变量时,t 检验则无法回答观测值在某一因素或其不同水平间是否存在显著差异这类问题。虽然可以简单重复多次类似的 t 检验从而两两比较不同水平之间的差异,但是这样并没有考虑到数据内部差异量的来源。方差分析(Analysis of Variance)根据多个变量(组间)之间和每个变量的不同水平内(组内)系统分解总方差到多个部分,同时分解总自由度到这些相应的部分,实现合理比较多个变量的作用。总之,方差分析在心理学研究中应用非常广泛,可被看作是 t 检验在需要对比两个以上统计量的情况下的延伸和扩充。

方差分析根据待比较变量数量的不同,可以分为单因素方差分析(One-way ANOVA)、二因素方差分析和多因素方差分析(N-way ANOVA)。又根据是否在每个条件的组合下(如 A1B2 即因素 A 的水平 A1 和因素 B 的水平 B2 下)从同一个被试获取了多个观测值,进一步有重复测量方差分析。相比而言,重复测量方差分析是配对样本 t 检验的延伸和扩充。

- anova1 函数

单因素方差分析可以用 anova1 函数来进行,其输入参数为长形数据,即

```
[p,anovaTable, Stats]=anova1(X, G)
```

其中 X 为大小为 N×1 的观测数据矩阵,G 为大小为 N×1 分组变量(也就是需要进行方差分析的变量,由其不同水平组成),p 为方差分析的 p 值,anovaTable 是方差分析表

(包括每个变量被划分的自由度、和方差、F 值以及对应的 p 值)。Stats 是包括这些参数的结构体变量,方便直接在此方差分析的基础上做进一步统计分析(如两两检验函数 multcompare 可以直接以此结构体作为输入值而不需要重新计算)。比较友好的是 anova1 函数同时也支持宽形数据,并将不同的列看作变量的不同水平。此时只需要数据矩阵作为唯一输入即可。

单因素方差分析适合分析有两个以上组别的组间设计的实验。我们用一个假想的实验来示范如何做单因素方差分析。研究孤独症和抑郁症人群的阅读速度是否与正常人群有差异。假设各组分别找到了 16 名被试。

例 9.12

```
rng(0);
N=16;
readingAutism=normrnd(20, 5, [N, 1]);  %孤独症被试的阅读速度
readingDepression=normrnd(40, 10, [N, 1]);  %抑郁症被试的阅读速度
readingNormal=normrnd(60, 4, [N, 1]);  % 正常人群的阅读速度
%各组被试数量相同,可并为有三列的矩阵
reading=[readingAutism readingDepression readingNormal];
%每列会被当作单独一个组来进行分析
[p, anovaTable, Stats]=anova1(reading);
%进行单因素方差分析(可以看到箱图和方差分析表)
multcompare(Stats);  %组间两两比较(可以点击某一组的值查看是否存在显著差异)
```

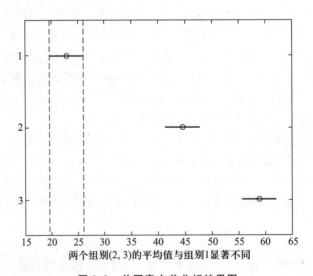

图 9.2　单因素方差分析结果图

研究中,由于一些客观因素的限制并不一定能够做到每个组内被试数量都相同。然而,如果各组之间的被试数量不同,那么例 9.12 中 reading 矩阵是无法合并构建的。

此时,我们也可以用长形数据格式调用 anova1。下面我们对 10 名孤独症患者、14 名抑郁症患者和 16 名正常人检验其阅读速度是否有差异。

例 9.12(续)

  rng(0);
  nAutism=10;
  nDepression=14;
  nNormal=16;
  readingAutism=normrnd(20, 5, [nAutism , 1]); %孤独症被试的阅读速度
  readingDepression=normrnd(40, 10, [nDepression , 1]); %抑郁症被试的阅读速度
  readingNormal=normrnd(60, 4, [nNormal , 1]); % 正常人的阅读速度
  %各组被试数量不同,不能合并为三列,因此合并为长形数据
  readingLong=[readingAutism; readingDepression; readingNormal];
  readingGroup=[repmat(1, [nAutism 1]); 2.* repmat(1, [nDepression 1]); 3.* repmat(1, [nNormal 1])];

  %用长形数据做单因素方差分析,分别提供数据矩阵和分组变量
  [p, anovaTable, Stats]=anova1(readingLong, readingGroup);

- anova2 函数

二因素方差分析可以用 anova2 函数来进行。需要注意的是,anova2 函数只能处理完全设计(full factorial design)的实验获取的数据,并要求两个变量之间是平衡的。如果变量未能实现平衡,则需要使用 anovan 函数。anova2 函数的输入是宽形数据,其行和列分别代表一个变量的不同水平。当两个变量的某一组合(如 A1B2)存在多个数据时,那么需要在第二个参数中指出这种重复的观测值的数量。具体而言,anova2 函数用形如 anova2(X, Reps)的语法,其中 X 是二维矩阵,Reps 是重复的观测值数量。例如,当 Reps 为 3 时,同一列每三行数据代表一个组合。

继续沿用以上不同人群的阅读速度的研究的数据。我们假设可能存在性别差异,以学习如何用二因素方差分析处理数据。假设每个组有 16 名被试,男女各半。

例 9.13

  rng(0);
  N=16;
  readingAutism=normrnd(20, 5, [N, 1]); %孤独症被试的阅读速度
  readingDepression=normrnd(40, 10, [N, 1]); %抑郁症被试的阅读速度
  readingNormal=normrnd(60, 4, [N, 1]); % 正常人的阅读速度
  %各组被试数量相同,可并为有三列的矩阵
  reading=[readingAutism readingDepression readingNormal];
  %每个列会被当作单独一个组来进行分析
  %每个列中,每隔八行是进一步分组(性别组)
  %进行二因素方差分析(可以看方差分析表)
  [p, anovaTable, Stats]=anova2(reading, 8); multcompare(Stats);

%组间两两比较(可以点击某一组的值查看是否存在显著差异)

- anovan 函数

多因素方差分析用 anovan 函数进行,其输入和输出格式与 anova1 函数类似,即需要用长形数据,提供分组变量。

- friedman/kruskalwallis 函数

当因变量为非连续变量时,我们则需要进行相应的非参数检验。非参数检验中,kruskalwallis 函数的功能和用法相当于 anova1 函数,而 friedman 函数的功能和用法相当于 anova2 函数。

- ranova 函数

心理学研究中,通常会采用重复测量的实验设计,即同一个被试会在多种实验条件下得到观测值(因变量)。因此,以上函数均不适用于重复测量方差分析。可惜的是,重复测量方差分析在 MATLAB R2014a 版本中才被引入到统计与机器学习工具包中,而相对老的版本中并不能直接进行重复测量方差分析。在早期的 MATLAB 版本中,我们需要手动划分方差和自由度,进行重复测量方差分析,或者可以使用他人共享的代码。File Exchanbge 中有很多实现了重复测量方差分析的代码,下面我们选 Antonio Trujillo-Ortiz 等人共享的代码介绍如何做重复测量方差分析。

表 9.5 重复测量方差分析的代码资源

函数功能	File Exchange 链接
单因素重复测量方差分析	http://www.mathworks.com/matlabcentral/fileexchange/5576-rmaov1
二因素重复测量方差分析	http://www.mathworks.com/matlabcentral/fileexchange/5578-rmaov2
三因素重复测量方差分析	http://www.mathworks.com/matlabcentral/fileexchange/9638-rmaov33

这些函数均采用长形数据,其第一列为观测值(因变量),最后一列为被试序号,中间的列则是自变量,列数与自变量数量相同。如,一个二因素重复测量方差分析中,输入的矩阵为 N×4 的矩阵,其四列分别是因变量、第一个自变量、第二个自变量和被试序号。例如,我们用本章分类统计一节生成的数据,做一个 2×5 的二因素重复测量方差分析。

longResponse=[response(:)Test Level id];
%展开 response,与变量值合并到一个长形数据矩阵中
anova2(longResponse);

下面我们来简单介绍用 MATLAB 2013a 引进的新的数据类型表格（table）和 MATLAB R2014a 引进的重复测量建模（fitrm）来做重复测量方差分析。还是使用以上的数据。我们首先用 fitrm 拟合生成一个重复测量模型对象 rmModel，然后用 ranova 函数分析该 rmModel。为了创建模型对象 rmModel，我们需要：① 准备数据到 fitrm 所接受的形式；② 用 fitrm 的模型语法写出重复测量模型。fitrm 要求数据是宽形数据，其每行为一个被试的数据，然后每个列是自变量不同水平的一种组合，如在 2×3 的研究中，一共有六列数据，每一列是这两个自变量的一对水平。模型的描述用的是通用的威尔金森语法（例如统计软件 SAS，R 中常用此语法）。MATLAB 的威尔金森语法中，模型形如：y1－yk ～ terms，其中"～"符号左侧为因变量（观测值），右侧为线性模型中的项目。项目中只需要指出模型中存在的因素，并不指明模型的参数。左侧的因变量可以用如表 9.6 的语法指出。

表 9.6　威尔金森语法中的因变量

威尔金森语法	功能
Y1,Y2,Y3	因变量的具体列出
Y1－Y5	表格变量（table）中所有 Y1 到 Y5 的值

右侧的项目则可以用表 9.7 的语法。

表 9.7　威尔金森语法中的自变量

威尔金森语法	常用表达式中的因素
1	常数项（截距）
X^k（k 为正整数）	X, X2,..., Xk
X1＋X2	X1, X2（只有主效应）
X1 * X2	X1, X2, X1 * X2（主效应和交互作用）
X1:X2	X1 * X2（只有交互作用）
－X2	不包括 X2
X1 * X2＋X3	X1, X2, X3, X1 * X2
X1＋X2＋X3＋X1:X2	X1, X2, X3, X1 * X2
X1 * X2 * X3－X1:X2:X3	X1, X2, X3, X1 * X2, X1 * X3, X2 * X3
X1 * (X2＋X3)	X1, X2, X3, X1 * X2, X1 * X3

例 9.14
```
id=1:N;
Y=reshape(longResponse(:,1),[numel(tests)*numel(levels) N])';
%行为被试序号,列为自变量水平
factorTest=repmat(1:numel(tests),[1 numel(levels)])';%前测与后测,即1,2,1,2,…
factorLevels=reshape(repmat(1:numel(levels),[numel(tests) 1]),[],1);
% 任务难度(1,1,2,2,3,3…)
dataTable=table(id,Y,'VariableNames',{'id','y1','y2','y3','y4','y5','y6','y7','y8','y9','y10'});
%不存在组间变量,故选1为项目
rmModel=rmfit(dataTable,'Y1-Y10 ~ 1','WithinDesign',[factorTest;factorLevels]);% 拟合模型
ranova(rmModel);%做重复测量方差分析
```

9.5 曲线拟合

曲线拟合在心理学研究中,尤其是在心理物理学研究中应用非常广泛。通过拟合心理物理曲线,我们可以量化心理量和物理量之间的数量关系,从而用精确的模型来描述相应的认知过程。MATLAB 提供多种方法做曲线拟合。下面我们主要介绍曲线拟合工具包(Curve Fitting Toolbox)和统计与机器学习工具包(Statistics and Machine Learning Toolbox)中提供的曲线拟合方法。

9.5.1 曲线拟合工具包

曲线拟合工具包提供功能强大的图形界面和相应的拟合函数。通过图形界面的方式可以交互式做曲线拟合,用鼠标操作选择需要拟合的数据、曲线类型、曲线的参数等,能够及时看到拟合曲线的图像,并能够得到拟合优度的一些指标。

曲线拟合工具包在 MATLAB R2011b 版本中合并曲线拟合工具(cftool)和曲面拟合工具(sftool),并用统一化的界面,使得能够在一个窗口进行曲线(或曲面)拟合相关的所有操作。下面我们针对曲线拟合工具包中的曲线拟合工具(cftool)来做简单的介绍。曲线拟合工具的用法步骤如下(图 9.3):

① 在左边输入需要拟合的数据 x 与 y,也可以提供权重(Weights);曲面拟合时,需要输入数据 z 的值。

② 从右边下拉菜单中选择需要拟合的目标函数。默认提供的函数列表中,常用的目标函数有:高斯曲线(Gaussian)、多项式(Polynominal,自由度为 1 时为直线拟合)、韦伯函数(Weibull)、指数函数(Exponential)等。

③ 点击拟合选项(Fit Options)指定拟合的算法和算法的参数以及目标拟合函数中参数的初始值。一般只需要调节目标拟合函数的参数初始值到合理的值即可。

9 利用 MATLAB 进行数据分析和简单数理统计

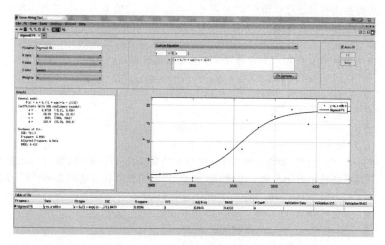

图 9.3 使用 cftool 工具进行数据拟合的一个图形界面

④ 观察拟合结果,并做适当的调整直到获取理想的拟合结果。此处的调整有:修改目标拟合函数的类型、降低目标拟合函数的自由度(如从目标函数表达式中去掉参数估值十分接近零的参数)等。

当需要的函数类型在默认列表中不存在时,我们可以手动提供所需拟合的目标函数(Custom Equation)。下面我们分别用默认提供的正态分布函数和自定义的 S 型(Sigmoid)曲线来拟合一个数据集。

例 9.15

```
x=[2100 2300 2500 2700 2900 3100 3300 3500 3700 3900 4100 4300]';%刺激强度
n=[48 42 31 34 31 21 23 23 21 16 17 21]';  %相应强度下的试次数(可以作为权重)
y=[1 2 0 3 8 8 14 17 19 15 17 21]';%相应强度下试次中(n)正确反应次数
cftool;%打开曲线拟合工具(请亲自动手练习)
%从数据中选择 x,y,n 作为拟合数据(也可以在运行 cftool 时用 cftool(x, y, [], n) 实现)
% 选择不同的函数,根据图像寻找拟合效果比较好的曲线
% 从拟合曲线图像中可以发现,拟合效果较好的目标函数类型有:傅立叶函数和高斯分布
% 此时可以记录下这两种拟合函数的参数,做出心理物理曲线
% 需要注意的是,高斯分布的拟合中用到了高斯分布的左半部分
% 由此可以推测,我们可以用心理物理学中的经典 S 型曲线来拟合
% 由于默认函数列表中并不存在,选择 Custom Equation,并定义如下函数:
% a+b./(1+exp(-(x-c)./d))
%拟合结果如何?
% 我们发现拟合结果并不理想,观察拟合参数可以发现,一些参数依然取值为 0
% 由于我们的数据 x 的取值范围为 2100 到 4300,因此函数中横轴平移参数 c 应该取值接近于 3000
%点击"拟合选项"(Fit Options),给 c 赋值为 3000
```

```
% 此时曲线不再是直线而在 3000 附近发生拐弯（c 估值为 3084），然而拐弯过陡峭
% 此时参数 d 仍然取值为 0，我们将其值改为 20（或其他大于 0 的数）
% 成功拟合出来比较完好的心理物理曲线，曲线共有四个参数
% 四个参数的值及其 95% 显著水平下置信区间分别是：
%        Coefficients (with 95% confidence bounds):
%          a=       0.6717    (-2.11, 3.454)
%          b=       18.09     (13.36, 22.82)
%          c=       3084      (2904, 3264)
%          d=       218.9     (55.06, 382.8)
% 进一步观察发现，参数 a 的值非常接近 0 并且其置信区间包括原点 0，因此可以考虑
% 从目标函数中取出参数 a 再做一次拟合，发现图像没有显著的变化，而三个参数则是：
%        Coefficients (with 95% confidence bounds):
%          b=       18.98     (15.98, 21.98)
%          c=       3068      (2902, 3233)
%          d=       245.2     (122.6, 367.8)
```

曲线拟合工具包中的曲线拟合工具（cftool）为互动式曲线拟合提供方便。然而有时候我们希望把曲线拟合作为其他程序的一部分写到脚本中。为此，可以用曲线拟合工具包提供的拟合函数 fit。我们用形如：

[fitObject, gof, params] = fit(x, y, fitType)

的方式来做基于数据 x 与 y 的关于目标函数 fitType 的曲线拟合。fitType 可以是标准的拟合函数家族名称（如 'poly2' 为二次函数），也可以是自定义函数。另外，我们可以进一步提供初始值、权重、拟合算法等具体参数（详见 doc fit）。为了提供初始值和权重，我们可以用关键词 'StartPoint' 和 'Weight'。输出列表中，fitObject 是拟合模型的对象（包括目标拟合函数表达式及其估值和置信区间），gof 是拟合优度的指标，params 是拟合所用的算法的一些参数和模型拟合的一些中介输出（如残差矩阵等）。因此，以上的拟合结果也可以用如下语句实现：

```
% 以上最后一个模型的拟合过程
[f_obj, gof, out] = fit(x, y, 'b./(1+exp(-(x-c)./d))', 'Weight', n, 'StartPoint', [20 3000 20])
```

曲线拟合工具（cftool）用于拟合自变量和因变量这两个量之间的关系，是一个二维空间的曲线拟合问题。当我们只有一系列数据并希望找到这些数据所遵循的概率分布函数时，这也是一个曲线拟合问题。然而，由于我们只有一个量 x，并不能用 cftool 来进行拟合。曲线拟合工具包中还包含概率分布拟合工具（dfittool）。分布拟合工具适用于可用概率分布直方图来描述的数据集的拟合，其用法与曲线拟合工具基本类似。例如，我们继续用以上的数据集，把正确次数转换为正确率并找到恒等变化的物理刺激强度下正确率的变化，并为此做分布拟合。

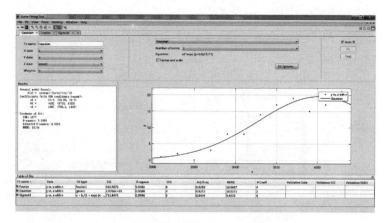

图 9.4 利用 cftool 进行数据拟合

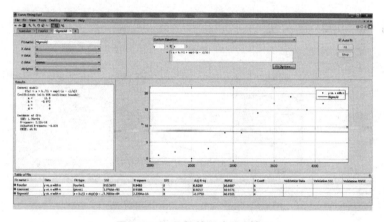

图 9.5 不理想的拟合结果(1)

例 9.16

ratio=y./n;%正确率

delta=diff(ratio);%单位刺激强度变化下的正确率变化

dfittool;%打开分布拟合工具,步骤如下:

% ① 点击数据(Data),打开数据集窗口;

% ② 下拉菜单 Data 中选择 delta,并创建数据集(Create Data Set);

% ③ 点击关闭(Close)退出到主窗口中;

% ④ 从显示模式中可以选择其他模式,图中选择累计概率分布图(Cumulative Probability,CDF);

% ⑤ 点击新拟合(New Fit),选择逻辑分布(Logistic),然后点击应用(Apply);

% ⑥ 查看拟合参数和拟合优度指标

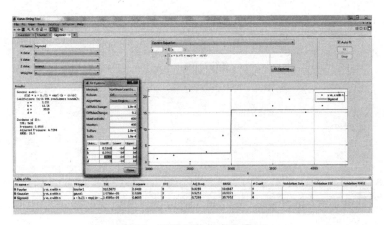

图 9.6　不理想的拟合结果(2)

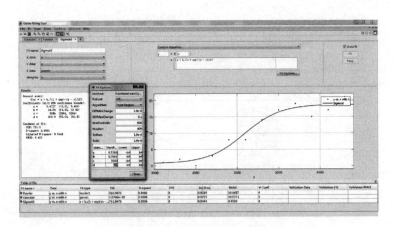

图 9.7　较理想的拟合结果

9.5.2　统计与机器学习工具包

统计与机器学习工具包也提供一系列函数来拟合曲线。具体而言,分别可以用 glmfit 和 nlinfit 函数给二元数据拟合广义线性模型和非线性模型,以及一系列分布拟合函数和 mle 函数来给一元数据拟合概率分布。

- glmfit 函数

线性模型是指可以用形如 $Y=X*b$ 的线性方程来表示的,描述因变量 Y 关于 X 的线性关系的方程,其中 b 为线性模型的系数。X 与 b 之间是矩阵乘积(外积)。广义线性模型(Generalized Linear Model)允许在线性模型的基础上做一次初等变换(由幂指数、对数等函数通过四则运算组合而形成的一系列函数变换),通常形如 $f(Y)=X*$

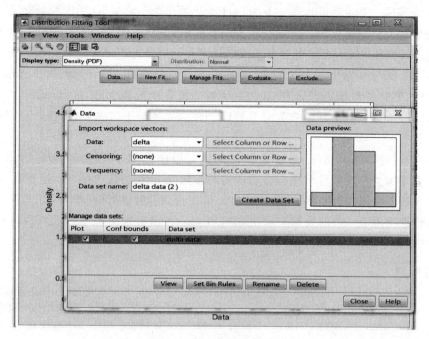

图 9.8 使用分布拟合工具

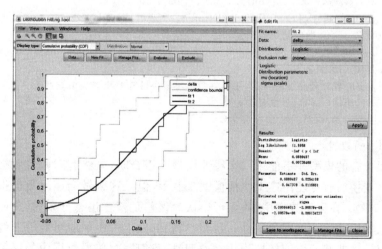

图 9.9 查看拟合参数和拟合优度指标

b,其中 f 为该初等变换对应的函数,被称作关联函数。常用的关联函数包括恒等函数(identity)、对数函数(log)和分类评定模型(logit)等。

glmfit 函数可以用来拟合广义线性模型。常见用法如 [b, dev, stat] = glmfit(X,

Y, distr, 'link', linkFunc),其中 b 为用自变量 X 作为预测变量,用因变量 Y 作为遵循 distr 分布的测量值来做的广义线性模型的参数估值;dev 为估值的方差(可用于判断多个模型之间拟合优度);stat 包含更多拟合优度指标以及一些拟合中介结果。可以指定关联函数 linkFunc 给出 X 与 Y 之间的变换关系。心理物理学中,通常用 glmfit 函数拟合:线性模型 Y 处于正态分布,其关联函数为恒等函数和 logit 回归,此时 Y 处于二项分布(binomial),其关联函数为分对数(logit)。当 Y 处于二项分布时,Y 的取值范围为[0,1]。

相应地,可以用 glmval 函数求出预测值。用法形如 yFit=glmval(b, X, link-Func),其中 b 为广义线性模型拟合后所得的参数(glmfit 函数的第一个输出)。以上函数将用参数 b 根据联合函数 linkFunc 在 X 值处找到模型预测值 yFit。

我们继续用上一节的数据来示范如何用 glmfit 函数来拟合 logit 回归,并用 glmval 来求出拟合后的模型的估计值:

例 9.17

```
x=[2100 2300 2500 2700 2900 3100 3300 3500 3700 3900 4100 4300]';%刺激强度
n=[48 42 31 34 31 21 23 23 21 16 17 21]';%相应强度下的试次数(可以作为权重)
y=[1 2 0 3 8 8 14 17 19 15 17 21]';% 相应强度下试次中(n)正确反应次数
b=glmfit(x, [y n], 'binomial', 'link', 'logit'); % 选择二项分布,指定
yFit=glmval(b, x,'logit', 'size', n);
plot(x, y./n, 'ok', x, yFit./n, '-r', 'LineWidth', 3);
legend({'观测值', 'Logit 回归'}, 'Location', 'SouthEast');
title('用 glmfit 做广义线性拟合');
xlabel('刺激强度');
ylabel('正确率');
%根据心理物理曲线的特征,用其参数求出最小可觉差和主观相等点
pse=-b(1)/b(2);%主观相等点
jnd=log(3)/b(2); % 最小可觉差
```

● nlinfit 函数

当需要拟合的模型并不能用广义线性模型来拟合时,虽然有时候对数据的横轴和纵轴做一些变换后有可能用广义线性模型来表示,但是这么做会违反数据拟合的若干前提假设。例如,在原始数据中,我们可以认为误差是符合正态分布的,从而可以用最小二乘法来做广义线性模型的拟合。然而,当我们做了一些如取对数等非线性变换从而把一个复杂的非线性模型转换为线性模型时,我们同时使得数据中的误差不再服从正态分布。因此,通过一些非线性变换把非线性模型转换为线性模型再做(广义)线性回归是不可取的。为此,我们可以用非线性回归函数 nlinfit。心理物理学中常见的非线性模型有指数函数、对数函数、韦伯函数等。

以下我们继续沿用上文的数据来学习如何用非线性模型拟合 Sigmoid 函数。

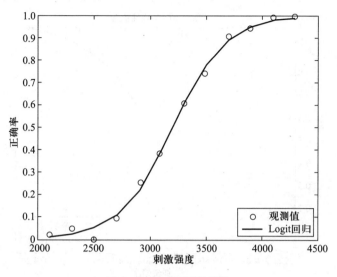

图 9.10 Logit 回归拟合

例 9.18

```
x=[2100 2300 2500 2700 2900 3100 3300 3500 3700 3900 4100 4300]';%刺激强度
n=[48 42 31 34 31 21 23 23 21 16 17 21]';   %相应强度下的试次数(可以作为权重)
y=[1 2 0 3 8 8 14 17 19 15 17 21]';  %相应强度下试次中(n)正确反应次数
ratio=y./n;%正确率

f=@(p,x) p(1)+p(2)./(1+exp(-(x-p(3))/p(4))); % Sigmoid 曲线,为函数句柄
b0=[0 20 3000 20];%初始值
p=nlinfit(x, ratio, f, b0);
plot(x, ratio,'ok', x, f(p,x),'-r', 'LineWidth', 3);
axis tight;
legend({'观测值','Logit 回归'},'Location','SouthEast');
title('用 nlinfit 做非线性拟合');
xlabel('刺激强度');
ylabel('正确率');
```

- **分布拟合函数**

以上,我们学习了如何使用统计与机器学习工具包提供的拟合函数 glmfit 和 nlinfit 对二元数据拟合广义线性模型和非线性模型。当数据为一元时,通常用概率密度函数来对数据的分布做出曲线拟合。

与上一节内容不同的是,一元数据中并不存在用某一变量的值来对测量值做出拟合,从而估计预测变量的值;针对一元数据,我们只能用相对合理的概率分布密度函数来描述数据所遵循的概率分布。假设下面的数据是当主试由于某种原因不能马上开始

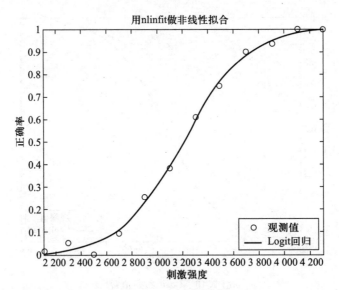

图 9.11 用 nlinfit 函数做非线性拟合

实验时,被试留在实验室等待实验开始的时间(之后离开实验室)。

> time=[6.2 16.1 16.3 19.0 12.2 8.1 8.8 5.9 7.3 8.2 16.1 12.8 9.8 11.3 5.1
> 10.8 6.7 1.2 8.3 2.3...
>   4.3 2.9 14.8 4.6 3.1 13.6 14.5 5.2 5.7 6.5 5.3 6.4 3.5 11.4
> 9.3 12.4 18.3 15.9 4.0 10.4...
>   8.7 3.0 12.1 3.9 6.5 3.4 8.5 0.9 9.9 7.9];

我们并没有其他变量来预测留在实验室的时间,因此使用上文的(二元)曲线拟合方法是没有意义的。我们可以查看其分布:

> hist(time);
> xlabel('等待时间(分钟)');
> ylabel('频率');

如何对此频率分布直方图做一个概率分布的回归?概率分布的拟合通常用最大似然法(Maximum Likelihood Approximation)。MATLAB 提供 histfit 函数来绘制频率分布直方图,并用指定的分布函数(默认为正态分布)对其做拟合。histfit(X, nBins, Dist)将用 nBins 区分横轴从 X 中找到处在每个区间的元素个数,并用 Dist 分布做出拟合并画图。Dist 常用取值有正态分布(normal)、泊松分布(poisson)、伽马分布(gamma)、指数分布(exponential)、韦伯分布(weibull)和逻辑斯蒂分布(logistic)。我们的数据作为"生存问题"的典型例子,可以假设可能符合韦伯分布。下面用 weibull 函数来绘制拟合后的直方图:

histfit(time,10,'weibull');%分为10块等分区间

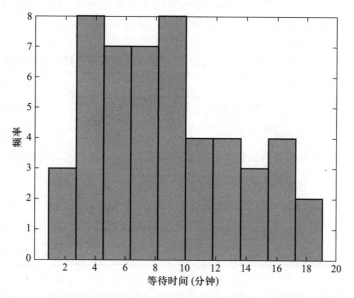

图 9.12 被试留在实验室的时间与频次分布图

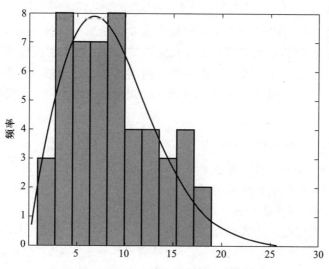

图 9.13 用 weibull 函数拟合直方图数据

虽然已经用 histfit 画出了分布拟合曲线,但是该拟合分布的具体参数还是未知的。为了找到分布拟合曲线的参数,可以用统计与机器学习工具包提供的一系列分布拟合函数。这些函数都是以分布名称(如 norm 为正态分布)为前缀,以 fit 作为后缀,

如 normfit 用来做正态分布拟合和参数估计。这系列函数用法类似。通常可用语法 [paramHat, paramCI]=DISTfit(X, alpha) 估计用数据 X 求分布 DIST(见表 9.8)的参数 paramHat 和该参数在 alpha 显著水平上的置信区间 paramCI。

表 9.8　统计与机器学习工具包提供的分布拟合和参数估计函数列表

函数名称	函数功能	函数名称	函数功能
histfit	绘制直方图及其拟合曲线	wblfit	韦伯分布拟合
raylfit	瑞利分布拟合	gpfit	帕雷托分布拟合
poissfit	泊松分布拟合	gamfit	伽马分布拟合
normfit	正态分布拟合	expfit	指数分布拟合
nbinfit	负二项分布分布拟合	betafit	贝塔分布拟合
lognfit	对数正态分布拟合	binofit	二项分布拟合
unifit	均匀分布拟合	mle	自定义函数参数的最大似然估计

以上频率分布直方图上的拟合曲线是韦伯分布的概率分布密度函数。因此,我们用 wblfit 函数来求以上直方图所拟合的曲线的参数:

　　　　[b, ci]=wblfit(time, 0.05);％求韦伯函数的分布拟合曲线参数和 5％的置信区间

用类似的方法还可以拟合表 9.8 中提供的常见函数。当欲拟合的分布并不是表 9.8 中所提供的分布时,我们还可以首先自定义该分布的概率密度函数(其值恒大于零并关于横轴的定积分为 1),然后用该自定义密度函数 pdf 通过最大似然法做参数估计。为此,我们用函数 mle(Maximum Likelihood Estimation, 最大似然估计)。用法如:

　　　　[paramHat, paramCI]=mle(X, 'pdf', PDF, 'cdf', CDF)

其中 PDF 和 CDF 分别是自定义的概率密度函数和累计分布函数。mle 函数还提供很多常用的分布函数供直接调用,如 mle(X, 'distribution', 'weibull')与以上 wblfit 函数得到相同的结果(其他分布参数详见 doc mle)。

最后值得一提的是多项式拟合。多项式拟合函数(polyfit)是 MATLAB 自带的函数,并非由统计与机器学习工具包提供。因功能与其他函数类似,故作简单介绍。多项式是形如 $Y=b(1)*X^N+b(2)*X^{(N-1)}+...+b(N)*X+b(N+1)$ 的代数式。一次曲线(直线)、二次曲线(抛物线)均可以用多项式拟合。常用形如[b, stat]=polyfit(X, Y, n)做 n 阶多项式拟合,b 为拟合参数估计,stat 为拟合中介结果。可以通过[Y, delta]=polyval(b, X, stat)获得用多项式参数 b 时 X 相应的预测值 Y 以及其标准差的估计 delta。

曲线拟合的方法很多。从前两节内容可见，MATLAB 的多个工具包中都提供了可用于曲线拟合的功能。除了已经介绍的曲线拟合工具包和统计与机器学习工具包外，还可以用优化工具包（Optimization Toolbox）和 MATLAB 自带的多维最小化函数 fminsearch 来进行各式各样的曲线拟合。

9.5.3 拟合优度的比较

我们往往可以用多种不同的函数来对同一个数据集进行拟合，但拟合曲线的形状和拟合函数的参数有所不同。那么从这些模型中如何做出最优的选择呢？评价模型在多大程度上拟合实际数据的指标叫作拟合优度（goodness of fit）。根据拟合的类型，分为分布拟合（一元）的优度和曲线拟合（二元或多元回归）的优度。

分布拟合的优度通常可以用卡方优度检验（chi2gof 函数）、Lillifors 拟合优度检验（lillitest 函数）等方法比较（详见其文档）。曲线拟合优度则一般通过模型解释的变异性在其中所占的比例来衡量，称为判定系数，记作 R^2。R^2 可以通过计算模型的预测值与测量值之间的相关系数来获得，用来衡量模型在多大程度上更加精确的估计实际值。判定系数在 0 到 1 之间取值。越靠近 1 的值表示越好的拟合。另外，良好的拟合能够使测量值和预测值之间的残差分布呈现随机的均匀分布在方形区域中，而不应该有特殊的形状（如椭圆等）。

如果我们发现用类似的两个模型均可以很好地拟合数据，那么该如何从这两个模型中做出选择呢？在以上介绍的众多曲线拟合方法中，输出 R^2 能够协助我们选择适当的模型，同时画出残差。我们回顾上文实例，并学习如何用 R^2 来选择模型。

例 9.19

```
%模拟数据的生成
x=[2100 2300 2500 2700 2900 3100 3300 3500 3700 3900 4100 4300]';%刺激强度
n=[48 42 31 34 31 21 23 23 21 16 17 21]';   %相应强度下的试次数(可以作为权重)
y=[1 2 0 3 8 8 14 17 19 15 17 21]';%相应强度下试次中(n)正确反应次数

%曲线拟合函数
f1=@(a,b,c,d,x) a+b./(1+exp(-(x-c)./d));%共四个参数(有纵轴截距)
f2=@(b,c,d,x) b./(1+exp(-(x-c)./d));%共三个参数(无纵轴截距)
%拟合起始点
Po1=[0   20 3000 20];
Po2=[20 3000 20];

%用曲线拟合工具包提供的 fit 函数来拟合，并输出拟合结果和中介结果
[f_obj1,gof1,stat1]=fit(x,y,f1,'Weight',n,'StartPoint',Po1);
[f_obj2,gof2,stat2]=fit(x,y,f2,'Weight',n,'StartPoint',Po2);

%可视化原始数据和拟合曲线、残差图
```

```
figure;
set(gcf,'Position',[400 210 830 460]);
subplot(2,2,[1 3]);
hold on;
%原始数据的散点图
plot(x,y,'ok');
%拟合曲线1,为红色,图9.14中表示为虚线
plot(x,f1(f_obj1.a,f_obj1.b,f_obj1.c,f_obj1.d,x),'--r','LineWidth',2);
%拟合曲线2,为蓝色,图9.14中表示为实线
plot(x,f2(f_obj2.b,f_obj2.c,f_obj2.d,x),'--b','LineWidth',2);
axis tight;
hold off;

legend({'观测值','模型1','模型2'},'Location','SouthEast');
legend boxoff;
title('Logit回归拟合模型的比较');
xlabel('刺激强度');
ylabel('正确率');

%标出模型拟合优度的判定系数
text(2200,18,sprintf('\n参数数量：%d\nR^2：%f\n校正R^2：%f',stat1.numparam,
gof1.rsquare,gof1.adjrsquare),'Color','r');
text(2200,14,sprintf('\n参数数量：%d\nR^2：%f\n校正R^2：%f',stat2.numparam,
gof2.rsquare,gof2.adjrsquare),'Color','b');

%画出残差图
subplot(2,2,2);
plot(stat1.residuals,'or');
xlabel('被试');
ylabel('模型1残差');
subplot(2,2,4);
plot(stat2.residuals,'ob');
xlabel('被试');
ylabel('模型2残差');
```

图9.14中我们可以发现包含纵轴截距的模型(模型1)和不包含纵轴截距的模型(模型2)的拟合效果相当,两个曲线在大部分区域非常靠近。在横轴的最左侧模型1的曲线穿过一个观测点,而模型2的曲线并没有穿过。因此可以认为,相对于模型2而言模型1中多余的参数基本上在拟合这一个数据点上有贡献。

给模型引入一个新的参数来仅拟合一个数据点是否合理,是需要严格考虑的。因为,当模型中参数的数量足够大(大于等于观测点的数量)时,模型便可以穿过每一个数据点,并"记住"这一系列观测点,从而达到完美的拟合度(判定系数为1)。然而这种拟

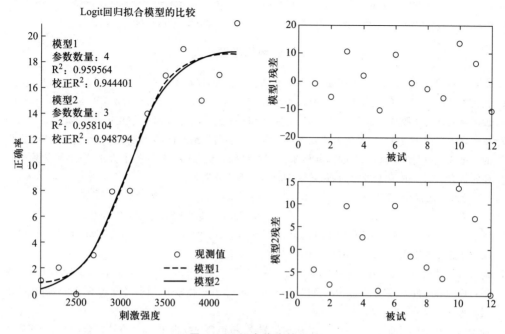

图 9.14 拟合优度的比较

（原图为彩色，此处为示意图）

合是没有意义的：① 我们希望通过曲线拟合来拟合观测值背后的真实值，而观测值受到随机误差的污染。这种完美拟合度模型也在不可避免地拟合这些随机误差；② 模型是通过"记住"观测值而并不是"学习"观测值的模式来做出预测的。在实际应用中，如果模型只能记住已经通过测量获取的观测点，那么其预测能力差强人意。也就是说，模型中的参数数量越多，拟合优度将会越高，但容易导致过度拟合；参数数量过少，则拟合优度可能不够高。这说明，模型中参数的数量和拟和优度的判定系数之间需要一定的调节。

校正判定系数 R^2 能够避免过分依赖判定系数 R^2 而导致模型过度拟合。通过模型中参数的数量和观测点的数量来修正判定系数，但判定系数的提高只有在引入的参数对 R^2 的贡献超过概率水平才有意义。图 9.14 中，随着引入一个新的参数（纵轴截距），模型 1 的判定系数 $R^2=0.959564$ 比模型 2 的 $R^2=0.958104$ 大。然而当考虑到模型 1 中参数数量更多时，比较校正判定系数时，我们发现模型 1 的校正判定系数 $R^2=0.944401$ 反而小于模型 2 的校正判定系数 $R^2=0.948794$。因此，我们选择模型 2，即不包含纵轴截距的 Sigmoid 函数 $f(x)=b/(1+\exp(-(x-c)/d)$ 来拟合以上数据。

参 考 文 献

http://www.mathworks.com/help/stats/fitrm.html

http://www.mathworks.com/help/stats/model-specification-for-repeated-measures-models.html
http://www.mathworks.com/help/stats/repeatedmeasuresmodel.ranova.html

作业和思考题

1. 产生一行向量,包含 100 个范围在 1~100 的随机正整数,求其算数平均数、几何平均数以及全距。

2. 设某种油漆的 9 个样品,其干燥时间(以小时计)分别为 6.0, 5.7, 5.8, 6.5, 7.0, 6.3, 5.6, 6.1, 5.0,设干燥时间总体服从正态分布 $N(\mu, \sigma^2)$,求 μ 和 σ 的置信度为 0.95 的置信区间(σ 未知)。

3. 在平炉上进行一项试验以确定改变操作的建议是否会增加钢的得率,试验是在同一只平炉上进行的。每炼一炉钢时除操作方法外,其他条件都尽可能做到相同。先用标准方法炼一炉,然后用建议的新方法炼一炉,以后交替进行,各炼 10 炉,其得率分别为:
(1) 标准方法:78.1 72.4 76.2 74.3 77.4 78.4 76.0 75.5 76.7 77.3
(2) 新方法: 79.1 81.0 77.3 79.1 80.0 79.1 79.1 77.3 80.2 82.0
设这两种方法相互独立,且分别来自正态总体 $N(\mu_1, \sigma^2)$ 和 $N(\mu_2, \sigma^2)$。μ_1, μ_2, σ^2 均未知。问建议的新操作方法能否提高得率(取 $\alpha=0.05$)?

4. 请将第九章电子文档 Excel 文件(score.xls)在 MATLAB 中导入,用 grpstats 函数统计不同学院的平均成绩和标准差,将成绩分为不及格,60~85,86~100 三档做出棒图,并比较不同学院的成绩之间是否存在显著差异(取 $\alpha=0.05$)。

5. 仔细阅读并运行网站中给出的恒定刺激法的程序,将得到的数据用 logit 方法拟合,画出心理物理曲线,并求出主观相等点和最小可觉差。

10

常见的心理物理学方法与 MATLAB 编程实现

预备知识
- MATLAB 作图基础
- 利用 MATLAB 进行数据分析
- 实验心理学中的古典心理物理学方法和现代心理物理学方法

本章要点
- 掌握恒定刺激法及其编程
- 心理物理学曲线的描述以及数据拟合
- PEST,QUEST 以及 Staircase 方法与程序实现
- 信号检测理论方法以及代码实现

在科学的心理物理学方法诞生之前,早期心理学家比如威廉·冯特采用内省法(introspection),即有意识思考和感知的自我觉察。内省法因其主观性而被科学方法拒绝,但内省法的一个优点是能提供"先见之明",有利于设计实验和形成假说。

当代心理物理学比起早期的心理物理法在内涵和外延上都有拓展。费希纳在 1860 年出版的《心理物理学纲要》一书里,将心理物理学分为外部心理物理学(outer psychophysics,主要研究刺激与感觉之间的关系)和内部心理物理学(inner psychophysics,大脑过程或神经兴奋与感觉之间的关系)。现代的认知神经科学研究,倾向于将刺激物的物理属性感知与人脑对其的内部神经表征对应起来。在传统的心理物理法领域,费希纳曾提出三个定量的问题:① 觉察给定刺激所必需的最小物理刺激量是什么? 这个问题和绝对阈限有关。② 觉察两个不同刺激所需的最小物理差别量是什么? 这涉及差别阈限。③ 判别两个刺激在心理感觉上相等的条件是什么? 这是主观相等点的问题。

具体而言,古典心理物理学的基本假设是在精心控制的实验条件下,将物理刺激的变化直接对应于感觉的变化。因此,心理物理学的研究目的在于发现并确立决定外部世界的一致性规律,比如韦伯定理。一个完整的心理物理学实验,包含五个部分:刺激、任务、方法、分析以及测量。

- 刺激:所需要的刺激材料必须量体裁衣地符合特定的科学问题,如考察感觉系统

的功能,或对色块对比度的测定。

- 任务:实验的刺激材料通过一定的方式呈现(比如通过显示器或示波器呈现)并收集被试反应,形成特定的任务。
- 方法:实验(任务)的方法,比如调整法和二选一的迫选法。
- 分析:将实验中收集到的数据转化成测量,比如用调整法时,需要对每次观察得到的数据(或者实验的最后几个阶段的数据)进行平均。当使用迫选任务时,需要利用心理物理曲线的拟合技术,得到如 75 ％的刺激量阈限标准等。
- 测量:针对特定指标(比如上述的对比度阈限)的测定。当然,也可以包括其他指标,比如错误率和拟合的心理物理曲线的斜率的计算等。

一般将心理物理实验分为操作(performance)和表现(appearance)两类。以视觉对比度的辨别任务为例,"操作"意指一位被试在该任务上表现得多好,即测定个体的能力,比如测量的阈值、精确性以及反应时;"表现"意指特定刺激维度的量化绝对值或相对值的大小,包括主观相等点、量程(scales)以及其他非直接测定的衡量指标。

心理物理实验的操作方法大多使用二选一的迫选任务。在范式上,可以采用直接、独立的心理物理量测试(比如视觉似动方向的测量),或者采用测试加取消(nulling stimulus)的范式,比如使目标刺激特征(如视觉似动方向)朝实验假设的方向移动,求得所需要的"取消"的刺激适应量的大小。除了用二选一的迫选程序外,有些实验任务需要以连续调整刺激量的大小的方式进行测试,比如用"游标法"测试,需要对刺激量进行朝减小(或增大)的方向的连续调节,以得到与目标刺激属性匹配的物理量。衡量心理物理实验的结果和指标,一般会涉及主观相等点(point of subjective equality,PSE)和最小可觉差(just noticeable difference,JND)的概念,它们的含义和用途介绍如下。

主观相等点是指观察者主观感知到的刺激物理量的大小等同于其实际物理量的大小,因此主观相等点数值较小,表明出现"高估",而当主观相等点较大时,出现"低估"。比如,一位被试将 200 ms 的时间长度等同于实际上为 260 ms 的时间长度,说明其只要稍短的主观时间长度即可对应于实际较长的时间长度,发生时间长度的"膨胀"即高估现象。

最小可觉差(感觉阈限)包括绝对阈限和差别阈限。我们假定,刺激的物理量(比如刺激强度)与心理量(感觉强度)之间存在线性关系,那么,横轴对应的截距表明绝对阈限,感觉量随着物理刺激量的变化斜率被定义为差别阈限。斜率的大小与敏感性成反比,即斜率值越小,敏感性越高。换言之,强度小于绝对阈限之下,该刺激不易被觉察;而当强度的变化小于差别阈限时,该刺激量的变化也不易被察觉。然而,需要注意的是,差别阈限不是一个固定的常量。比如,人们容易辨别 100 Hz 与 110 Hz 之间的差别,但不容易将 1000 Hz 与 1010 Hz 的声音对区分开来(相对而言,容易区分 1000 Hz 与 1100 Hz)。

韦伯定理说明,差别阈限的大小与刺激原始量的比值,是一个常数。然而,韦伯系数(定理)只在一个特定的刺激量范围内有效。关于对绝对阈限的理解,我们需要知道的是,即使没有任何刺激,感觉神经存在随机的电信号脉冲发放,这种被称为"内部噪声"的信号每时每刻都在变化。因此,观察者往往不能将一个弱的外界信号刺激与自己内部的噪声明显区分开来。比如,即使在一个完全黑暗的环境里,观察者可能感受到昏暗的光点;在一个消声室里,观察者可能感觉听到一个呼啸的声音。因此,理论上测得真正的"绝对"阈限,可能存在一些问题,即观察者很可能将自己的内部噪声与真正的外界物理刺激混为一谈。

总体而言,心理物理学的方法聚焦于对感觉阈限的测量。费希纳提出的三种传统的心理物理方法包括:恒定刺激法、极限法以及调整法。对费希纳方法的改进包括:阶梯法,对恒定刺激法的改进(适应性的恒定刺激法,无标准刺激);现代心理物理学方法则包括信号检测论、从心理物理数据中抽取函数的方法以及多维尺度分析(multidimensional scaling)等。极限法通常非常有效,只需要少数刺激就可以确定阈限值,然而被试却容易表现出特定的惯性偏差。

恒定刺激法的刺激以随机序列的方式呈现,通常由5~7个刺激组成,这几个刺激在实验过程中保持不变,此法的特点是根据出现的次数来确定阈限,即以次数的整个分布求阈限,所以又叫次数法。恒定刺激法是心理物理学实验中被广泛采用的研究方法,具体操作步骤如下:

● 主试从预备实验中选出少数刺激,一般是5~7个,这几个刺激值在整个测定过程中是固定不变的。
● 选定的每种刺激要向被试呈现多次,一般每种刺激呈现20~200次不等。
● 呈现刺激的次序事先经随机安排,不让被试知道。用以测量绝对阈限,即无须标准值,如用以确定差别阈限或等值,则需要包括一个标准值。
● 在统计结果时必须求出各刺激量引起某种反应(有/无或大/小)的次数。

心理物理学的实验非常精细,通常在人们感觉器官的极限水平上进行知觉加工操作,因此很难让人感到愉悦。在执行任务时,个体需要将大脑皮层的焦点和活力集中在当前任务上。心理物理学的实验过程为产生并分析错误,如果你不犯错误,就没有变异的数据;没有变异,那么大多数的心理物理学方法都会失效,更别提大量的试次测试的效果了。但是,在测试时,需要达到一种平衡:练习效应提高判断的绩效,而疲劳效应抵消了判断的绩效。有经验的主试,通过大量实验经验的积累,能够在以上两者之间达到很好的平衡。

10.1 心理物理曲线的绘制

心理物理曲线(S曲线,Sigmond function)的功能是将特定心理物理任务(比如正确反应的比例、感觉到更亮的试次比例)与刺激的物理特性(比如对比度、长度)对应起来。绘制心理物理曲线的目的在于刻画行为的一个或多个关键参数,比如对比度的阈限值或主观相等点。以下通过举例来说明恒定刺激法的实验刺激编制以及相应的心理物理曲线的绘制。

例 10.1 确定视觉的相对阈限

本例示范比较标准刺激与目标刺激的亮度(Hecht,Shlaer,& Pirenne,1942)。

```
clear all; % 清空工作区间
close all; % 关闭所有图形
temp=uint8(zeros(400,400,3)); % 创建一个黑色的刺激矩阵
temp1=cell(10,1); % 创建一个元胞数组,可以存储10个矩阵
temp(180:200,180:200,:)=128; % 插入一个注视点
for i=1:10
    temp(220:240,180:200,:)=128+(i-5)*10; % 亮度分别为 88,98,108,118,128,
138,148,158,168,178 的矩阵数据
    temp1{i}=temp; % 将以上数据——置入元胞数组
end
h=figure; % 创建一个图形句柄 h
stimulusorder = randperm(200); % 创建一个 1~200 的随机数序列
% 对给定的 200 个试次,使以上 10 个亮度水平中的每一个水平的试次数相等,即各 20 次
stimulusorder = mod(stimulusorder,10); % 使用求余函数,1~200 的序号除以 10,得到
0~9 的余数,分别代表 10 个亮度水平,每个水平重复 20 次
stimulusorder=stimulusorder+1; % 将余数值从 0~9 变换成 1~10
score=zeros(10,1); % 建立一个空数组,用于存储行为反应结果
for i=1:200 % 共 200 个试次循环,每个条件重复但随机出现 20 次
    image(temp1{stimulusorder(1,i)})
    set(gca,'XTick',[],'YTick',[]);
    i; % 显示当前的试次
    pause; % 停顿一下,得到键盘输入
    temp2=get(h,'CurrentCharacter'); % 得到按键输入,"." 表示比标准刺激亮
    % "," 表示比标准刺激暗
    temp3=strcmp('.', temp2); % 进行字符(串)的比较,如果值为"1",表示录入的反
    应比标准刺激亮;如果值为"0",表示录入的反应比标准刺激暗
    score(stimulusorder(1,i))=score(stimulusorder(1,i))+temp3; % 存储每个目标刺
    激条件下反应为比标准刺激亮的次数(即 20 次反应里有几次反应为比标准刺激亮)
end    % 结束实验
```

如果把以上问题转化一下,来看绝对阈值的问题,也就是调节一个色块的亮度,使它从黑色背景中凸显出来,即能被鉴别出来。图 10.2 为实验得到的结果绘制图,左图表示心理物理曲线的折线图,右图描绘了如何求主观相等点,即纵轴 0.5 比例值所对应的横轴的亮度值。

图 10.3 给出一个典型的 S 曲线的构型和参数。纵坐标是对于给定物理量,相应的判断的百分比(p_c)。threshold criterion 是阈限标准,这里定为 0.5(纵坐标)。thresh-

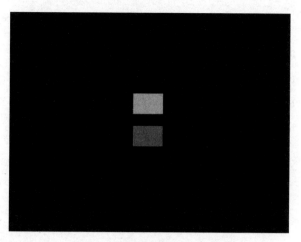

图 10.1 用恒定刺激法调节亮度

下方矩形的亮度和上方的相同。在上方的矩形为标准刺激(灰度值为 128),下方矩形为目标刺激(灰度值为 88,98,108,118,128,138,148,158,168,178 不等,步进值为 10)

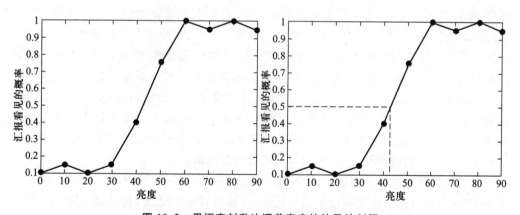

图 10.2 用恒定刺激法调节亮度的结果绘制图

old(α)是阈限值,即纵坐标 50%(0.5)所对应的横坐标的值。beta(β)是斜率,即敏感性指标,是指纵坐标 75% 与 50% 的比例值之差与对应的横坐标差值的商。perfect performance(λ)是纵坐标轴 100% 对应的成绩。chance performance(γ)是随机成绩,即做出特定反应的随机概率。lapsing rate(λ)为失误率,即纵坐标的最高点与 100% 的差值。

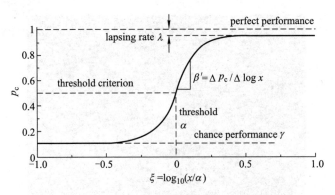

图 10.3　一个典型的心理物理学曲线及特征量

10.2　阶　梯　法

在心理物理学的实验研究中，另一种常用的方法为阶梯法。阶梯法是通过一定的规则，根据被试的反应，逐步调整刺激量的大小，直到实验数据收敛为止。阶梯法最简单的形式为"一上一下"，即当被试判断为正确的时候（这时理论上认为任务水平对于被试相对简单），减少刺激物理量的一个阶梯水平（比如明度变暗、时间长度变短等）；当被试判断为错误的时候（此时任务水平对于被试相对较难），增加刺激量的一个阶梯水平（比如使得明度变亮、时间长度变长等），使任务变简单，以期被试能在下一个试次做出正确的反应。"一上一下"的程序能得到 50% 正确水平的阈值。整个程序结束的约束规则为：一上一下作为一次反转，当累积到 12～16 次反转时，退出程序，以最后 6～8 次反转所对应的阈限值的平均值，作为本次实验被试的阈限值。

阶梯法的其他比较严格的范式是"两下一上"或"三下一上"的程序。以"两下一上"的程序为例，必须连续两次做出正确的反应，才提高任务的难度（即将理论的阈值下调一个阶梯），两次同时做出正确的反应，要求每一次的概率值为 70.7%（即它的平方等于 0.5）。因此，相比于"一上一下"的程序，计算阈值的准确性提高了，然而，连续两次做对的规则，也使得实验程序耗费较长的时间才能收敛，也存在不收敛的情形。

以上讨论的阶梯法，默认都是采用了单一阶梯的形式。需要注意的是，阶梯法的程序都有一个初始的刺激物理量的值，虽然这个初始值可以随机设定，但是，设置一个单一起始值，可能会造成初始的反应定势（initial response bias），即刚开始的几个试次，主导了随后的反应过程和趋势。为解决这个问题，出现了双阶梯法的形式（double staircase），即设置两个初始值，并有两个阶梯调整过程，直到两个阶梯程序满足给定的约束条件（达到反转次数和总的试验次数）时程序停止退出。在双阶梯法的情况下，计算阈值的方法是求两个阶梯最后 6～8 次反转对应阈值的平均值。

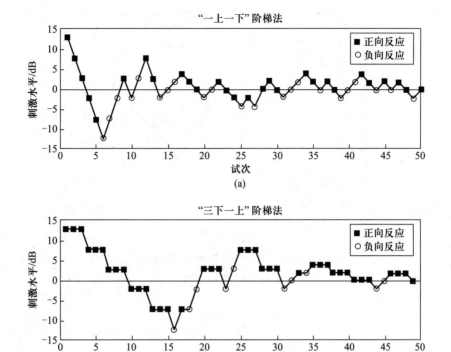

图 10.4　阶梯法的两种形式 (引自 Leek,2001)

(a) 为简单的一上一下的调节程序示意图,50% 的正确率水平。(b) 为三下一上的调节程序,
心理物理函数的操作正确率在 79.4%

以下通过具体的程序,说明"一上一下"的双阶梯法的使用。例 10.2 为找出触觉强度的阈限值。这个实验的背景是,触觉的强度与时长存在耦合关系,当触觉刺激的强度较大时,我们会主观感知到其时长较长。因此,为了进行触觉时长的比较,首先必须确定每个特定时长所对应的强度值。

例 10.2

```
function TFLEDurstaircase
%实验目的为找到刺激强度与时长之间的对应关系,一般而言,较长的刺激引发较强的震
动强度感觉
%方法:双阶梯法
%反应模式:强/弱比较
% 目标阈值 50% ,如果反应为"较弱",增加一个步进(即增加触觉强度);如果反应为"较
强",减少一个水平的强度步进(减少触觉强度)。采用"一上一下"的阶梯法
%触觉刺激强度 1~9 个水平(调整参数为满量程强度的 10%~90%,初始强度值为满量
程强度的 40%和 50%
```

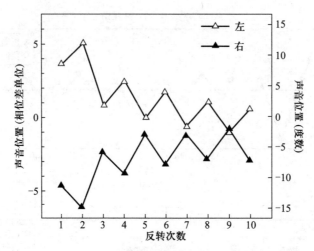

图 10.5　双阶梯法的刺激反转进程

（引自 Bertetlson,1998）

global　seq　iTrl　Trial iniTimer mainWnd

Trial =[]；% 记录结果字段
colornum=128；% 背景设置为灰色
kbName('UnifyKeyNames')；% 统一定义键值
escapeKey = kbName('escape')；% 设置退出键值
freq=96000；% 声音的采样频率
tone=MakeBeep(500, 0.05, freq)；
% 生成一个 50 ms,500 Hz,采样率为 96 000 的正弦波纯音
InitializePsychSound(1)；% 用 PsychPortAudio 技术,先启动声卡设备
pahandle = PsychPortAudio('Open', [],[],2,freq,2)；% 创建句柄,打开两个声音通道
seq = genTrials(1,[11 2])；
% 被试信息
% 用自建的 genTrials 函数,产生 11 个刺激长度水平,2 个随机顺序（标准刺激在左手出现,或标准刺激在右手出现）的刺激序列
promptParameters = {'Subject Name', 'Age', 'Gender (F or M?)','Handedness (L or R)','Condition No.'}；% 设置实验对象信息录入消息框
defaultParameters = {'Sub0',",", 'R','1'}；% 缺省信息
Subinfo = inputdlg(promptParameters,'Subject Info　', 1, defaultParameters)；
% 显示对话框消息
try % 用 try…catch 结构组织程序
　　AssertOpenGL；% 确认 PTB 已经安装好
　　screens=Screen('Screens')；% 设置屏幕参数
　　screenNumber=max(screens)；% 返回屏幕的指针序号
　　[mainWnd wsize] = Screen('OpenWindow',screenNumber)；

```matlab
% 打开窗口,返回窗口的大小
cx = wsize(3)/2;% 窗口的中心-横坐标
cy = wsize(4)/2;% 窗口的中心-纵坐标
Screen('TextFont',mainWnd,'Arial');% 设置字体为 Arial
Screen('TextSize',mainWnd,15);% 设置字体大小为 15 pt
flipIntv=Screen('GetFlipInterval', mainWnd, 10);
% 求得显示器的刷新频率(即间隔)
Screen('FillRect',mainWnd,bkcolor);% 设置屏幕的背景颜色为灰色
drawTextAt(mainWnd,' This is an experiment about intensity judgment. ', cx,cy-200,0);% 以中心对齐的方式设置指导语,置入缓存。下同
drawTextAt(mainWnd,'Press left foot switch for the left tap is stronger ', cx,cy-50,0);
drawTextAt(mainWnd,'and right for the right tap is stronger ', cx,cy,0);
drawTextAt(mainWnd,'Press either footswitch to start.. ', cx,cy+250,0);
Screen('Flip', mainWnd);% 显示指导语
GetClicks;% 等待鼠标按键输入后,程序继续执行
WaitSecs(1);% 等待 1 s
Screen('FillRect',mainWnd,bkcolor);% 屏幕重新回到背景色,即清除指导语
Screen('Flip', mainWnd);
results = [];% 存储结果
for iTrl= 1:length(seq) % 进入程序主体实验:循环
    iCounter = 1;% 计数器设置为 1
    curLevels = [4 5];% 设置两个初始值的水平,即为满程强度的 40%和 50%的触觉强度刺激
    maxRev = 7;% 停止(即收敛)规则,7 次反转后程序退出
    numRev = [0 0];% 初始的双阶梯反转次数,都置为 0
    notFinished = 1;% 将程序的"未完成"标记为 1
    trials = [];% 初始的试次记录为空
    RevNum = 0;% 如等于 1,表明是一个反转的点;如果等于 0,表示未反转

while notFinished    % 如果 notFinised 条件为真,就一直进行阶梯法的程序
    WaitSecs(1);% 等待 1 s
    Screen('DrawLine', mainWnd, 0, cx-10,cy,cx+10,cy,2);
    % 在屏幕的中心,画出长度为 20 个像素的,宽度为 2 的横线
    Screen('DrawLine', mainWnd, 0, cx,cy+10,cx,cy-10,2);
    % 在屏幕的中心,画出长度为 20 个像素,线条宽度为 2 的竖线。以上"一横一竖"就构成了"注视点"
    Screen('Flip', mainWnd);% 显示注视点
    WaitSecs(.3+rand*0.2);% 随机等待空白时间 0.3~0.5 s
    Screen('FillRect',mainWnd,bkcolor);
    Screen('Flip', mainWnd);% 以上清屏

    whichSeq = ceil(rand+0.5);% 双阶梯法,选择其中一个序列
    if numRev(whichSeq)>=maxRev % 如果一个序列的反转次数已经达到
```

```
            whichSeq = 3 − whichSeq;% 换成另一个阶梯
        end
         whichLevel = curLevels(whichSeq);% 取得当前的刺激水平
          Tonestd = 0.5 * MakeBeep(250, 0.17, freq);
           % 标准刺激强度,为满程的一半,频率为 250 Hz,170 ms,采样率为 96 000
           Tonecmp = 0.1 * whichLevel * MakeBeep(250, 0.17+(seq(iTrl,1)−5) *
0.03, freq);% 比较刺激强度,满量程的 10%～90%,时间长度为 50～350 ms,11 个水平,
步进为 30 ms
          blankintv = zeros(1,96 * 200);% 200 ms 的空时距
         switch seq(iTrl,2) % 1—标准刺激在左手出现;2—标准刺激在右手出现
            case 1

               Toneseq=[blankintv  Tonestd  blankintv;
                  blankintv  Tonecmp  zeros(1,length(blankintv)+length(Ton-
                  estd)−length(Tonecmp))];
            case 2
               Toneseq=[blankintv  Tonecmp  zeros(1,length(blankintv)+length
               (Tonestd)−length(Tonecmp));
                  blankintv  Tonestd  blankintv];
         end % 以上通过数组的"0""1"数字配对,使得左右声道触发的触觉强度的长
度(包括空白时间)在时程上相等

         PsychPortAudio('FillBuffer',pahandle,Toneseq);% 将触觉刺激信息写入缓存
         PsychPortAudio('Start',pahandle,1,flipIntv+0.00098,0);% 播放刺激
         PsychPortAudio('Stop',pahandle,1);% 停止播放刺激

         iniTimer = GetSecs;% 取得当前时间点
         while 1 % 设置条件为 1,等待鼠标按键反应
            button_press=[];% 鼠标按键状态清零
            [x_temp,y_temp,button_press] = GetMouse;% 获取鼠标按键
            if sum(button_press)>0 % 检测到鼠标按键动作
               trials(iCounter,1) = whichSeq;
               % trials 字段的第一位,存储对哪一个序列进行阶梯法程序
               trials(iCounter,2) = whichLevel;% 存储当前给予刺激的触觉强度水平
               trials(iCounter,3) = find(button_press,1);% 记录具体按键
               trials(iCounter,4) = GetSecs−iniTimer;% 记录反应时
               break;
            end
         end

         [keyIsDown, seconds, keyCode] = KbCheck;% 检测按键
         if keyIsDown
            if keyCode(escapeKey) % 如果检测到 escape 键,退出循环
               break;
```

```
            end
            while KbCheck; end
        end

        resptemp = trials(iCounter,3); % 对反应情况进行重新编码

        if or((resptemp==1) && (seq(iTrl,2)==1),(resptemp==3) && (seq(iTrl,2)==2))==1    % 找出对比较刺激反应为"弱"的试次
            resp = 0;
        elseif or((resptemp==3) && (seq(iTrl,2)==1),(resptemp==1) && (seq(iTrl,2)==2))==1 % 找出对比较刺激反应为"强"的试次
            resp = 1;
        end
    if resp == 0 % 如果反应为"弱",提高一个等级的触觉强度
        curLevels(whichSeq) = curLevels(whichSeq) + 1;
        if curLevels(whichSeq) > 11
        % 约束限制,使得最高强度不超过等级为 11 的触觉强度
            curLevels(whichSeq) = 11;
        end
    else
        if resp == 1    % 如果反应为"强",降低一个等级的触觉强度,但加上一个约束条件,使得最低的强度等级不小于"1"
            curLevels(whichSeq) = curLevels(whichSeq) - 1;
            if curLevels(whichSeq) < 0
                curLevels(whichSeq) = 1;
            end
        end
    end
    %以下计算反转次数
    if iCounter>1 && trials(iCounter-1,3)~=resp
    % 从第 2 个试次开始,如果与前面的反应不一样,计入一次反转次数
        numRev(whichSeq) = numRev(whichSeq) + 1;
        RevNum = 1;
    end
    trials(iCounter,5) = RevNum; % 存储反转次数

    if numRev == [maxRev maxRev] % 如果双阶梯法程序的两个序列反转次数同时达到
        notFinished = 0; % 将程序的标志位置为"0",退出程序
    end
    iCounter = iCounter+1; % 程序的试次计数器累加 1
    end;
    trials(:,6) = iTrl; % 记录当前的试次数
    trials(:,7:8) = seq(:,1:2);% 存储实验条件
```

```
            results = [results; trials];% 存储实验结果
            drawTextAt(mainWnd,'This trial is finished! ',cx,cy-20,255);
            drawTextAt(mainWnd,'Please take a break',cx,cy+20,255);
            Screen('Flip', mainWnd);
            WaitSecs(5);% 显示实验过程中的休息和结束提示语,停顿 5 s
        end
        Screen('CloseAll');%关闭所有屏幕
        PsychPortAudio('Close'); % 关闭声音端口
        Priority(0);% 优先级恢复到正常
        ShowCursor;%显示鼠标记号
        if ~isdir('TFLEDurstair') %创建存储结构的文件目录
            mkdir('TFLEDurstair');
        end
        if isempty(Subinfo{1}) % 如果中途退出程序,记录临时数据
            save('TFLEDurstair\Test','seq','Trial');
        else % 保存完整的数据
            save(['TFLEDurstair\' Subinfo{1}],'seq','Subinfo','Trial');
    end
        clear-all
        WaitSecs(1);
        Screen('CloseAll');
        Snd('Close');
        Priority(0);
        ShowCursor;
catch % 用 try…catch 的程序结构,如果程序执行出错,报出所在行及具体错误
        Screen('CloseAll');
        Snd('Close');
        Priority(0);
        ShowCursor;
        whatswrong = lasterror;
        disp(whatswrong.message);
        disp(whatswrong.stack.line);
end
```

10.3 序列测试的参数估计

序列测试的参数估计(parameter estimation by sequential testing,PEST)程序作为调整法的一种,其刺激量的调整和反应不是根据固定的规则,而是根据最大似然率的计算。

图 10.7 显示的是利用 PEST 程序进行声音时距比较的实验流程示意图。标准刺激为 140 ms 的长音,比较刺激为间隔在 90~290 ms 的一对声音,或两两间隔为 90~

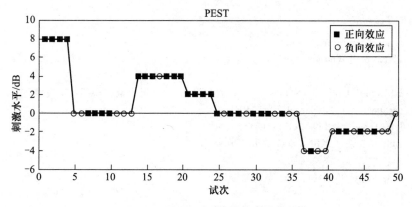

图 10.6 PEST 程序流程示意图

290 ms 的 4 个声音组成的声音串。实验任务是将比较刺激间隔的长短与标准刺激进行比较,程序实现请见例 10.3。

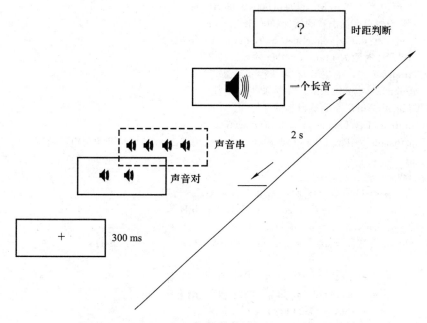

图 10.7 用 PEST 进行声音时距判断的实验流程示意图

例 10.3

```
function sndComparison
global mainWnd gray

KbName('UnifyKeyNames');  % 设置按键值，包括退出键("Esc")，反应键（左键或右键）
escapeKey = KbName('ESCAPE');
leftArrow = KbName('LeftArrow');
rightArrow = KbName('RightArrow');

seqs = genTrials(1,2);  % 刺激顺序

maxtrls = 40;  % 最多反应次数，即程序的试次

freq = 96000;  % 采样率 96000
latbias = (64 / freq);  % 设置硬件时延
duration = 0.14;  % 设置标准刺激，即单个长音的时间长度为 140ms
tone20 = 0.9 * MakeBeep(500,0.02,freq);
% 设置单个标志音的属性(500Hz, 20ms)
tone1 = 0.9 * MakeBeep(500, duration, freq);
% 产生时距为 140ms,500Hz 的单个纯音
trials = [];  % 空 trial,用于存储结果
Subinfo = getSubInfo();  % 调用子函数
HideCursor;  % 隐藏鼠标的光标
InitializePsychSound(1);  % 启动音频设备
pahandle = PsychPortAudio('Open',[],[],2,freq);  % 打开两个声音通道

try
    AssertOpenGL;  % 确认采用了 OpenGL 的构架
    screens=Screen('Screens');  % 以下打开屏幕
    screenNumber=max(screens);
    [mainWnd wsize] = Screen('OpenWindow',screenNumber);

    cx = wsize(3)/2;  % 屏幕的中心点:X 轴坐标
    cy = wsize(4)/2;  % 屏幕的中心点:Y 轴坐标
    gray = 128;  % 灰度值为 128

    beta=0.3;  % 按照预试验,设置心理物理曲线的斜率为 0.3
    alpha = 90:290;  % 设置实验刺激(比较刺激)的时间长度量程,90~290ms

    dispInstruction(cx,cy);  % 显示指导语

    % 实验主程序
```

```
for iBlk = 1:length(seqs) % 进入实验,这里演示只有两个block的实验序列

    dispBlockInfo(cx,cy,seqs(iBlk)); % 显示当前所做实验组块的信息

    pses = []; % 记录回传的 PSE 值
    resp = []; % 记录反应按键
    for iTrl = 1:maxtrls % 进入试次循环

        if iTrl == 1 % 第一个试次
            pses(iTrl) = round(120+rand*40);
            % 选择在 120~160ms 之间的一个随机数,作为实验的初始值
        else
            pses(iTrl)=FindThreshold(0.5, pses(1:iTrl-1),resp(1:iTrl-1),alpha,beta);
% 调用 FindThreshold 函数,求得根据历史试次的刺激和反应迭代后的 PSE 值
        end

        s_intv = pses(iTrl)*freq/1000 + 1; % 将 PSE 值转换为数字(空格)位
        tone2 = zeros(1,s_intv); % 设置空间隔的长度

        if seqs(iBlk) == 1 % 两个标志音构成的空时距间隔
            tone2(1:length(tone20)) = tone20;
            tone2(end-length(tone20)+1:end) = tone20;
        else % 4 个标志音
            isi = floor((s_intv - 4*length(tone20)/3));
            for itone = 0:3 % 4 个标志音构成的含有 3 个空间隔的刺激序列
                range = 1+itone*(length(tone20)+isi):
                itone*(length(tone20)+isi)+length(tone20);
                tone2(range) = tone20;
            end
        end

        tone = zeros(1,freq*2);
        % 设置 2s 的向量时间长度,将标准刺激和比较刺激置入
        order = (rand<0.5)*2-1; % 条件值 1 或 -1
        if order == 1 % 标准刺激先出现
            tone(1:length(tone1)) = tone1;
            tone(end-s_intv+1:end) = tone2;
        else % 标准刺激后出现
            tone(1:s_intv) = tone2;
            tone(end-length(tone1)+1:end) = tone1;
        end
        PsychPortAudio('FillBuffer', pahandle, repmat(tone,2,1));
        % 播放声音
        PsychPortAudio('Start', pahandle, 1, 0, 0);
```

```
        PsychPortAudio('Stop', pahandle,1); % 停止播放
        Screen('FillRect',mainWnd,0);
        drawTextAt(mainWnd,'? ', cx,cy,0); % 出现提示符"?"让被试判断
Screen('Flip', mainWnd);
        WaitSecs(0.2+0.2 * rand);

        %获取反应
        while 1
            [keyIsDown, seconds, keyCode] = KbCheck;
            %检测是否有"Esc"按键,如有,则退出程序
            if keyIsDown
              if keyCode(escapeKey)
                  break;
              end

              if keyCode(leftArrow) %标准刺激比比较刺激短
                  resp(iTrl) = 1;
                  break;
              end
              if keyCode(rightArrow)
                  resp(iTrl) = 0; % 标准刺激比比较刺激长
                  break;
              end
                while KbCheck; end
            end
        end
        if keyCode(escapeKey)
          break;
        end

        Screen('FillRect',mainWnd,0);
        Screen('Flip', mainWnd);
        WaitSecs(2);
    end

    trials =[trials; [repmat(seqs(iBlk),length(resp),1), resp, pses ]];
    % 存储实验相关记录
    if ~isdir('data')
        mkdir('data');
    end
    save(['data\' Subinfo{1}],'seqs','Subinfo','trials');
end

WaitSecs(1)
```

```
        if ~isdir('data')  % 记录实验结果
            mkdir('data');
        end
        save(['data\' Subinfo{1}],'seqs','Subinfo','trials');

        Screen('FillRect',mainWnd,0);
        drawTextAt(mainWnd,'Experiment finished. Thank you! ',cx,cy,100);
        Screen('Flip', mainWnd);
        KbWait;

        Screen('CloseAll');
        PsychPortAudio('Close');
        Priority(0);
        ShowCursor;

catch  % 关闭程序及防错机制
        Screen('CloseAll');
        PsychPortAudio('Close');
        Priority(0);
        save(['data\' Subinfo{1}],'seqs','Subinfo','trials');
        ShowCursor;
        whatswrong = lasterror;
        disp(whatswrong.message);
end

function Subinfo = getSubInfo()  % 获取被试信息的子函数
promptParameters = {'Subject Name', 'Age', 'Gender (F or M?)','Dominant eye (L or R)'};
defaultParameters = {'test', '20','F', 'R'};
Subinfo = inputdlg(promptParameters,'Subject Info', 1, defaultParameters);
return;

function dispInstruction(cx,cy)  % 显示指导语
global mainWnd
        Screen('TextFont',mainWnd,'Arial');
        Screen('TextSize',mainWnd,18);
        Screen('FillRect',mainWnd,0);
        drawTextAt(mainWnd,'Sound comparison study', cx,cy-60,90);
        drawTextAt(mainWnd,'In this experiment you will hear two epoch of sounds ', cx,cy-40,90);
        drawTextAt(mainWnd,'One is a single sound and another is two sounds or multiple sounds', cx,cy-20,90);
        drawTextAt(mainWnd,'Please make a judgment if the single sound is shorter or longer ', cx,cy,90);
```

```
    drawTextAt(mainWnd,' than two sounds/multiple sounds. If it is shorter, press left ar-
row key. ', cx,cy+40,90);
    drawTextAt(mainWnd,' If it is longer, press right arrow key. ', cx,cy+60,90);
    Screen(' Flip', mainWnd);
    KbWait;
    WaitSecs(0.5);
return;

function dispBlockInfo(cx,cy,numblk) % 显示实验区块信息
    global mainWnd
    Screen(' FillRect',mainWnd,0);
    drawTextAt(mainWnd,' Press key to start', cx,cy,90);
    Screen(' Flip', mainWnd);
    KbWait;
    Screen(' FillRect',mainWnd,0);
    Screen(' Flip', mainWnd);
    WaitSecs(1);
return;

function drawFixation(x,y) % 显示注视点子函数
    global mainWnd
    frect = [0 0 8 8];
    gray = 128;
    tRect= CenterRectOnPoint(frect,x,y);
    Screen(' FillOval',mainWnd,gray,tRect);
return;

function drawTextAt(w,txt,x,y,color) % 居中显示指导语或实验进程的信息
    bRect= Screen(' TextBounds', w,txt);
    Screen(' DrawText',w,txt,x-bRect(3)/2,y-bRect(4)/2,color);
return;
% 这里,我们采用了子函数 FindThreshold 计算阈值

function xlevel = FindThreshold(p_target, x, responses, alpha, beta, gamma, lambda)
% 自定义的子函数,用于根据预设的参数和历史反应记录,寻找阈值
% p_target:被试的表现,即心理物理曲线中目标的百分数
% x:横轴的量程,即输入的物理刺激的范围
% responses:被试的历史反应记录,即"0"(错误)和"1"(正确)
% alpha:对应于心理物理曲线纵轴 50%的点所对应的横轴值(即阈值)
% beta:心理物理曲线的斜率
% gamma:随机错误水平
% lambda:反应上限

if nargin<6 % 函数输入个数设定
```

```
        gamma = 0;
        lambda = 0;
    else
        if nargin<7
            lambda=0;
        end;
    end;

    ll=zeros(length(alpha),1); % "0"列向量

    % 以下计算每条心理物理曲线的似然率
    for i=1:length(alpha) % 从 1 到 alpha 的范围取值,计算似然率
        ll(i)=CalculateLikelihood(x, responses, alpha(i), beta, gamma, lambda);
    end;

    % 以下找到最合适的心理物理曲线
    idx = find(ll== max(ll));
    if length(idx) > 2
        idx = idx(1);
    end;
    % 以下找出对应 p 值的横轴阈值
    xlevel=InvLogistic(p_target, alpha(idx), beta, gamma, lambda);
    return;

function ll=CalculateLikelihood(x, responses, alpha, beta, gamma, lambda)
    warning off;
    ll = 0; % ll 的初始值置为 0
    p=Logistic(x, alpha, beta, gamma, lambda);
    % 用 logistic 函数求出概率值(p 值)
    ll = sum(log(p(responses ==1)))+ sum(log(1−p(responses == 0)));
    % 更新 ll 值。
    return;

function p = Logistic(x, alpha, beta, gamma, lambda) % Logistic 函数
    p=gamma+((1−lambda−gamma).*(1./(1+exp(beta.*(alpha−x)))));
    return;

function x = InvLogistic(p, alpha, beta, gamma, lambda)
    % Logistic 的反函数,求 x 值
    x=alpha−(1/beta)*log(((1−lambda−gamma)./(p−gamma))−1);
    return;
```

有关"调节"的心理物理学的方法,也可参考 PTB 自带的 staircase 例子(Psych-Staircase),MinExpEntStair(Minimum Expected Entropy Staircase),FitCumGauss_

MES，以及 Shen 等人（2012/2014）开发的工具箱最大似然率更新版（updated maximum likelihood，UML）（http://hearlab.ss.uci.edu/UML/uml.html）。UML 优化了刺激取样的策略，使得数据采集和心理函数的估计更加有效，是对传统的基于最大似然率的方法的扩展（Green，1990）。

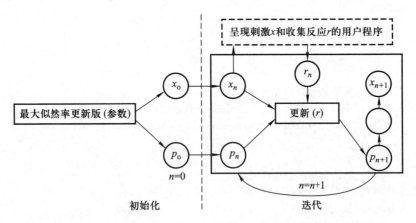

图 10.8　UML 工具包的实验框图

UML 工具包的好处在于不仅可以设计实验流程，也可以对心理物理学函数的诸多参数进行估计。该工具包包括 UML，template，exp_config（exp_config_gaussian，exp_config_logit，exp_config_weibull）以及三个实例（example_gaussian，example_logistic，example_weibull）。也参见 Software for visual psychophysics: an overview（http://www.visionscience.com/documents/strasburger/strasburger.html）。

10.4　使用 QUEST

QUEST 由 Watson 和 Pelli（1983）首先倡导使用，对于实验中反应的每一个点，根据已经收集的数据和对阈值的先验知识，用心理物理学的阶梯法，计算阈值的最大似然率。QUEST 方法强调阶梯参数的强度，即一个试次应该导致阈值所在的最大信息。但 QUEST 方法的一个不足是它需要对刺激的输入进行对数变换。

QUEST 方法的核心是通过 QuestUpdate，迭代更新求得实验中所需的刺激参数。一般根据实验经验，已经给定实验参数的初始值。关于使用 QUEST 的程序示例，读者可参考我们网站中给出的毕泰勇等人（2009）利用 Crowding 的实验范式考察其发生的神经机制的实验程序，其中利用了 QUEST 方法调节光栅的信噪比水平。

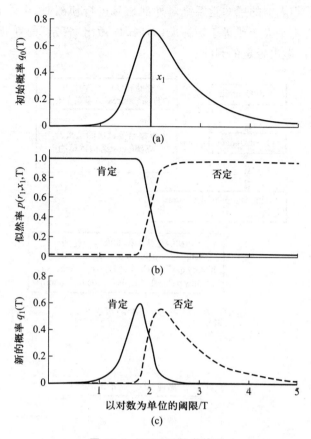

图 10.9 QUEST 数学基础
(a)注明了原始物理刺激量的概率分布,(b)说明了做出肯定或否定反应的似然率,(c)为经过迭代变换后的物理刺激量的新的概率分布。

10.5 信号检测论

信号检测论是现代心理物理学理论的代表性方法。一般认为,观察者对一个信号是否出现,存在一个标准(criterion,取决于决策),这个标准也适用于神经经济学家惯常研究的选择行为(choice behavior)。描述观察者对特定目标(从背景或干扰噪声中分离)的侦测能力,通常使用一个敏感性的指标(d-Prime,取决于感知觉),d-Prime(d')的计算公式为:

$$d' = 标准化信号(分布) - 标准化噪声(分布)$$

图 10.12 描绘了对目标信号决策的过程以及信号出现与不出现的分类。由于噪声的存在,使得个体信号分布变得模糊,特别是信号和噪声分布重合的情形,使得个体无

法完美侦测信号。当人类的感知觉系统对外部信号进行侦测时,个体有一个内部的判定标准。当感知觉水平大于或等于该标准(β)时,便做出"肯定"的判断;当感知觉水平小于给定的标准时,做出否定的判断。

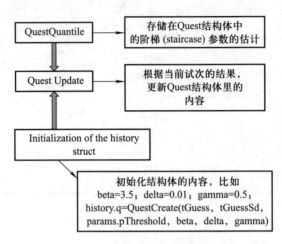

图 10.10 利用 QUEST 的原理框图

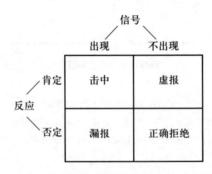

图 10.11 对一个信号出现与否的侦测,存在四种可能性

以下的程序段描述了如何对信号检测论的操作者特征曲线(receiver operation curve,ROC)进行绘制。ROC 仅由感觉通道的容量(能力)定义,标准(β)是定义在 ROC 上的位置,选择 ROC 上的一点。

需要注意的是,每个 d' 值都有 β 值,β 值反映了决策行为,这里的决策行为可以分为:① Balanced(平衡),"虚报"与"漏报"相等;② Liberal(激进),只要有一个信号出现,被试就做肯定的判断;③ Conservative(保守),只有比较肯定感觉到是检测的信号时,才做出肯定的判断。

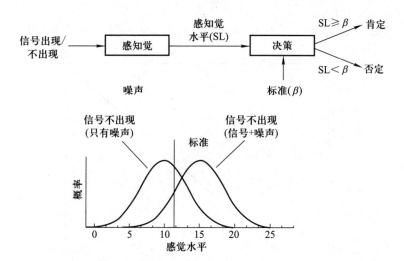

图 10.12 信号检测论的决策以及信号与噪声的分布

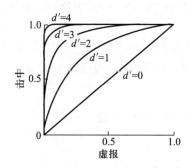

图 10.13 操作者特征曲线(ROC 曲线)

例 10.4 绘制 ROC 曲线

```
figure;
for i=1:length(y) % 遍历数组 y 的所有元素
FA(i)=sum(y(1,i:length(y)));
% 计算虚报数,从 y 的第 i 个元素到最后一个元素的总和
HIT(i)=sum(z(1,i:length(y)));
% 计算击中数,从 y 的第 i 个元素到最后一个元素的总和
end;
FA=FA./100; % 将虚报转成比例
HIT = HIT./100; % 将击中转成比例
plot(FA,HIT); % 绘制 ROC 曲线
hold on; % 在以上图形的基础上叠绘
```

```
reference = 0:0.01:1;
>> plot (reference, reference,'color',' k');%绘制一条对角线,作为参考
```

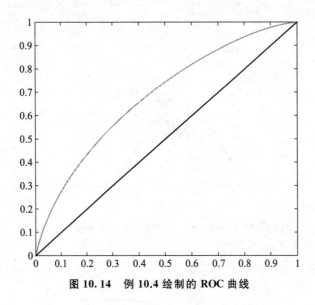

图 10.14　例 10.4 绘制的 ROC 曲线

ROC 曲线的形状取决于分布的平均差异。一般认为,$d'=1$ 为中等水平的操作绩效,当 $d'=4.65$ 时,为最佳的操作绩效(对应于击中率等于 0.99,虚报率等于 0.01)。

例 10.5　绘制不同分辨率的 ROC 曲线

```
figure;
x = 0:0.01:10;
y= normpdf(x,5,1.5);
z= normpdf(x,6.5,1.5);
subplot (2,1,1);
for i=1:length(x)
FA(i)= sum(y(1,i:length(y)));
HIT(i)= sum(z(1,i:length(y)));
end;
FA = FA./100;
HIT = HIT./100;
plot (FA, HIT);
hold on;
baseline = 0:0.01:1;
plot(baseline, baseline,'color',' k') ;

subplot(2,1,2);
```

```
for i=1:length(x)-1
m1(i)=FA(i)-FA(i+1);
m2(i) = HIT(i)-HIT(i+1);
end;
m3=m1./m2;
plot(m3);
```

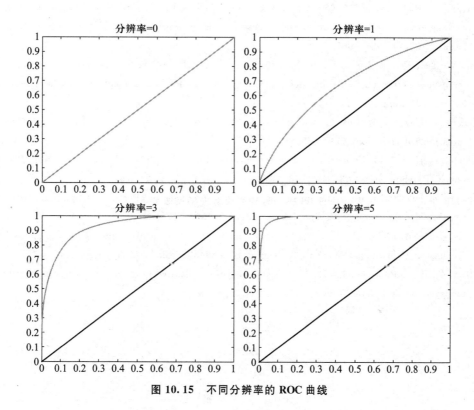

图 10.15 不同分辨率的 ROC 曲线

参 考 文 献

Bi, T., Cai, P., Zhou, T., & Fang, F. (2009). The effect of crowding on orientation-selective adaptation in human early visual cortex. Journal of Vision, 9(11), 1—10.

Grassi, M., & Soranzo, A. (2009). MLP: A MATLAB toolbox for rapid and reliable auditory threshold estimation. Behavior Research Methods, 41(1), 20—28.

Green, D. M. (1990). Stimulus selection in adaptive psychophysical procedures. Journal of the Acoustical Society of America, 87(6), 2662—2674.

Kontsevich, L. L., & Tyler, C. W. (1999). Bayesian adaptive estimation of psychometric slope and threshold. Vision Research, 39(16), 2729—2737.

Leek, M. R. (2001). Adaptive procedures in psychophysical research.Perception & Psychophysics, 63(8), 1279—1292.

Lesmes, L. A., Lu, Z. L., Baek, J., & Albright, T. D. (2010). Bayesian adaptive estimation of the contrast sensitivity function: the quick CSF method. Journal of Vision, 10(3), 1—21.

Pollack, I. (1968). Methodological examination of the PEST(parametric estimation by sequential testing) procedure.Attention Perception & Psychophysics, 3(4), 285—289.

Shen, Y., & Richards, V. M. (2012). A maximum—likelihood procedure for estimating psychometric functions: thresholds, slopes, and lapses of attention.Journal of the Acoustical Society of America, 132(2), 957—967.

Shen, Y., Dai, W., & Richards, V. M. (2015). AMATLAB toolbox for the efficient estimation of the psychometric function using the updated maximum—likelihood adaptive procedure. Behavior Research Methods, 47(1), 13—26.

Saunders, Jeffrey A., & Backus, Benjamin T. (2006). Perception of surface slant from oriented textures.Journal of Vision, 6(9), 882—897.

Strasburger, H. (2001). Converting between measures of slope of the psychometric function. Perception & Psychophysics, 63(8), 1348—1355.

Strasburger, H. (2001). Invariance of the psychometric function for character recognition across the visual field. Perception & Psychophysics, 63(8), 1356—1376.

Stevens, J. C., & Marks, L. E. (1965). Cross—modality matching of brightness and loudness.Proceedings of the National Academy of Sciences of the United States of America, 54(2), 407—411.

Watson, A. B., &Pelli, D. G. (1983). Quest: a bayesian adaptive psychometric method. Perception & Psychophysics, 33(2), 113—120.

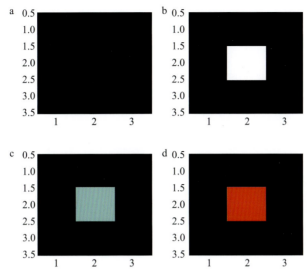

图 2.9 高维数组处理与产生不同色块

图 4.10 示例图片 Blue 和 Red

图 4.11 混合图片

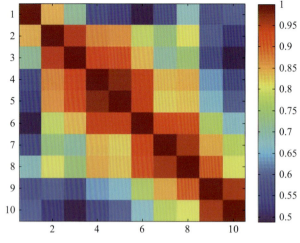

图 4.13 绘制相关矩阵

图 4.14 alpha blending 图形处理

图 4.20 窗口化示例

52	21	10	51	2	128
87	20	65	1	77	12
8	102	74	54	28	36
46	58	98	50	33	80
74	30	81	78	4	6

图 4.21 滤波示例一

滤波操作之前,红色标注位置的值为 74,之后变为 58。

图 4.22 滤波示例二

左上是原图,右上是算子波宽比较窄的滤波,比原图损失了一些高频信号,即细节。左下和右下图片是依次增加滤波算子的带宽滤波后的图像。

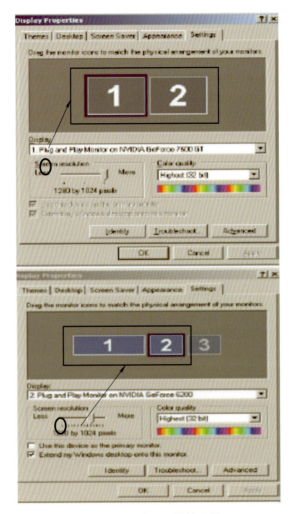

图 4.29 多个显示器的设置

图 4.23 滤波示例三

左上是原图,右上是采用拉普拉斯算子找到的边缘,左下是采用水平的 sobel 算子滤波后的结果,右下是采用竖直的 sobel 算子滤波后的结果。

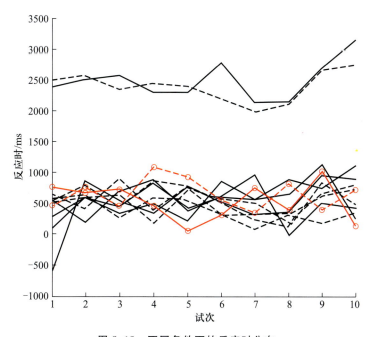

图 8.18 不同条件下的反应时分布

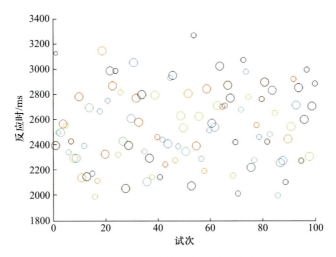

图 8.19　单个被试的反应时分布散点图

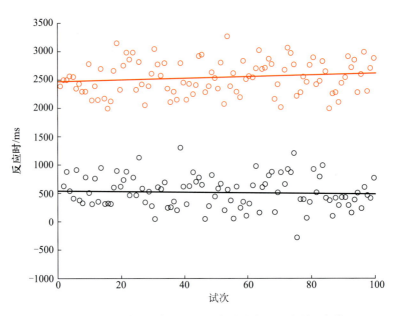

图 8.20　某被试不同条件下的反应时分布以及绘制回归线

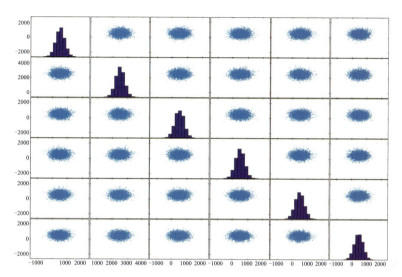

图 8.22 plotmatrix 绘制 6 名被试反应时的相关关系

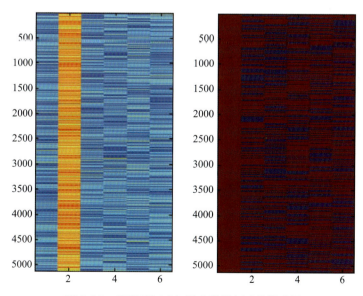

图 8.23 反应时(左)与反应类型(右)的模式图